建筑结构识图

（第四版）

周佳新　姚大鹏　编著

JIANZHU
JIEGOU
SHITU

化学工业出版社

·北京·

内 容 简 介

本书详细介绍了建筑结构识图的基本知识、识图的思路、方法和技巧，以基础性、实用性为主。内容包括建筑结构识图基本知识、建筑结构识图的投影基础、立体及表面的交线、组合体、轴测投影、标高投影、建筑形体的表达方法、钢筋混凝土结构图、钢筋混凝土结构施工图、钢结构施工图等。

本书可作为从事建筑施工的技术人员、管理人员、工人的培训或自学教材，也适用于大中专院校与基本建设相关学科使用。

图书在版编目（CIP）数据

建筑结构识图/周佳新，姚大鹏编著. —4 版. —北京：化学工业出版社，2024.3
ISBN 978-7-122-44686-2

Ⅰ.①建… Ⅱ.①周… ②姚… Ⅲ.①建筑结构-建筑制图-识别 Ⅳ.①TU204

中国国家版本馆 CIP 数据核字（2023）第 251075 号

责任编辑：左晨燕　　　　　　装帧设计：史利平
责任校对：杜杏然

出版发行：化学工业出版社
　　　　　（北京市东城区青年湖南街 13 号　邮政编码 100011）
印　　装：北京天宇星印刷厂
787mm×1092mm　1/16　印张 19½　字数 480 千字
2024 年 3 月北京第 4 版第 1 次印刷

购书咨询：010-64518888　　　　售后服务：010-64518899
网　　址：http://www.cip.com.cn
凡购买本书，如有缺损质量问题，本社销售中心负责调换。

定　　价：85.00 元

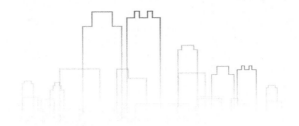

前 言

本书是在《建筑结构识图》第三版（周佳新、姚大鹏主编，化学工业出版社，2016年2月出版）基础上修订完成。《建筑结构识图》第一版2008年3月出版，多次印刷，期间又修订出版了第二版、第三版。 本书曾将成千上万名建筑行业的从业人员引上了建筑结构的识图之路，使其在较短的时间内掌握或基本掌握了建筑结构识图的基本知识、识图的思路、方法和技能。

本书强调建筑结构的学科特色，坚持以基础性、实用性和可读性为原则，从建筑结构的基础理论、基本知识和基本技能出发，以期学习者通过学习本书能较快地掌握识读建筑结构图的知识和技能。

全书共分十章，遵循认知规律，在内容的编排顺序上进行了优化，主要包括识图理论（第二章、第三章）、识图基础（第一章、第四章至第七章）、专业实践（第八章至第十章）等内容。

为帮助读者学习，本书配有采用了VRML技术的PPT课件，需要者关注微信公众号"化工帮CIP"，回复书名即可获取。

本书由周佳新、姚大鹏编著，在编著的过程中参考了有关结构制图专著和网络素材，在此向有关作者表示衷心的感谢！ 由于编写水平有限，疏漏瑕疵在所难免，恳请广大同仁及读者不吝赐教，在此谨表谢意。

编著者

2024年1月

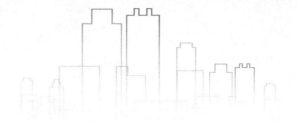

第一版前言

　　伴随着我国经济的持续快速发展，建筑行业的从业人员日益增加，提高从业人员的基本素质便成为当务之急。我们着眼于加强从业人员技能以及综合素质的培养，从工程技术人员的特点和文化基础出发，结合多年从事工程实践及工程图学教学的经验编写了这本书。

　　本书遵循认知规律，将工程实践与理论相融合，以新规范为指导，通过工程实例、图文结合，循序渐进地介绍了建筑结构识图的基本知识、识图的思路、方法和技巧，强调实用性和可读性，以期学习者通过学习本书能较快地获得识读结构施工图的基本知识和技能。

　　全书共分六章，在内容的编排顺序上进行了优化，主要包括以下内容。

　　1. 识图基础篇（第一至第三章）

　　本部分内容侧重于无基础的初学读者，从一点儿不会学起，介绍了相关国家标准，识图基本理论及图样表达方法等。

　　2. 专业图介绍与识图实践篇（第四至第六章）

　　本部分主要讲解了钢筋混凝土结构图、建筑结构施工图、钢结构施工图等内容。根据目前建筑业发展的实际，以典型的工程实例，特别介绍了被国家科委列为《"九五"国家级科技成果重点推广计划》项目和被建设部列为科技成果重点推广项目的"平法"，以及在我国大中型工程中大量应用的钢结构等新工艺、新方法，以解决实际问题为主。

　　本书由沈阳建筑大学周佳新、姚大鹏编著，杨佳、贾海德参编，在编著的过程中参考了有关制图专著，在此向相关作者表示衷心的感谢！由于编写时间仓促加上作者水平有限，疏漏之处在所难免，恳请广大同仁及读者不吝赐教，在此谨表谢意。

编著者

2008 年 4 月

第二版前言

《建筑结构识图》第一版自2008年出版以来，受到了广大读者的欢迎，多次重印。为了更好地服务于读者，我们在第一版的基础上，修订了本书。

本书修订的指导思想是：着眼于提高建筑行业从业人员的基本素质，遵循认知规律，将工程实践与理论相融合，以新规范为指导，通过工程实例图文结合、循序渐进地介绍建筑结构识图的基本知识，识图的思路、方法和技巧，强调实用性和可读性，以期读者通过学习本书能较快地获得识读结构施工图的基本知识和技能。

本书突出实用性，以"必须、够用"为度，有如下特点。

1. 从工程技术人员的特点和文化基础出发，以模块化形式为编写原则。本书共计有结构识图的基本知识、投影的基本知识、形体表达方法、钢筋混凝土结构图、钢筋混凝土结构施工图和钢结构施工图六个模块，以章的形式编写。各个模块既相互独立，又注重前后学习的密切联系，不同层次的读者可根据需要选用其中的模块进行学习。

2. 坚持学以致用，少而精的原则。本书在内容的选择与组织上做到了主次分明、深浅得当、详略适度、图文并茂。理论的应用部分采用例题的形式讲解，例题中将作图步骤区分开来，清晰地表达了作图的思路、方法，使读者一目了然，易于理解和掌握，别具特色。

3. 以科学性、时代性、工程性为原则。凡能收集到的最新国家标准，本书都予以贯彻。本书注重吸取工程技术界的最新成果（如被国家科委列为《"九五"国家级科技成果重点推广计划》项目和被建设部列为科技成果重点推广项目的"平法"），在我国大中型工程中大量应用的钢结构等新工艺、新方法。本书结合当前建筑业发展的实际，为读者展示了丰富、特色的工程实例，以期读者通过学习，能解决工程中的实际问题。

本书第二版由沈阳建筑大学周佳新、姚大鹏编著，在修订工作中李周彤、李牧峰也做了很多工作。在编著的过程中参考了有关制图专著，在此向有关作者表示衷心的感谢！由于编写时间仓促加上作者水平有限，疏漏之处在所难免，恳请广大同仁及读者不吝赐教，在此谨表谢意。

编著者

2012年3月

第三版前言

《建筑结构识图（第二版）》自从 2012 年 6 月再版以来，又连续印刷多次，受益读者甚多。 为了更好地服务于读者，服务于"大众创业，万众创新"，为我国的经济发展助力，我们在前两版的基础上，修订了本书。

本书突出基础性、实用性和规范性，有如下特点：

1. 加强基础，确保五大基础内容的讲解，即投影理论基础、构型设计基础、表达方法基础、制图规范基础、绘图能力基础。 各部分既相互独立，又注重前后学习的密切联系，不同层次的读者可根据需要选择性学习。

2. 注重实用，本书吸取工程技术界的最新成果，结合当前建筑业发展的实际，为读者展示了丰富、特色的工程实例，以期读者通过学习，能解决工作中的实际问题。

3. 标准规范，凡能收集到的最新国家标准，本书都予以执行。

本书第三版由沈阳建筑大学周佳新、姚大鹏编著，杨佳、贾海德、刘鹏、王铮铮、王志勇、李鹏、沈丽萍、张楠、张喆、姜英硕、马晓娟、李周彤、李牧峰也做了很多工作。 在编著和修订的过程中参考了有关制图专著，在此向有关作者表示衷心的感谢！由于作者水平有限，疏漏之处在所难免，恳请广大同仁及读者不吝赐教，在此谨表谢意。

欢迎与周佳新教授联系（zhoujx@ sjzu. edu. cn）。

编著者

2015 年 7 月

目录

第一章

建筑结构识图基本知识

第一节　建筑结构施工图的组成及内容

一、房屋的组成及作用

　　房屋建筑根据使用功能和使用对象的不同分为很多种类，一般可归纳为民用建筑和工业建筑两大类。各种建筑物，虽然使用要求、空间组合、外形、规模等各不相同，但其组成部分大致相同。房屋是由许多构件、配件和装修构造组成的，从图1-1可知它们的名称和位置，一般包括基础、墙（或柱）、楼（地）面、楼梯、屋顶、门窗六部分。此外，还有台阶（坡道）、雨篷、阳台、栏杆、明沟（散水）、水管、电气以及粉刷、装饰等。

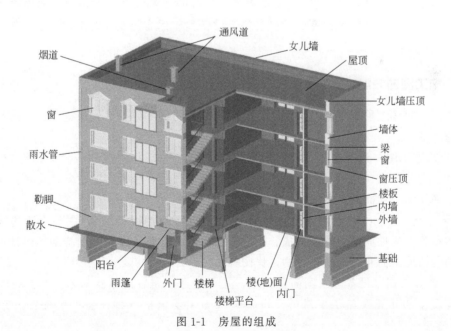

图 1-1　房屋的组成

　　① 基础是房屋最下部的承重构件。它承受着房屋的全部荷载，并将这些荷载传给地基。
　　② 基础上面是墙，包括外墙和内墙，它们共同承受着由屋顶和楼面传来的荷载，并传给基础。同时，外墙还起着维护作用，抵御自然界各种因素对室内的侵袭，而内墙具有分隔空间，组成各种用途的房间的作用。外墙与室外地面接近的部位称为勒脚，为保护墙身不受

雨水浸蚀，常在勒脚处将墙体加厚并外抹水泥砂浆。

③ 楼面、地面是房屋建筑中水平方向的承重构件，除承受家具、设备和人体荷载及其本身重量外，同时，它还对墙身起水平支撑作用。

④ 楼梯是房屋的垂直交通设施，供人们上下楼层、运输货物或紧急疏散之用。

⑤ 屋顶是房屋最上层起覆盖作用的外围护构件，借以抵抗雨雪，避免日晒等自然界的影响。屋顶由屋面层和结构层组成。

⑥ 窗的作用是采光、通风与围护。楼梯、走廊、门和台阶在房屋中起着沟通内外、上下交通的作用。此外，还有挑檐、雨水管、散水、烟道、通风道、排水、排烟等设施。

二、施工图的产生

房屋建筑是人们工作、生活的重要场所，房屋的建造一般需经过设计和施工两个过程。设计工作一般又分为两个阶段：初步设计和施工图设计。对一些技术上复杂而又缺乏设计经验的工程，还增加了技术设计，又称扩大初步设计。

① 初步设计　设计人员根据设计单位的要求，收集资料、调查研究，经过多方案比较作出初步方案图。初步设计的内容包括总平面布置图，建筑平、立、剖面图，设计说明，相关技术和经济指标等。初步方案图需按一定比例绘制，并送交有关部门审批。

② 技术设计　在已审定的初步设计方案的基础上，进一步解决构件的选型、布置、各工种之间的配合等技术问题，统一各工种之间的矛盾，进行深入的技术经济分析以及必要的数据处理等。绘制出技术设计图，大型、重要建筑物的技术设计图也应报相关部门审批。

③ 施工图设计　施工图设计主要是将已经批准的技术设计图按照施工的要求予以具体化。为施工安装、编制施工预算、安排材料、设备和非标准构配件的制作提供完整、正确的图纸依据。

三、施工图的分类

施工图一般按工种分类，根据施工图的内容和作用的不同分为建筑施工图、结构施工图和设备施工图。

① 建筑施工图　建筑施工图简称建施，主要表达建筑物的规划位置、内部布置情况、外部形状、内外装修、构造、施工要求等。建筑施工图主要包括图纸目录、设计总说明、总平面图、平面图、立面图、剖面图和详图等。

② 结构施工图　结构施工图简称结施，是根据建筑设计的要求，主要表达建筑物中承重结构的布置、构件类型、材料组成、构造作法等。结构施工图主要包括结构设计说明、基础施工图、结构平面布置图、各种构件详图等。

③ 设备施工图　设备施工图简称设施，主要表达建筑物的给水排水、采暖、通风、电气照明等设备的布置和施工要求等。设备施工图主要包括各种设备的平面图、系统图和详图。

四、图纸的编排顺序

一项工程中各工种图纸的编排一般是全局性图纸在前，说明局部的图纸在后；先施工的在前，后施工的在后；重要的图纸在前，次要的图纸在后。一般顺序为：图纸目录、设计总说明、建筑施工图、结构施工图、设备施工图（顺序为水、暖、电）。

① 图纸目录　先列新绘的图纸，后列所选用的标准图纸或重复利用的图纸。

② 设计总说明　设计总说明即首页，包括：施工图的设计依据；本项目的设计规模和建筑面积；本项目的相对标高与绝对标高的对应关系；室内室外的用料说明；门窗表等。

③ 建筑施工图　简称建施，包括总平面图、平面图、立面图、剖面图和构造详图等。

④ 结构施工图　简称结施，包括结构平面布置图和各构件的结构详图等。

⑤ 设备施工图　简称设施，包括给水排水、采暖通风、电气等设备的布置平面图和详图等。

本书主要介绍结构施工图的识图。

五、结构施工图的作用

结构施工图是结构施工的指导性文件，也是结构设计的最终成果。它是根据建筑各方面的要求，进行结构选型和构件布置，再通过力学计算，决定房屋各承重构件的材料、形状、大小以及内部构造等的图样。结构施工图是施工放线、开挖基槽的依据，也是进行构件制作、结构安装、计算工作量、编制工程预算和组织施工计划的依据。承重构件所用材料主要有钢筋混凝土、钢、木及砖石等。

六、结构施工图的内容

结构施工图一般包括下列三部分内容。

① 结构设计说明　内容包括：抗震设计与防火要求，地基与基础，地下室，钢筋混凝土各结构构件，砖砌体，后浇带与施工缝等部分适用的材料类型、规格、强度等级，施工注意事项，选用的标准图集等。很多设计单位已把上述内容详细列在一张"结构说明"图纸上供设计者选用。

② 结构平面图　内容包括：a. 基础平面图，工业建筑还有设备基础布置图；b. 楼层结构平面布置图，工业建筑还包括柱网、吊车梁、柱间支撑、联系梁布置等；c. 屋面结构平面图，包括屋面板、天沟板、屋架、天窗架及支撑系统布置等。

③ 构件详图　内容包括：a. 梁、板、柱及基础结构详图；b. 楼梯结构详图；c. 屋架结构详图；d. 其他详图。

七、识图应注意的几个问题

① 施工图是根据正投影原理绘制的，用图纸的形式表达房屋建筑的设计及构造作法。因此要想读懂图一定要掌握投影的原理及图样的绘制原理，还应熟悉房屋建筑的基本构造。

② 看图时必须由大到小、由粗到细。先粗看一遍，了解工程的概貌，然后再仔细看。细看时应仔细阅读说明或附注，凡是图样上无法表示而又直接与工程有关的一些要求，往往在图纸上以文字说明的形式表达出来。这些是非看不可的，会告诉我们很多情况。一般应先看总说明和基本图纸，后看详图。

③ 牢记常用的符号和图例。为了方便和清楚，图样中很多内容用符号和图例表示，为了快速、准确读懂图，一般常用的符号必须牢记。因为这些符号已成为设计人员和施工人员的共同语言，对于不常用的符号，有时在图纸上附有解释，可以在看图前先行查看。

④ 注意尺寸单位。图样上的尺寸单位有两种，标高和总平面图以"米（m）"为单位，其余以"毫米（mm）"为单位，图样中尺寸数字后面一律不注写单位，且标注的尺寸为实际大小。

⑤ 不要随意修改图纸。如果对设计图有修改意见或其他合理性建议，应向有关人员提出，并与设计单位协商解决。

⑥ 结合实际，有联系地、综合地看图。图纸的绘制一般是按照施工过程中不同的工种、工序进行的，看图时应联系生产实际，以达到事半功倍的效果。

第二节 国家标准的有关规定

根据投影原理、标准或有关规定，表示工程对象，并有必要的技术说明的图称为图样。图样被喻为工程界的语言，是工程技术人员用来表达设计思想，进行技术交流的重要工具。为便于绘制、阅读和管理工程图样，国家标准管理机构依据国际标准化组织制定的国际标准，制定并颁布了各种工程图样制图的国家标准，简称"国标"，代号"GB"。工程建设人员应熟悉并严格遵守各类国家标准的有关规定。

一、图纸幅面和格式

1. 图纸幅面

图纸幅面简称图幅，即图纸幅面的大小，图纸的幅面是指图纸宽度与长度组成的图面。为了使用和管理图纸方便、规整，所有的设计图纸的幅面必须符合国家标准的规定，如表 1-1 所示。

表 1-1　图纸幅面及图框尺寸　　　　　　　　　　　　　　　　　　　　mm

尺寸代号 ＼ 幅面代号	A0	A1	A2	A3	A4
$b \times l$	841×1189	594×841	420×594	297×420	210×297
c		10			5
a			25		

注：表中 b 为幅面短边尺寸，l 为幅面长边尺寸，c 为图框线与幅面线间宽度，a 为图框线与装订边间宽度。

必要时允许选用规定的加长幅面，图纸的短边一般不应加长，长边可以加长，但应符合表 1-2 的规定。

表 1-2　图纸长边加长尺寸　　　　　　　　　　　　　　　　　　　　mm

幅面代号	长边尺寸	长边加长后的尺寸				
A0	1189	1486 （A0+1/4l）	1783 （A0+1/2l）	2080 （A0+3/4l）	2378 （A0+l）	
A1	841	1051 （A1+1/4l） 2102 （A1+3/2l）	1261 （A1+1/2l）	1471 （A1+3/4l）	1682 （A1+l）	1892 （A1+5/4l）

续表

幅面代号	长边尺寸	长边加长后的尺寸				
A2	594	743 （A2+1/4*l*）	891 （A2+1/2*l*）	1041 （A2+3/4*l*）	1189 （A2+*l*）	1338 （A2+5/4*l*）
		1486 （A2+3/2*l*）	1635 （A2+7/4*l*）	1783 （A2+2*l*）	1932 （A2+9/4*l*）	2080 （A2+5/2*l*）
A3	420	630 （A3+1/2*l*）	841 （A3+*l*）	1051 （A3+3/2*l*）	1261 （A3+2*l*）	1471 （A3+5/2*l*）
		1682 （A3+3*l*）	1892 （A3+7/2*l*）			

注：有特殊需要的图纸，可采用 $b \times l$ 为841mm×891mm 与 1189mm×1261mm 的幅面。

2. 格式

图框是图纸上限定绘图区域的线框，是图纸上绘图区域的边界线。图框的格式有横式和立式两种，以短边作为垂直边称为横式，以短边作为水平边称为立式。

横式使用的图纸应如图 1-2（a）～（c）所示规定的形式布置。立式使用的图纸应如图 1-2（d）～（f）所示规定的形式布置。

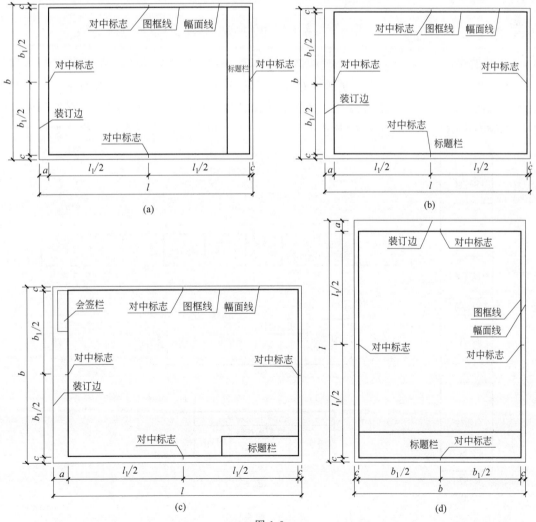

图 1-2

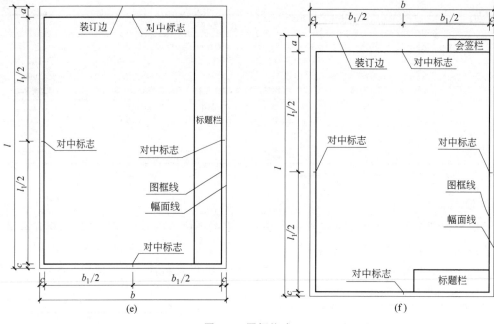

图 1-2　图框格式

3. 标题栏

　　由名称及代号区、签字区、更改区和其他区组成的栏目称为标题栏，简称图标。标题栏是用来标明设计单位、工程名称、图名、设计人员签名和图号等内容的，必须画在规定位置，标题栏中的文字方向代表看图方向。应根据工程的需要确定标题栏，格式如图 1-3 所

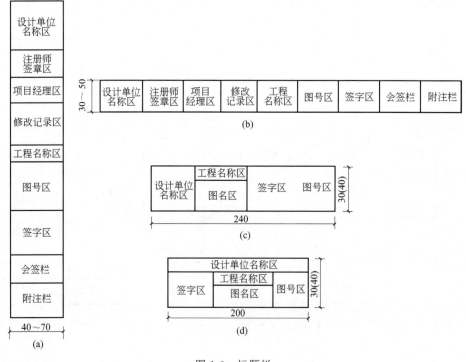

图 1-3　标题栏

示。涉外工程的标题栏内，各项主要内容的中文下方应附有译文，设计单位的上方或左方应加注"中华人民共和国"字样。

4. 会签栏

会签栏是各设计专业负责人签字用的一个表格，如图1-4所示。会签栏宜画在图框外侧，如图1-2（c）、（f）所示。不需会签的图纸可不设会签栏，如图1-2（a）、（b）、（d）、（e）所示。

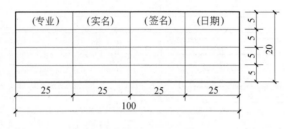

图 1-4　会签栏

5. 对中标志

需要缩微复制的图纸，可采用对中标志。对中标志应画在图纸各边长的中点处，线宽应为0.35mm，伸入框区内应为5mm，如图1-2所示。

二、图线

1. 图线宽度

为了使图样表达统一和使图面清晰，国家标准规定了各类工程图样中图线的宽度b，绘图时，应根据图样的复杂程度与比例大小，从下列线宽系列中选取粗线宽度，$b=1.4$mm、1.0mm、0.7mm、0.5mm；工程图样中各种线型分粗、中粗、中、细四种图线宽度。应如表1-3所示规定选取。

表 1-3　线宽组　　　　　　　　　　　　　　　　　mm

线宽比	线宽组			
b	1.4	1.0	0.7	0.5
$0.7b$	1.0	0.7	0.5	0.35
$0.5b$	0.7	0.5	0.35	0.25
$0.25b$	0.35	0.25	0.18	0.13

注：1. 需要缩微的图纸，不宜采用0.18mm及更细的线宽。

2. 同一张图纸内，各不同线宽中的细线，可统一采用较细的线宽组的细线。

图纸的图框和标题栏线，可采用如表1-4所示线宽。

表 1-4　图框、标题栏的线宽

幅面代号	图框线	标题栏外框线 对中标志	标题栏分格 线幅面线
A0、A1	b	$0.5b$	$0.25b$
A2、A3、A4	b	$0.7b$	$0.35b$

2. 图线线型及用途

各类图线及其主要用途如表1-5所示。

表 1-5 图线及其主要用途

名称		线型	线宽	用途
实线	粗		b	主要可见轮廓线
	中粗		$0.7b$	可见轮廓线、变更云线
	中		$0.5b$	可见轮廓线、尺寸线
	细		$0.25b$	图例填充线、家具线
虚线	粗		b	见各有关专业制图标准
	中粗		$0.7b$	不可见轮廓线
	中		$0.5b$	不可见轮廓线、图例线
	细		$0.25b$	图例填充线、家具线
单点长画线	粗		b	见各有关专业制图标准
	中		$0.5b$	见各有关专业制图标准
	细		$0.25b$	中心线、对称线、轴线等
双点长画线	粗		b	见各有关专业制图标准
	中		$0.5b$	见各有关专业制图标准
	细		$0.25b$	假想轮廓线、成型前原始轮廓线
折断线	细		$0.25b$	断开界线
波浪线	细		$0.25b$	断开界线

3. 图线的要求及注意事项

① 同一张图纸内，相同比例的各个图样，应选用相同的线宽组；

② 相互平行的图例线，其净间隙或线中间隙不宜小于 0.2mm，如图 1-5 所示；

③ 虚线、单点长画线或双点长画线的线段长度和间隔宜各自相等；

④ 单点长画线或双点长画线，当在较小图形中绘制有困难时，可用细实线代替，如图 1-6 所示；

⑤ 单点长画线或双点长画线的两端不应是点，单点长画线的两端应超出形体的轮廓 2~5mm，如图 1-7 所示；

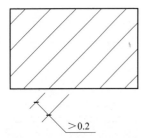

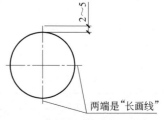

图 1-5 相互平行的图例线 图 1-6 细实线代替单点长画线 图 1-7 单点长画线画法
间隙大于 0.2mm

⑥ 虚线为实线的延长线时，两者之间不得连接，应留有空隙，如图 1-8 所示；

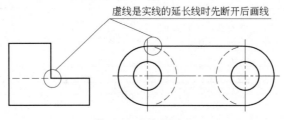

图 1-8 虚线的画法

⑦ 各种图线彼此相交处，都应画成线段，而不应是间隔或画成"点"，如图 1-9 所示；

⑧ 图线不得与文字、数字或符号重叠、混淆，不可避免时，应首先保证文字的清晰，如图 1-10 所示；

图 1-9　各种图线彼此相交的画法

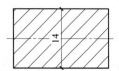

图 1-10　保证文字的清晰

⑨ 各图线用法如图 1-11 所示。

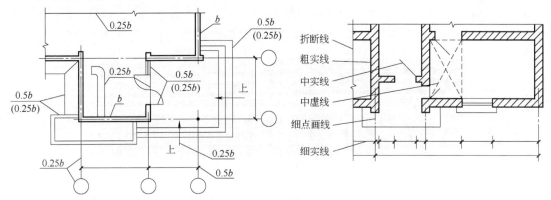

图 1-11　各种图线用法

三、字体

字体指图样上汉字、数字、字母和符号等的书写形式，国家标准规定书写字体均应"字体工整、笔画清晰、排列整齐、间隔均匀"，标点符号应清楚正确。文字、数字或符号的书写大小用号数表示。字体号数表示的是字体的高度，应按表 1-6 所示选择。

表 1-6　字体的高度　　　　　　　　　　　　　　　　　　　　　　　　mm

字体种类	汉字矢量字体	Turn type 字体及非汉字矢量字体
字高	3.5、5、7、10、14、20	3、4、6、8、10、14、20

1. 汉字

图样及说明中的汉字应采用国家公布的简化字，宜采用长仿宋体书写，字号一般不小于3.5，字高与字宽的比例应符合表 1-7 的规定。

表 1-7　长仿宋字高与字宽关系　　　　　　　　　　　　　　　　　　　mm

字高	3.5	5	7	10	14	20
字宽	2.5	3.5	5	7	10	14

书写长仿宋体的基本要领：横平竖直、注意起落、结构均匀、填满方格。长仿宋体字示例如图 1-12 所示。

2. 数字和字母

阿拉伯数字、拉丁字母和罗马字母的字体有正体和斜体（向上倾斜 75°）两种写法。它

图 1-12　长仿宋体字示例

们的字号一般不小于2.5。拉丁字母示例如图 1-13 所示，罗马数字、阿拉伯数字示例如 1-14 所示。用作指数、分数、注脚等的数字及字母一般应采用逆时针小一号字体。

图 1-13　拉丁字母示例（正体与斜体）

图 1-14　罗马数字、阿拉伯数字示例（正体与斜体）

四、比例

图样中图形与实物相应要素的线性尺寸之比称为比例。绘图所选用的比例是根据图样的用途和被绘对象的复杂程度来确定的。图样一般应选用如表 1-8 所示的常用比例，特殊情况下也可选用可用比例。

表 1-8　绘图比例

常用比例	1：1，1：2，1：5，1：10，1：20，1：30，1：50，1：100，1：150，1：200，1：500，1：1000，1：2000
可用比例	1：3，1：4，1：6，1：15，1：25，1：40，1：60，1：80，1：250，1：300，1：400，1：600，1：5000、1：10000、1：20000、1：50000、1：100000、1：200000

比例必须采用阿拉伯数字表示，比例一般应标注在标题栏中的"比例"栏内，如 1：50 或 1：100 等。比例一般注写在图名的右侧，与图名下对齐，比例的字高一般比图名的字高小一号或二号，如图 1-15 所示。

<u>基础平面图</u> 1:00　　　⑥ 1:20

图 1-15　比例的注写

比例分为原值比例、放大比例和缩小比例三种。原值比例即比值为 1：1 的比例；放大比例即为比值大于 1 的比例，如 2：1 等；缩小比例即为比值小于 1 的比例，如 1：2 等。

五、尺寸标注

图形只能表达形体的形状，而形体的大小则必须依据图样上标注的尺寸来确定。尺寸标注是绘制建筑结构工程图样的一项重要内容，是施工的依据，应严格遵照国家标准中的有关规定，保证所标注的尺寸完整、清晰、准确。

1. 尺寸的组成与基本规定

图样上的尺寸由尺寸界线、尺寸线、起止符号和尺寸数字四部分组成，如图 1-16（a）所示。

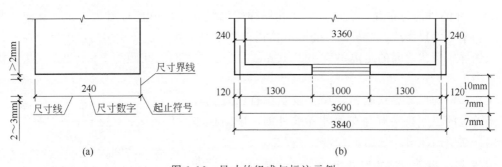

图 1-16　尺寸的组成与标注示例

① 尺寸界线　用细实线绘制，表示被注尺寸的范围。一般应与被注长度垂直，其一端应离开图样轮廓线不小于 2mm，另一端宜超出尺寸线 2～3mm，见图 1-16（a）。必要时，图样轮廓线可用作尺寸界线，见图 1-16（b）中的 240 和 3360。

② 尺寸线　表示被注线段的长度。用细实线绘制，不能用其他图线代替。尺寸线应与被注长度平行，且不宜超出尺寸界线。每道尺寸线之间的距离一般为 7mm，见图 1-16（b）。

③ 起止符号　一般应用中粗斜短线绘制，其倾斜方向与尺寸界线成顺时针 45°角，高度

h 宜为 2～3mm，见图 1-17（a）。半径、直径、角度与弧长的尺寸起止符号应用箭头表示，箭头尖端与尺寸界线接触，不得超出也不得分开，见图 1-17（b）。

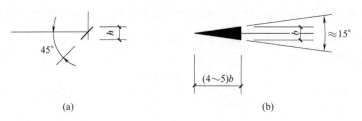

图 1-17 尺寸起止符号

④ 尺寸数字　表示被注尺寸的实际大小，它与绘图所选用的比例和绘图的准确程度无关。图样上的尺寸应以尺寸数字为准，不得从图上直接量取。尺寸的单位除标高和总平面图以 m（米）为单位外，其他一律以 mm（毫米）为单位，图样上的尺寸数字不再注写单位。同一张图样中，尺寸数字的大小应一致。

尺寸数字应按图 1-18（a）规定的方向注写。若尺寸数字在 30°斜线区内，宜按图 1-18（b）所示的形式注写。

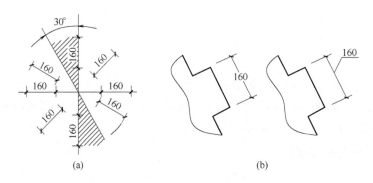

图 1-18 尺寸数字的注写

⑤ 尺寸的排列与布置　尺寸宜标注在图样轮廓线以外，不宜与图线、文字及符号等相交；互相平行的尺寸线，应从图样轮廓线由内向外整齐排列，小尺寸在内，大尺寸在外；尺寸线与图样轮廓线之间的距离不宜小于 10mm，尺寸线之间的间距为 7～10mm，并保持一致，见图 1-16（b）。

狭小部位的尺寸界线较密，尺寸数字没有位置注写时，最外边的尺寸数字可写在尺寸界线外侧，中间相邻的可错开或引出注写，见图 1-19。

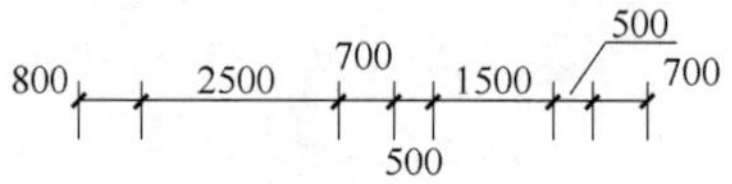

2. 半径、直径、球的尺寸标注

半径的尺寸线应一端从圆心开始，另一端画箭头指向圆弧。半径数字前应加注符号"*R*"，如图 1-20（a）所示。较小的圆弧半径，可如图 1-20（b）所示标注。较大的圆弧半径，可如图 1-20（c）所示标注。

标注圆的直径尺寸时，在直径数字前应加注符号"ϕ"。在圆内标注的直径尺寸线应通过圆心画成斜线，两端画箭头指向圆弧，如图 1-21（a）所示。较小圆的直径，可如图 1-21（b）所示标注。

图 1-19 狭小部位的尺寸标注

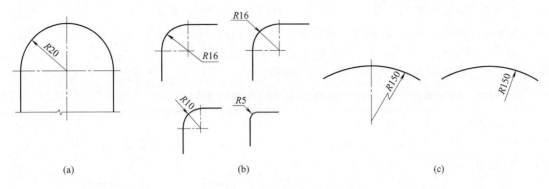

图 1-20 半径的尺寸标注

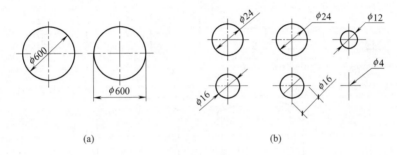

图 1-21 直径的尺寸标注

标注球的直径或半径尺寸时，应在直径或半径数字前加注符号"$S\phi$"或"SR"，注写方法与半径和直径相同，如图 1-22 所示。

直径尺寸线、半径尺寸线不可用中心线代替。

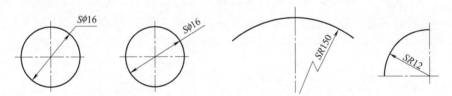

图 1-22 直径、半径及球径的尺寸标注

3. 角度、弧长、弦长的尺寸标注

① 角度的尺寸线画成圆弧，圆心应是角的顶点，角的两条边为尺寸界线。角度数字一律水平书写。如果没有足够的位置画箭头，可用圆点代替箭头，如图 1-23 (a) 所示。

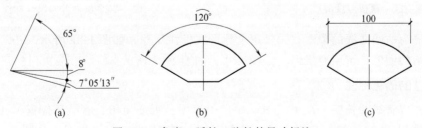

图 1-23 角度、弧长、弦长的尺寸标注

② 标注圆弧的弧长时，尺寸线应以与该圆弧线同心的圆弧表示，尺寸界限垂直于该圆弧的切线方向，用箭头表示起止符号，弧长数字的上方应加注圆弧符号，如图 1-23（b）所示。

③ 标注圆弧的弦长时，尺寸线应以平行于该弦的直线表示，尺寸界限垂直于该弦，起止符号以中粗斜短线表示，如图 1-23（c）所示。

4. 坡度、薄板厚度、正方形、非圆曲线等的尺寸标注

① 坡度可采用百分数或比例的形式标注。在坡度数字下，应加注坡度符号：单面箭头如图 1-24（a）所示或双面箭头如图 1-24（b）所示。箭头应指向下坡方向，如图 1-24（c）、（d）所示；坡度也可用直角三角形形式标注，如图 1-24（e）、（f）所示。

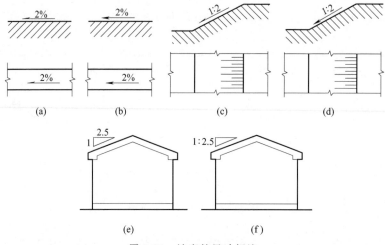

图 1-24　坡度的尺寸标注

② 在薄板板面标注板的厚度时，应在表示厚度的数字前加注符号"t"，如图 1-25 所示。

③ 在正方形的一边标注正方形的尺寸，可以采用"边长×边长"表示法，如图 1-26（a）所示。也可以在边长数字前加注表示正方形的符号"□"，如图 1-26（b）所示。

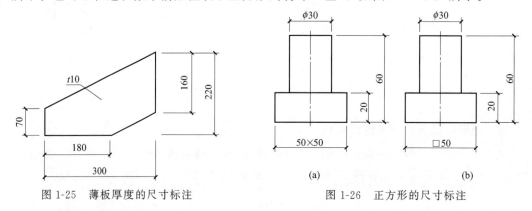

图 1-25　薄板厚度的尺寸标注　　　　　　图 1-26　正方形的尺寸标注

④ 外形为非圆曲线的构件，一般用坐标形式标注尺寸，如图 1-27 所示。

⑤ 复杂的图形，可用网格形式标注尺寸，如图 1-28 所示。

5. 尺寸的简化标注

① 杆件或管线的长度，在单线图（如桁架简图、钢筋简图、管线简图等）上，可直接将尺寸数字沿杆件或管线的一侧注写，但读数方法依旧按前述规则执行，如图 1-29 所示。

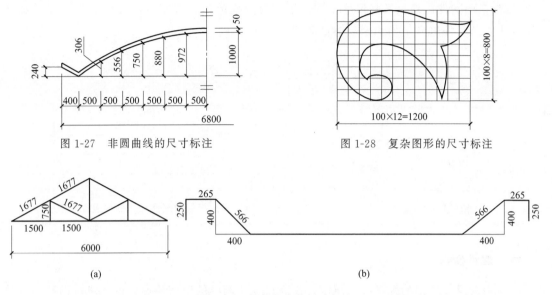

图 1-27　非圆曲线的尺寸标注

图 1-28　复杂图形的尺寸标注

(a)　　　　　　　　　　　　　　　(b)

图 1-29　杆件长度的尺寸标注

② 连续排列的等长尺寸，可采用"个数×等长尺寸＝总长"或"总长（等分个数）"的形式表示，如图 1-30 所示。

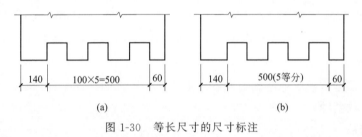

(a)　　　　　　　　　　　　　　　(b)

图 1-30　等长尺寸的尺寸标注

③ 构配件内具有诸多相同构造要素（如孔、槽）时，可只标注其中一个要素的尺寸，如图 1-31 所示。

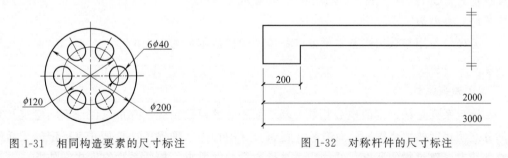

图 1-31　相同构造要素的尺寸标注

图 1-32　对称杆件的尺寸标注

④ 对称构配件采用对称省略画法时，该对称构配件的尺寸线应略超过对称符号，仅在尺寸线的一端画尺寸起止符号，尺寸数字应按整体全尺寸注写，其注写位置宜与对称符号对齐，如图 1-32 所示。

⑤ 两个构配件，如个别尺寸数字不同，可在同一图样中将其中一个构配件的不同尺寸数字注写在括号内，该构配件的名称也应注写在相应的括号内，如图 1-33 所示。

⑥ 数个构配件，如仅某些尺寸不同，这些有变化的尺寸数字，可用拉丁字母注写在同一图样中，其具体尺寸另列表格写明，如图1-34所示。

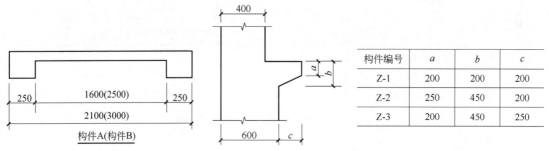

构件编号	a	b	c
Z-1	200	200	200
Z-2	250	450	200
Z-3	200	450	250

图1-33 形状相似构件的尺寸标注　　　　　图1-34 多个相似构配件尺寸的列表标注

六、建筑模数

建筑模数是指选定的标准尺寸单位，作为尺度协调中的增值单位，也是建筑设计、建筑施工、建筑材料与制品、建筑设备、建筑组合件等各部门进行尺度协调的基础，其目的是使构配件安装吻合，并有互换性，包括基本模数和导出模数两种。

1. 基本模数

基本模数是模数协调选用的基本尺寸单位。数值为100mm，符号为 M（1M = 100mm），整个建筑物及其一部分或建筑组合构件的模数化尺寸应为基本模数的倍数。

2. 导出模数

导出模数是在基本模数的基础上发展出来的，相互之间存在某种内在联系的模数，包括扩大模数和分模数两种。

（1）扩大模数

扩大模数是基本模数的整数倍数。水平扩大模数基数为3M、6M、12M、15M、30M、60M，其相应的尺寸为300mm、600mm、1200mm、1500mm、3000mm、6000mm。竖向扩大模数基数为3M、6M，其相应的尺寸为300mm、600mm。

（2）分模数

分模数是用整数去除基本模数的数值。分模数基数为1/10M、1/5M、1/2M，其相应的尺寸为10mm、20mm、50mm。

3. 模数系列

模数系列是以选定的模数基数为基础而展开的模数系统。它可以保证不同建筑及其组成部分之间尺度的协调统一，有效减少建筑尺寸的种类，确保尺寸合理并有一定的灵活性，除特殊情况，建筑物的所有尺寸均应满足模数系列的要求，模数系列幅度规定如下：

① 水平基本模数的数列幅度为1M～20M。

② 竖向基本模数的数列幅度为1M～36M。

③ 水平扩大模数的数列幅度：3M 为（3～75）M；6M 为（6～96）M；12M 为（12～120）M；15M 为（15～120）M；30M 为（30～360）M；60M 为（60～360）M，必要时幅度不限。

④ 竖向扩大模数的数列幅度不受限制。

⑤ 分模数的数列幅度：1/10 M 为（1/10～2）M，1/5 M 为（1/5～4）M；1/2 M 为（1/2～10）M。

4. 模数的适用范围

① 基本模数主要用于门窗洞口、建筑物的层高以及构配件断面尺寸。

② 扩大模数主要用于建筑物的开间或柱距、进深或跨度、构配件尺寸和门窗洞口尺寸。

③ 分模数主要用于缝隙、构造节点、构配件断面尺寸。

5. 三种尺寸

① 标志尺寸　一般指建筑物定位轴线之间的距离以及建筑制品、建筑构配件、有关设备位置界限之间的距离。

② 构造尺寸　一般指建筑制品、建筑构配件等的设计尺寸。通常，构造尺寸加上缝隙尺寸等于标志尺寸。

③ 实际尺寸　一般指建筑制品、建筑构配件等生产制作后的实际尺寸。实际尺寸与构造尺寸之间的差值应为允许的建筑公差值。

三种尺寸的规定是为了在实际操作中保证建筑制品、构配件等尺寸之间的统一与协调，标志尺寸、构造尺寸、实际尺寸及其相互之间的关系见图 1-35。

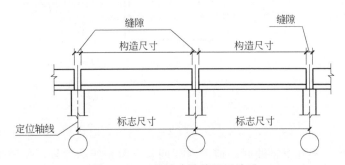

图 1-35　三种尺寸及其相互关系

七、定位轴线

1. 含义和作用

为了建筑工业化，在建筑平面图中，采用轴线网格划分平面，使房屋的平面构件和配件趋于统一，这些轴线叫定位轴线。定位轴线是确定房屋主要承重构件（墙、柱、梁）位置及标注尺寸的基线。因此，在施工中凡承重墙、梁、柱、屋架等主要承重构件的位置处均应画定位轴线，并进行编号，以作为设计与施工放线的依据。

2. 画法和编号

① 定位轴线采用细单点划线表示。轴线编号注写在轴线一端的细实线圆内，圆的直径为 8mm 或 10mm，定位轴线的圆心应在定位轴线的延长线上或延长线的折线上。

② 国家标准规定：水平方向的轴线自左至右用阿拉伯数字依次连续编为①、②、③、…；竖直方向自下而上用大写拉丁字母依次连续编为Ⓐ、Ⓑ、Ⓒ、…，并除去 I、O、Z 三个字母，以免与阿拉伯数字中的 0、1、2 三个数字混淆。见图 1-36。

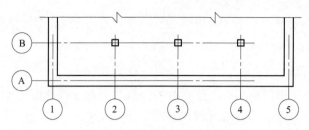

图 1-36 定位轴线的编号顺序

如果字母数量不够使用，可增用双字母或单字母加数字注脚，如 AA、BB、CC、⋯、WW 或 A1、B1、C1、⋯、W1。

③ 如果建筑平面形状较特殊，也可采用分区编号的形式来编注轴线，其方式为"分区号-该区轴线号"，见图 1-37。

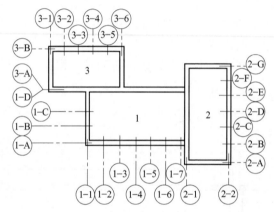

图 1-37 轴线分区标注方法

④ 一个详图适用于几根轴线时，应同时注明各有关轴线的编号，见图 1-38。

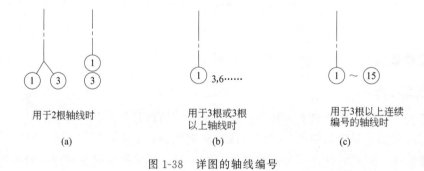

用于2根轴线时   用于3根或3根   用于3根以上连续
                        以上轴线时   编号的轴线时
   (a)   (b)   (c)

图 1-38 详图的轴线编号

⑤ 如平面为折线形，定位轴线的编号也可用分区编注，亦可以自左至右依次编注，见图 1-39。

⑥ 如果为圆形平面，定位轴线则应以圆心为准成放射状依次编注，并以距圆心距离决定其另一方向轴线位置及编号，见图 1-40。

⑦ 一般承重墙柱及外墙等编为主轴线，非承重墙、隔墙等编为附加轴线（又叫分轴线）。附加轴线的编号应以分数表示，并按如下规定编写，见图 1-41。

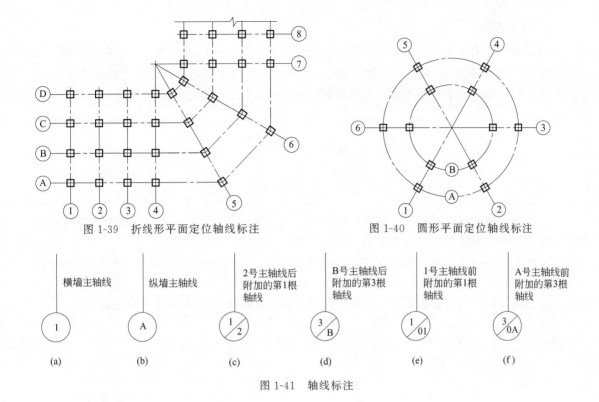

图 1-39　折线形平面定位轴线标注　　　　图 1-40　圆形平面定位轴线标注

图 1-41　轴线标注

a. 两根轴线之间的附加轴线，应以分母表示前一根轴线的编号，分子表示附加轴线的编号，该编号宜用阿拉伯数字顺序编写，如：

⊘表示 2 号轴线后附加的第 1 根轴线；

⊘表示 C 号轴线后附加的第 2 根轴线。

b. 1 号轴线或 A 号轴线之前的附加轴线分母应以 01、0A 表示，如：

⊘表示 1 号轴线前附加的第 1 根轴线；

⊘表示 A 号轴线前附加的第 2 根轴线。

⑧ 通用详图的定位轴线，只画轴线圆，不注写轴线编号，见图 1-42。

图 1-42　通用详图定位轴线

八、标高

建筑物的某一部位与确定的水准基点的距离，称为该部位的标高。标高有绝对标高和相对标高两种。

1. 绝对标高（又称海拔高度）

以我国青岛附近黄海的平均海平面为零点，全国各地的标高均以此为基准。

2. 相对标高

以建筑物首层室内主要房间的地面为零点，建筑物某处的标高均以此为基准。每个个体建筑物都有本身的相对标高。

3. 表示方法

标高符号常用高度为 3mm 的等腰直角三角形表示，见图 1-43。其中室外整平标高采用全部涂黑的 45°等腰直角三角形"▼"表示，大小形状同标高符号。标高单位为"m"，标到小数点后三位，在总平面图中，可以标到小数点后两位。

图 1-43　标高符号

标高符号的尖端应指至被注高度的位置。尖端一般应向下，也可向上。标高数字应注写在标高符号的左侧或右侧，见图 1-44。

标高有零和正负之分，零点标高应注写成±0.000，正数标高可不注"＋"，负数标高应注"－"，例如 3.000、－0.600 等。

在图样的同一位置需表示几个不同的标高时，标高数字可按图 1-45 的形式注写。

图 1-44　标高的指向　　　　　　　图 1-45　同一位置注写多个标高数字

九、详图索引标志和详图标志

为了便于看图，常采用详图标志和详图索引标志。详图标志（又称详图符号）画在详图的下方；详图索引标志（又称索引符号）则表示建筑平、立、剖面图中某个部位需另画详图表示，故详图索引标志是标注在需要出详图的位置附近，并用引出线引出。

1. 详图标志

详图的位置和编号，应用详图标志表示。详图标志应以粗实线绘制，直径为 14mm，见

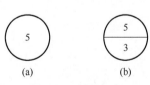

图 1-46　详图标志

图 1-46（a）。详图与被索引的图样同在一张图纸内时，应在详图标志内用阿拉伯数字注明详图的编号。详图与被索引的图样，如不在同一张图纸内时，也可以用细实线在详图标志内画一水平直径，上半圆中注明详图编号，下半圆内注明被索引图的图纸编号，见图 1-46（b）。

2. 详图索引标志

如图 1-47 所示为详图索引标志。其水平直径线及符号圆圈均以细实线绘制，圆的直径为 8～10mm，水平直径线将圆分为上下两半，上方注写出详图编号，下方注写出详图所在

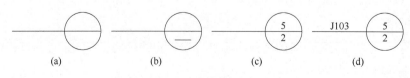

图 1-47　详图索引标志

图纸编号，如图 1-47（c）所示。如详图绘在本张图纸上，则仅用细实线在索引标志的下半圆内画一段水平细实线即可，如图 1-47（b）所示。如索引的详图是采用标准图，应在索引标志水平直径延长线上加注标准图集的编号，如图 1-47（d）所示。

如图 1-48 所示为用于索引剖面详图的索引标志。应在被剖切的部位绘制剖切位置线，并以引出线引出索引标志。引出线所在的一侧应视为剖视方向。

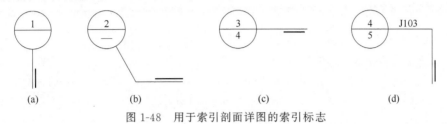

(a)　　　　　　(b)　　　　　　(c)　　　　　　(d)

图 1-48　用于索引剖面详图的索引标志

十、其他符号

1. 指北针和风向频率玫瑰图

① 指北针是用于表示建筑物方向的。指北针应按国家标准规定绘制，见图 1-49，其圆用细实线，直径为 24mm；指针尾部宽度为 3mm，指针头部应注"北"或"N"字。如需用较大直径绘制指北针时，指针尾部宽度宜为直径的 1/8。

② 风向频率玫瑰图简称风玫瑰图，是总平面图上用来表示该地区常年风向频率的标志。风向频率玫瑰图在 8 个或 16 个方位线上用端点与中心的距离，代表当地这一风向在一年中发生次数的多少，粗实线表示全年风向，细虚线范围表示夏季风向。风向由各方位吹向中心，风向线最长者为主导风向，见图 1-50。

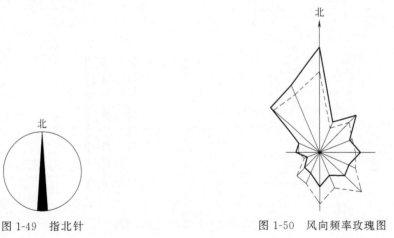

图 1-49　指北针　　　　　　　　　图 1-50　风向频率玫瑰图

2. 引出线

① 引出线应以细实线绘制，宜采用水平方向的直线，与水平方向成 30°、45°、60°、90° 的直线，或经上述角度再折为水平的折线。文字说明宜注写在引出线横线的上方，见图 1-51（a），也可注写在水平线的端部，见图 1-51（b）。索引详图的引出线，宜与水平直径线相连接，见图 1-51（c）。

② 同时引出几个相同部分的引出线，宜互相平行，见图 1-52（a），也可以画成集中一

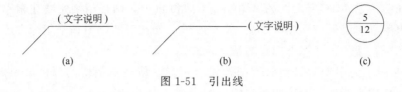

图 1-51　引出线

点的放射线，见图 1-52（b）。

图 1-52　共用引出线

③ 多层次构造用分层说明的方法标注其构造做法。多层次构造的共用引出线应通过被引出的各层。文字说明宜用 5 号或 7 号字注写出在横线的上方或横线的端部，说明的顺序由上至下，并应与被说明的层次相互一致。如层次为横向排列，则由上至下的说明顺序应与由左至右的层次相互一致，如图 1-53 所示。

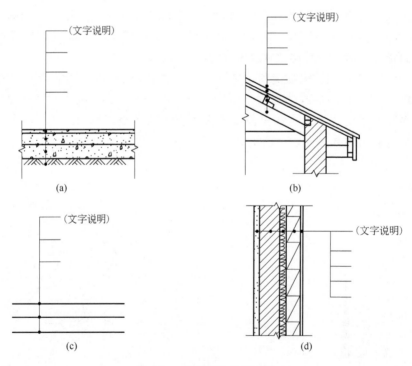

图 1-53　多层次构造引出线

3. 对称符号

结构对称的图形，绘图时可只画出对称图形的一半，并用细实线画出对称符号。对称线用细点划线表示，平行线用细实线绘制，其长度为 6～10mm，每对的间距宜为 2～3mm，对称线垂直平分于两对平行线，两端超出平行线宜为 2～3mm，见图 1-54。

4. 连接符号

一个构配件，如绘制位置不够，可分成几个部分绘制，并用连接符号表示。连接符号以折断线表示需要连接的部位，并在折断线两端靠图样一侧用大写拉丁字母表示连接编号，两个被连接的图样，必须用相同的字母编号，见图 1-55。

图 1-54　对称符号　　　　　　　　　　　图 1-55　连接符号

十一、图例

以图形规定出的画法称为图例，图例应按国家标准规定画法绘出。在识读建筑结构工程图中，如遇见一些国家标准上没有的图例，应在图纸的适当位置加以说明。

常用识图图例见表 1-9～表 1-15。

表 1-9　一般钢筋图例

序号	名　称	图　例	说　明
1	钢筋横断面	●	
2	无弯钩的钢筋端部		下图表示长短钢筋投影重叠时可在短钢筋的端部用 45°短划线表示
3	带半圆形弯钩的钢筋端部		
4	带直钩的钢筋端部		
5	带丝扣的钢筋端部		
6	无弯钩的钢筋搭接		
7	带半圆弯钩的钢筋搭接		
8	带直钩的钢筋搭接		
9	套管接头（花篮螺丝）		
10	底层钢筋和顶层钢筋	底层　顶层　底层　顶层	在平面图中配置双层钢筋时,向上或向左的弯钩表示底层钢筋,向下或向右的钢筋表示顶层钢筋
11	远面钢筋和近面钢筋	近面　近面　远面　远面　近面　远面　近面　远面	配双层钢筋的墙体,在配筋立面图中,向上或向左的弯钩表示远面钢筋,向下或向右的弯钩表示近面钢筋
12	钢筋大样图	或	若在断面图中不能表达清楚的钢筋布置,应在断面图外增加钢筋大样图

表 1-10　钢筋画法图例

序号	名　称	接头型式	标注方法
1	单面焊接的钢筋接头		

续表

序号	名　　称	接头型式	标注方法
2	双面焊接的钢筋接头	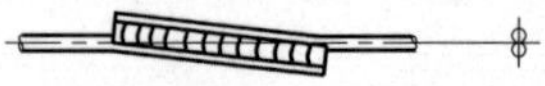	
3	用帮条单面焊接的钢筋接头	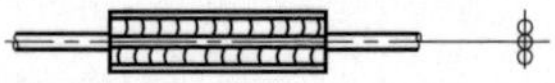	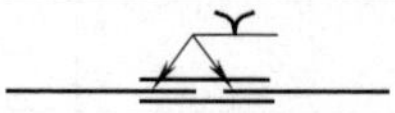
4	用帮条双面焊接的钢筋接头	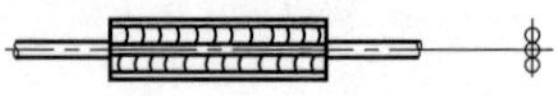	
5	接触对焊（闪光焊）的钢筋接头	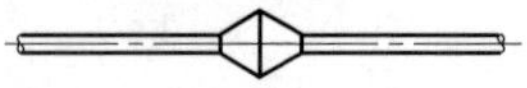	
6	坡口平焊的钢筋接头	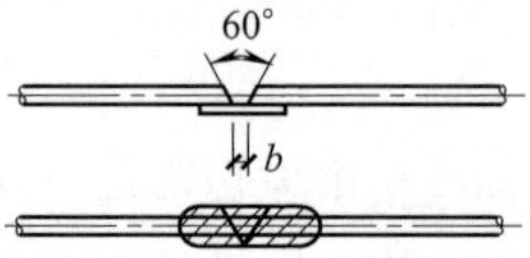 60°	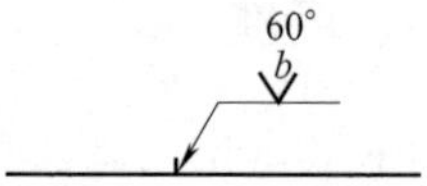 60°
7	坡口立焊的钢筋接头	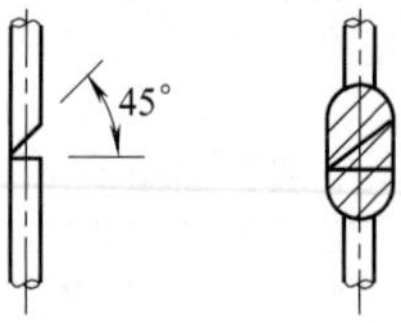 45°	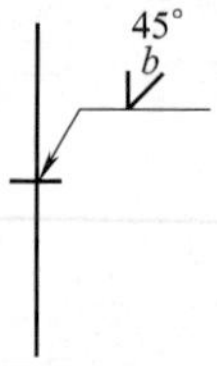 45°
8	用角钢或扁钢做连接板焊接的钢筋接头		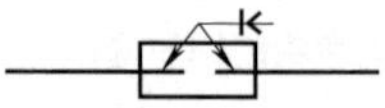

表 1-11　建筑构造及配件图例

序号	名　　称	图　　例	说　　明
1	土墙		包括土筑墙、土坯墙、三合土墙等
2	隔断	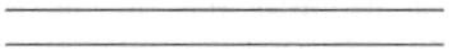	1. 包括板条抹灰、木制板、石膏板、金属材料等隔断 2. 适用于到顶与不到顶隔断
3	栏杆	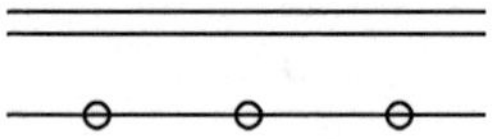	上图为非金属扶手 下图为金属扶手
4	楼梯	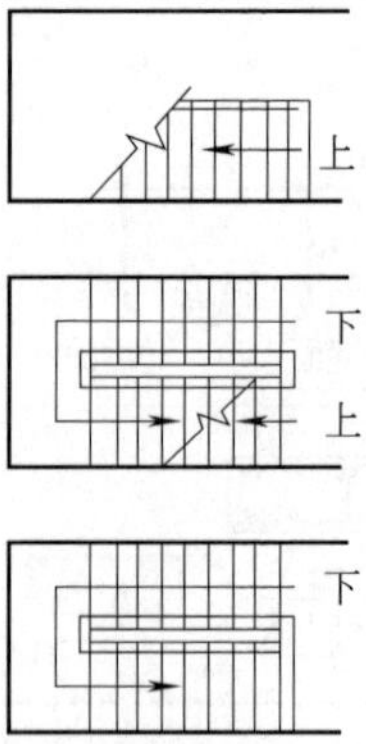	1. 上图为底层楼梯平面图，中间为标准层（中间层）楼梯平面图，下图为顶层楼梯平面图 2. 楼梯的形式及步数应按实际情况绘制
5	坡道	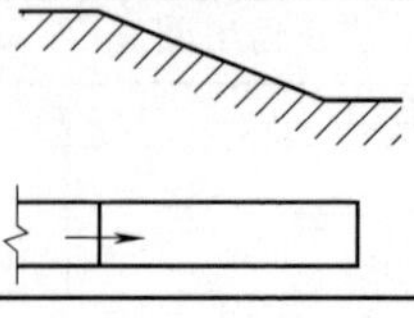	

序号	名 称	图 例	说 明
6	检查孔		实线绘制的为可见检查孔 虚线绘制的为不可见检查孔
7	孔洞		
8	坑槽		
9	墙预留洞	宽×高 或 ϕ	
10	墙预留槽	宽×高×深 或 ϕ	
11	烟道		
12	通风道		
13	新建的墙和窗		本图为砖墙图例,若用其他材料,应按所用材料的图例绘制
14	改建时保留的 原有墙和窗		
15	应拆除的墙		
16	在原有墙或楼板 上新开的洞		

序号	名　称	图　例	说　明
17	在原有洞旁放大的洞	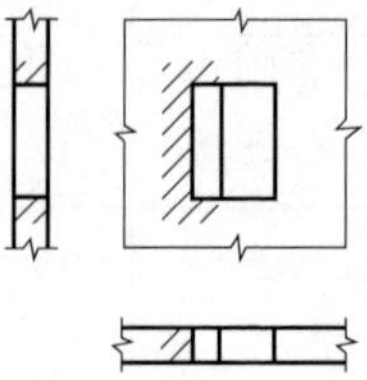	
18	在原有墙或楼板上全部填塞的洞	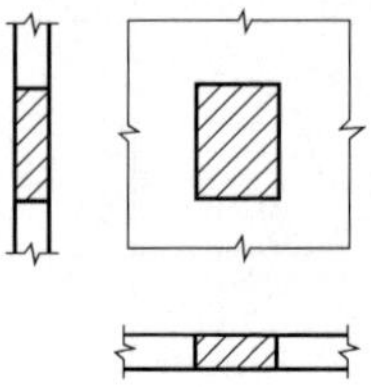	
19	在原有墙或楼板上局部填塞的洞	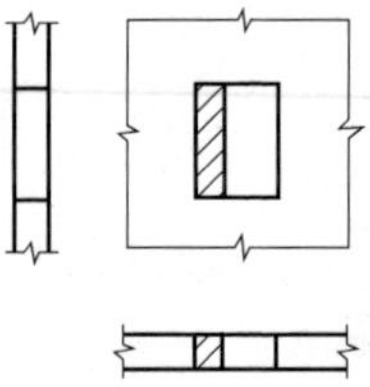	
20	空门洞	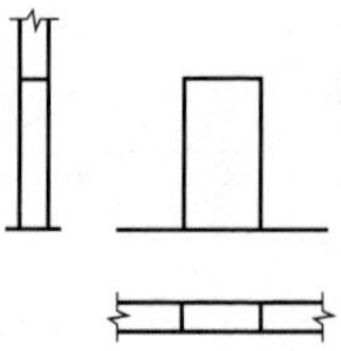	
21	单扇门（包括平开或单面弹簧）	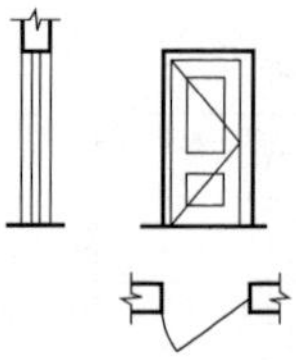	1. 门的名称代号用"M"表示 2. 在剖面图中左为外、右为内，在平面图中下为外、上为内 3. 在立面图中开启方向线交角的一侧为安装合页的一侧，实线为外开，虚线为内开 4. 在平面图中的开启弧线及立面图中的开启方向线，在一般设计图上不需表示，仅在制作图上表示 5. 立面形式应按实际情况绘制
22	双扇门（包括平开或单面弹簧）	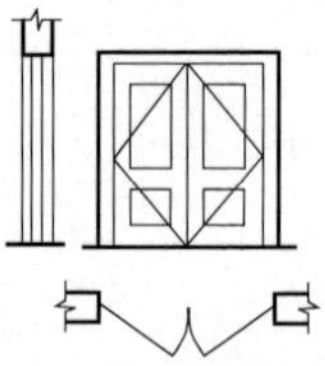	
23	对开折叠门	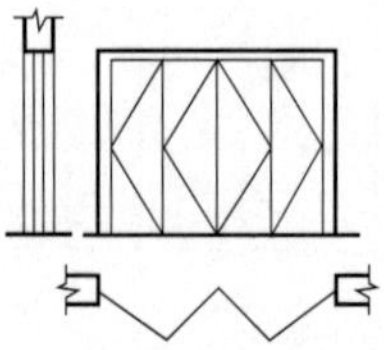	

续表

序号	名　称	图　例	说　明
24	墙外单扇推拉门		同序号 21~23 说明中的 1、2、5
25	墙外双扇推拉门		同序号 24
26	墙内单扇推拉门		同序号 24
27	墙内双扇推拉门		同序号 24
28	单扇双面弹簧门		同序号 21~23
29	双扇双面弹簧门		同序号 21~23
30	单扇内外开双层门（包括平开或单面弹簧）		同序号 21~23

序号	名　　称	图　例	说　明
31	双扇内外开双层门 （包括平开或单面弹簧）	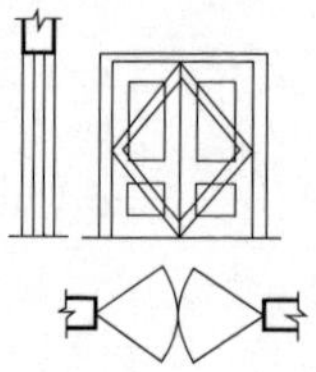	同序号 21～23
32	转门	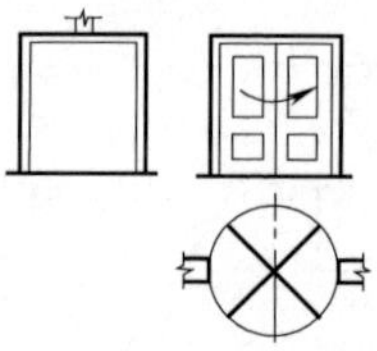	同序号 21～23 说明中的 1、2、4、5
33	折叠上翻门	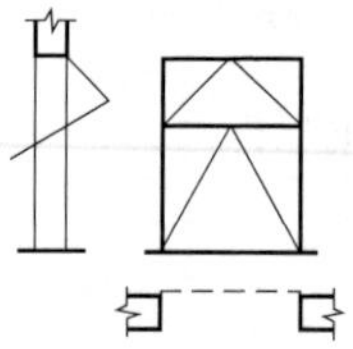	同序号 21～23
34	卷门	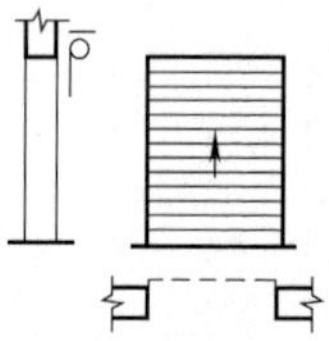	同序号 24
35	提升门	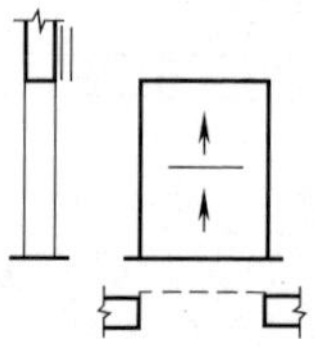	同序号 24
36	单层固定窗	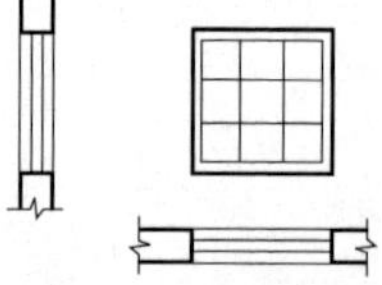	1. 窗的名称代号用 C 表示 2. 立面图中的斜线表示窗的开关方向，实线为外开，虚线为内开；开启方向线交角的一侧为安装合页的一侧，一般设计图中可不表示 3. 剖面图上左为外、右为内，平面图中下为外，上为内 4. 平、剖面图上的虚线仅说明开关方式，设计图中不需表示 5. 窗的立面形式应按实际情况绘制
37	单层外开上悬窗	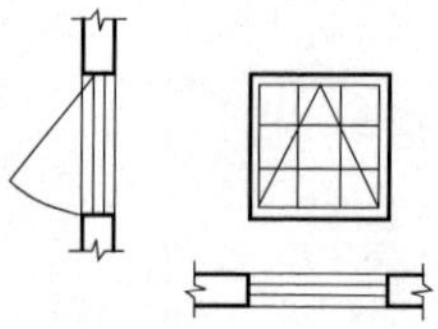	
38	单层中悬窗	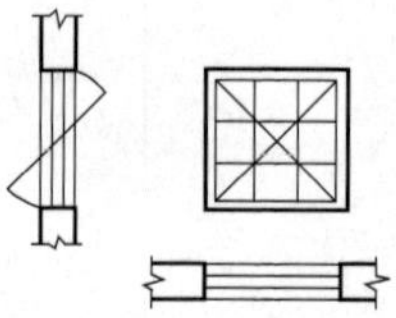	同序号 36、37

序号	名　称	图　例	说　明
39	单层内开下悬窗		同序号 36、37
40	单层外开平开窗		同序号 36、37
41	立转窗		同序号 36、37
42	单层内开平开窗		同序号 36、37
43	双层内外开平开窗		同序号 36、37
44	左右推拉窗		同序号 36、37 说明中的 1、3、5
45	上推窗		同序号 36、37 说明中的 1、3、5
46	百叶窗		同序号 36、37

表 1-12 卫生器具图例

序号	名　称	图例	序号	名　称	图例
1	水盆水池	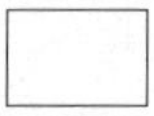	12	蹲式大便器	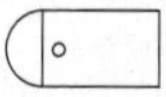
2	洗脸盆	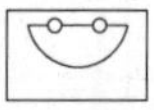	13	坐式大便器	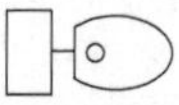
3	立式洗脸盆	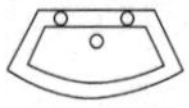	14	小便槽	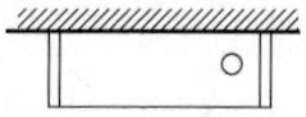
4	浴盆	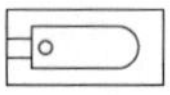	15	饮水器	
5	化验盆、洗涤盆	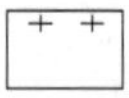	16	淋浴喷头	
6	带篦洗涤盆	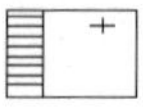	17	矩形化粪池	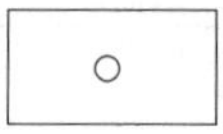 HC
7	盥洗盆	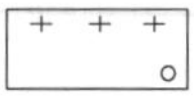	18	存水弯	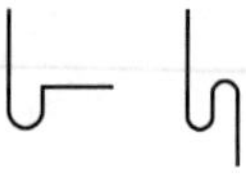
8	污水池	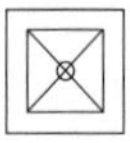	19	检查口	
9	妇女卫生盆		20	清扫口	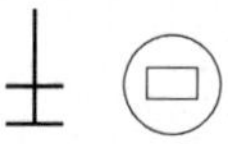
10	立式小便器	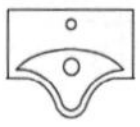	21	通气帽	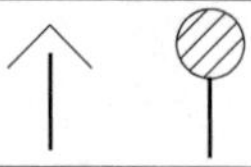
11	挂式小便器		22	圆形地漏	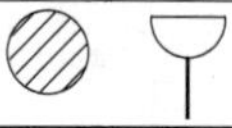

表 1-13 采暖器具图例

序号	名称	图例	说明	序号	名称	图例	说明
1	散热器	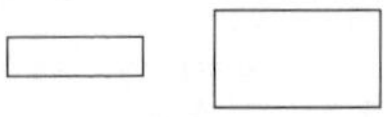	左图:平面 右图:立面	4	过滤器	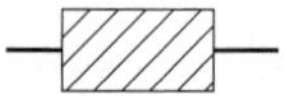	
2	集气罐	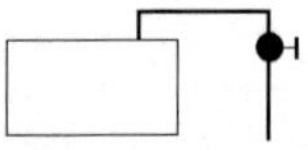		5	除污器	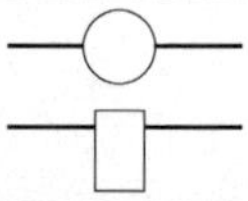	上图:平面 下图:立面
3	管道泵	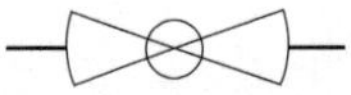		6	暖风机		

表 1-14 常用建筑材料图例

序号	名　称	图例	说　明
1	自然土壤		包括各种自然土壤
2	夯实土壤		
3	砂、灰土	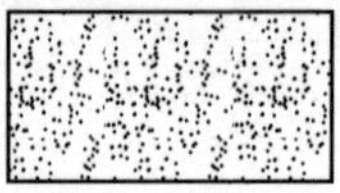	靠近轮廓线点较密

续表

序号	名 称	图 例	说 明
4	砂砾石、碎砖、三合土	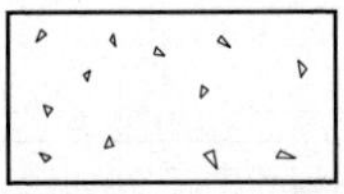	
5	天然石材	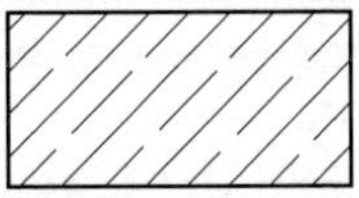	包括岩层、砌体、铺地、贴面等材料
6	毛石	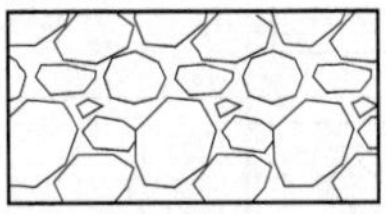	
7	普通砖	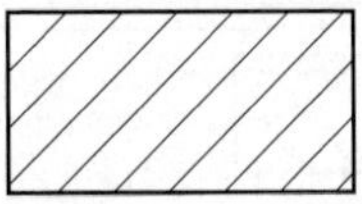	1. 包括砌体、砌块 2. 断面较窄,不易画出图例线时可涂红
8	耐火砖	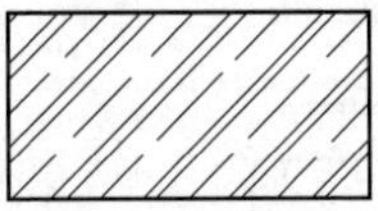	包括耐酸砖等
9	空心砖	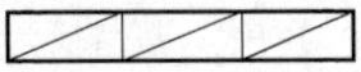	包括各种多孔砖
10	饰面砖	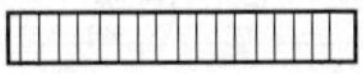	包括铺地砖、陶瓷锦砖、人造大理石等
11	混凝土	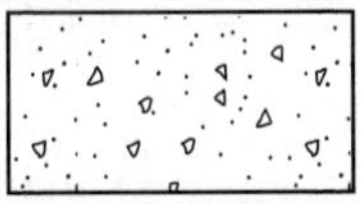	1. 本图例仅适用于能承重的混凝土及钢筋混凝土 2. 包括各种标号、骨料、添加剂的混凝土 3. 在剖面图上画出钢筋时,不画图例线 4. 断面较窄,不易画出图例线时,可涂黑
12	钢筋混凝土	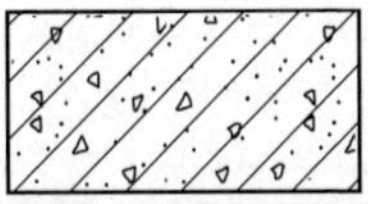	
13	焦渣、矿渣	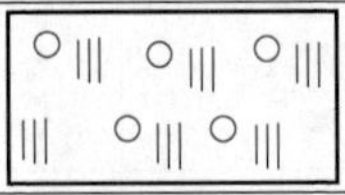	包括与水泥、石灰等混合而成的材料
14	多孔材料	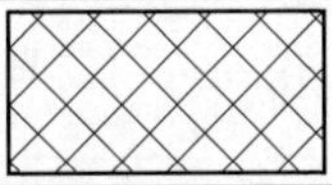	包括水泥珍珠岩、沥青珍珠岩、泡沫混凝土、非承重加气混凝土、泡沫塑料、软木等
15	纤维材料	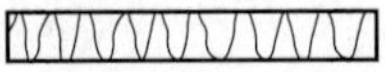	包括丝麻、玻璃棉、矿渣棉、木丝板、纤维板等
16	松散材料		包括木屑、石灰木屑、稻壳等
17	木材	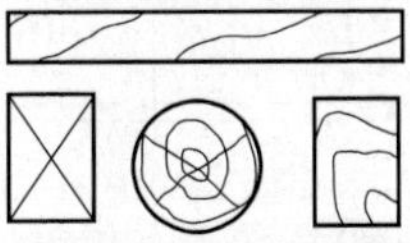	1. 上图为纵断面 2. 下图为横断面
18	胶合板	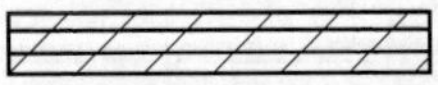	应注明×层胶合板
19	石膏板	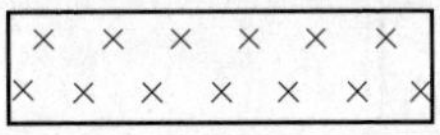	
20	金属	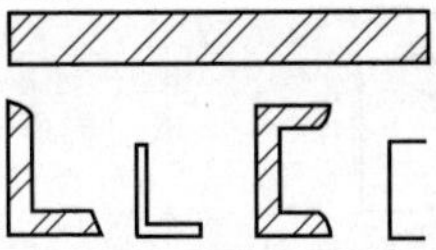	1. 包括各种金属 2. 图形小时,可涂黑

序号	名　称	图　例	说　明
21	网状材料		1. 包括金属、塑料等网状材料 2. 注明材料
22	液体	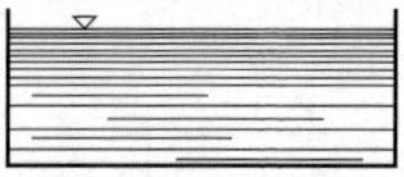	注明液体名称
23	玻璃	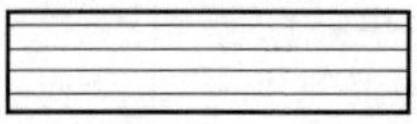	包括平板玻璃、磨砂玻璃、夹丝玻璃、钢化玻璃等
24	橡胶	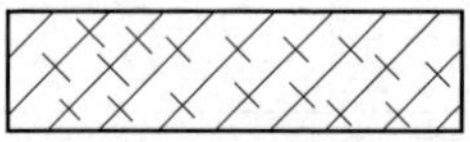	
25	塑料	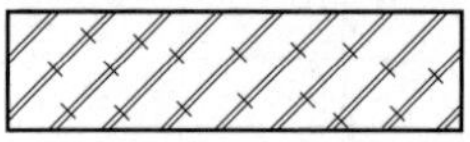	包括各种软、硬、塑料及有机玻璃等
26	防水材料	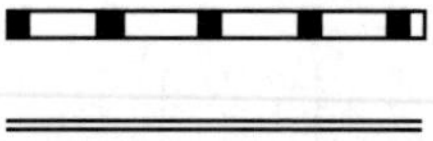	构造层次多或比例较大时，采用上面图例
27	粉刷	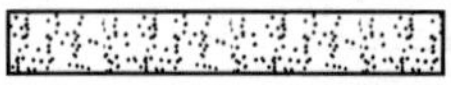	本图例点较稀

注：序号1、2、5、7、8、12、14、18、24、25图例中的斜线、短斜线、交叉斜线等一律为45°。

表 1-15　总平面图图例

序号	名　称	图　例	说　明
1	新建的建筑物		1. 上图为不画出入口图例，下图为画出入口图例 2. 图形内右上角点数（高层用数字）表示层数 3. 用粗实线表示
2	原有的建筑物	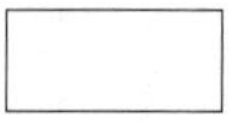	1. 应注明拟利用者 2. 用细实线表示
3	计划扩建的预留地或建筑物		用中虚线表示
4	拆除的建筑物	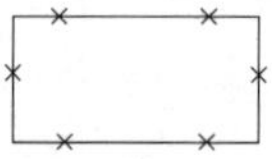	用细实线表示
5	新建的地下建筑物或构筑物		用粗虚线表示
6	建筑物下面的通道	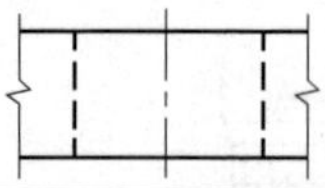	
7	散状材料露天堆场	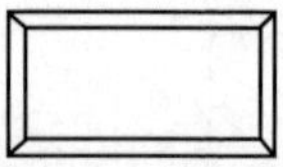	需要时可注明材料名称
8	其他材料露天堆场或露天作业场	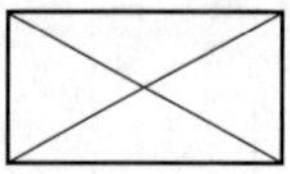	同序号 7

序号	名　　称	图　　例	说　　明
9	铺砌场地	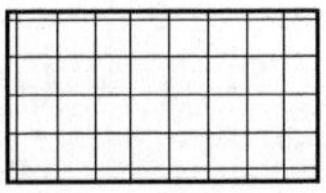	
10	敞棚或敞廊	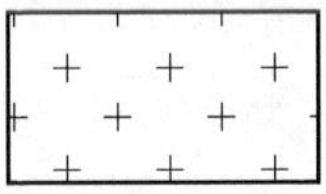	
11	坐标	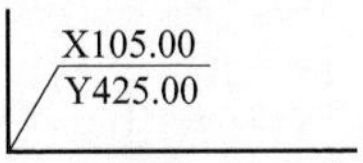 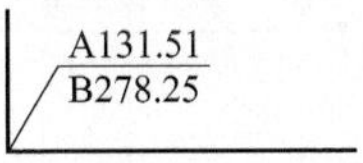 X105.00 Y425.00 · A131.51 B278.25	上图表示测量坐标 下图表示施工坐标
12	方格网交叉点标高	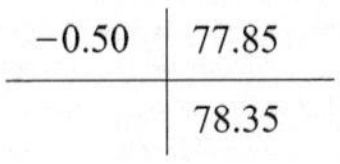 −0.50 ｜ 77.85 78.35	"78.35"为原地面标高 "77.85"为设计高度 "−0.50"为施工高度 "−"表示挖方("+"表示填方)
13	填方区、挖方区、 未整平区及零点线	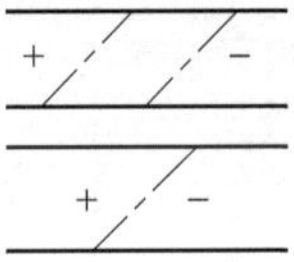 + / − + / −	"+"表示填方区 "−"表示挖方区 中间为未整平区 点划线为零点线
14	添挖边坡	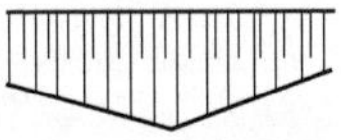	边坡较长时,可在一端或两端局部表示
15	护坡	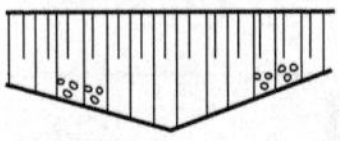	同序号 14
16	分水脊线与谷线	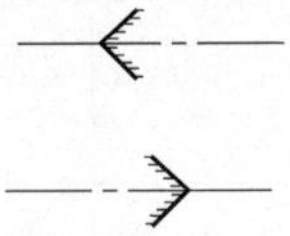	上图表示脊线 下图表示谷线
17	洪水淹没线	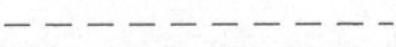 — — — — — —	洪水最高水位以文字标注
18	室内标高	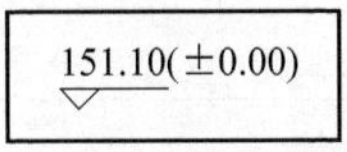 151.10(±0.00) ▽	
19	室外标高	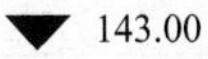 ▼ 143.00	
20	挡土墙	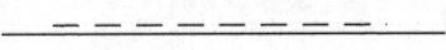 — — — — — — —	被挡土在"突出"的一侧
21	台阶	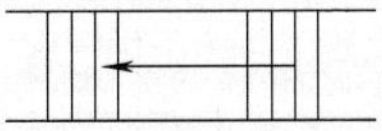	箭头指向表示向上
22	露天桥式起重机		
23	露天电动葫芦	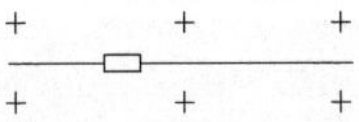 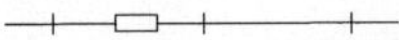	"+"为支架位置

序号	名 称	图 例	说 明
24	门式起重机	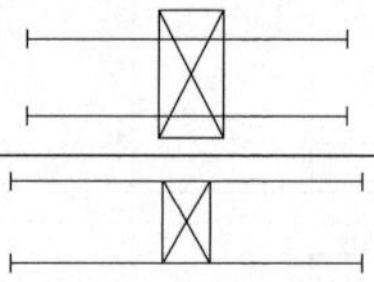	上图表示有外伸臂 下图表示无外伸臂
25	架空索道		"工"为支架位置
26	斜坡卷扬机道		
27	斜坡栈桥 （皮带廊等）	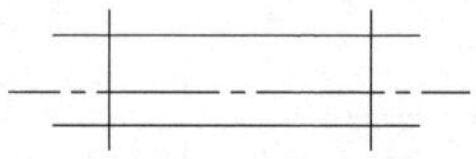	细实线表示支架中心线位置
28	围墙及大门	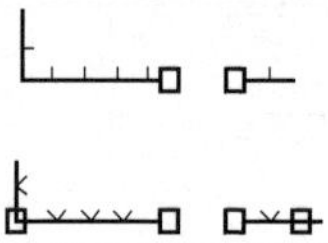	上图为砖石、混凝土或金属材料的围墙 下图为镀锌铁丝网、篱笆等围墙
29	透水路堤	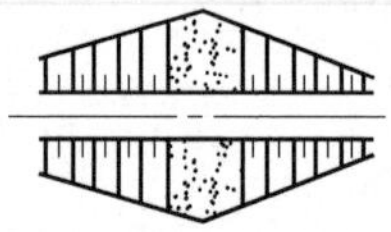	边坡较长时,可在一端或两端局部表示
30	过水路面	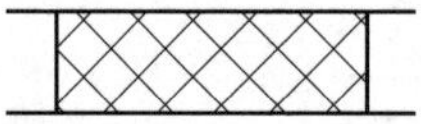	
31	水池、坑槽	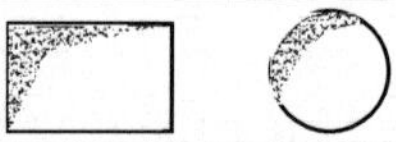	
32	烟囱	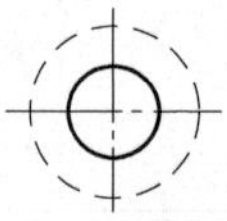	实线为烟囱下部直径,虚线为基础,必要时可注写烟囱高度和上、下口直径
33	雨水井		
34	消火栓井		
35	急流槽	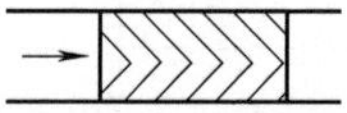	箭头表示水流方向
36	跌水	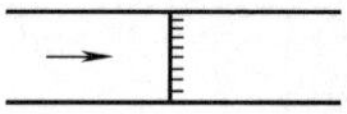	
37	拦水（渣）坝	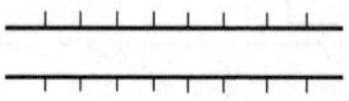	
38	新建的道路	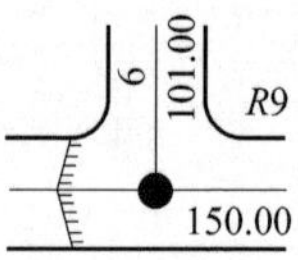	
39	原有的道路	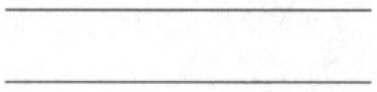	
40	计划扩建的道路	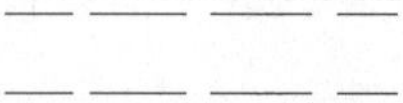	
41	拆除的道路	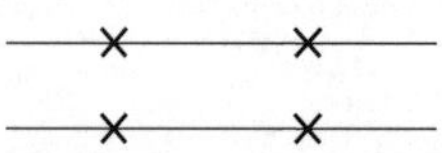	

续表

序号	名　称	图　例	说　明
42	人行道		
43	针叶乔木		
44	阔叶乔木		
45	针叶灌木		
46	阔叶灌木		
47	草本花卉		
48	修剪的树篱		
49	草地		
50	花坛		

第二章

建筑结构识图的投影基础

第一节　投影法概述

在三维空间中，点、线、面是空间的几何元素，它们没有大小、宽窄、厚薄。由它们构成的空间形状叫做形体。将空间的三维形体转变为平面的二维图形是通过投影法来实现的。

一、投影法

在日常生活中，有一种常见的自然现象：当光线照在物体上时，地面或墙面上必然会产生影子，这就是投影的现象。这种影子只能反映物体的外形轮廓，不能反映内部情况。人们在这种自然现象的基础上，对影子的产生过程进行了科学的抽象，即把光线抽象为投射线，把物体抽象为形体，把地面抽象为投影面，于是就创造出投影的方法。当投射线投射到形体上时，就在投影面上得到了形体的投影，这个投影称为投影图，见图 2-1。

投射线、投影面、形体（被投影对象）是产生投影的三要素。

如图 2-2 所示，设定平面 P 为投影面，不属于投影面的定点 S（如光源）为投射中心，投射线均由投射中心发出。通过空间点 A 的投射线与投影面 P 相交于点 a，则 a 称作空间点 A 在投影面 P 上的投影。同样，b 也是空间点 B 在投影面 P 上的投影，c 也是空间点 C 在投影面 P 上的投影……

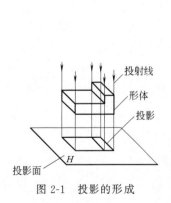

图 2-1　投影的形成

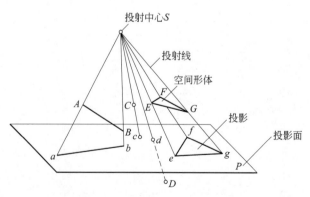

图 2-2　投影的概念（中心投影法）

这种按几何法则将空间形体表示在平面上的方法称为投影法。

二、投影法分类

1. 中心投影法

当所有投射线都通过投射中心时，这种对形体进行投影的方法称为中心投影法，见图 2-2。用中心投影法所得到的投影称为中心投影。由于中心投影法的各投射线对投影面的倾角不同，因而得到的投影与被投影对象在形状和大小上有着比较复杂的关系。

2. 平行投影法

若将投射中心移向无穷远处，则所有的投射线变成互相平行，这种对形体进行投影的方法称为平行投影法，见图 2-3。平行投影法又分为斜投影法和正投影法两种。

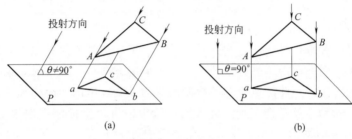

图 2-3 平行投影法

① 斜投影法　平行投影法中，当投射线倾斜于投影面时，这种对形体进行投影的方法称为斜投影法，见图 2-3（a）。用斜投影法所得到的投影称为斜投影。由于投射线的方向以及投射线与投影面的倾角 θ 有无穷多种情况，故斜投影也可绘出无穷多种；但当投射线的方向和 θ 一定时，其投影是唯一的。

② 正投影法　平行投影法中，当投射线垂直于投影面时，这种对形体进行投影的方法称为正投影法，见图 2-3（b）。用正投影法所得到的投影称为正投影。由于平行投影是中心投影的特殊情况，而正投影又是平行投影的特殊情况，因而它的规律性较强，所以工程上把正投影作为工程图的绘图方法。

三、工程上常用的几种投影方法

1. 多面正投影法

多面正投影法是采用正投影法将空间几何元素或形体分别投影到相互垂直的两个或两个以上的投影面上，然后按一定规律将获得的投影排列在一起，从而得出投影图的方法。用正投影法所绘制的投影图称为正投影图。

如图 2-4（a）所示，就是把一个形体分别向三个相互垂直的投影面 H、V、W 作正投影的情形；如图 2-4（b）所示，是将形体移走后，将投影面连同形体的投影展开到一个平面上的方法；如图 2-4（c）所示，是去掉投影面边框后得到的三面投影图。

正投影图能反映形体的真实形状。绘制时度量方便，所以是工程界最常用的一种投影图。其缺点是直观性较差，看图时必须几个投影互相对照，才能想象出形体的形状，因而没有受过专门训练的人不易读懂。

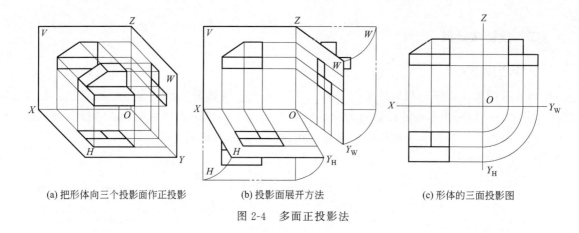

(a) 把形体向三个投影面作正投影　　(b) 投影面展开方法　　(c) 形体的三面投影图

图 2-4　多面正投影法

2. 轴测投影法

轴测投影法是一种平行投影法，它是一种单面投影。这种方法是把空间形体连同确定该形体位置的直角坐标系一起沿不平行于任一坐标平面的方向平行地投射到某一投影面上，从而得出其投影图的方法。用此法所绘制的投影图称为轴测投影图，简称轴测图。

如图 2-5（a）所示，就是把一个形体连同所选定的直角坐标体系按投射方向 S 投射到一个称为轴测投影面的平面 P 上，这样，在平面 P 上就得到了一个具有立体感的轴测图；如图 2-5（b）所示就是去掉投影面边框后得到的轴测图。

轴测图虽然能同时反映形体三个方向的形状，但不能同时反映各表面的真实形状和大小，所以度量性较差，绘制不便。轴测图以其良好的直观性，经常用作书籍、产品说明书中的插图或工程图样中的辅助图样。

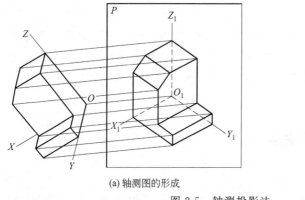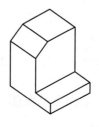

(a) 轴测图的形成　　　　　　　(b) 形体的轴测图

图 2-5　轴测投影法

3. 透视投影法

透视投影法属于中心投影法，也是一种单面投影。这一方法是由视点把形体按中心投影法投射到画面上，从而得出该形体投影图的方法。用此法所绘制的投影图称为透视投影图，简称透视图。

如图 2-6（a）所示，是一个建筑物透视图的形成过程，而图 2-6（b）则是该建筑物的透视图。

用透视投影法绘制的图形与人们日常观看形体所得的形象基本一致，符合近大远小的视觉效果。工程中常用此法绘制外部和内部的表现图。但这种方法的手工绘图过程较繁杂，而

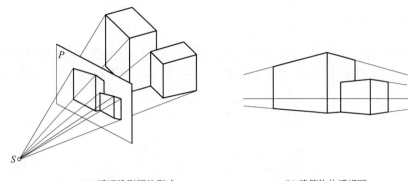

(a) 透视投影图的形成　　　　　　　　　(b) 建筑物的透视图

图 2-6　透视投影法

且根据图形一般不能直接度量。

透视图可分为一点透视（心点透视、平行透视）、两点透视（成角透视）和三点透视。三点透视一般用于表现高大的建筑物或其他大型的产品设备。

透视投影广泛用于工艺美术及宣传广告图样。虽然它直观性强，但由于作图复杂且度量性差，故在工程上只用于土建工程及大型设备的辅助图样。若用计算机绘制透视图，可避免人工作图过程的复杂性。因此，在某些场合广泛地采用透视图，以取其直观性强的优点。

4. 标高投影法

标高投影法也是一种单面投影。这一方法是用一系列不同高度的水平截平面剖切形体，然后依次作出各截面的正投影，并用数字把形体各部分的高度标注在该投影上，该投影图称为标高投影图。

如图 2-7（a）所示，取高差为 10m 的一系列水平面与山峰相交，得到一系列等高线，并将这些曲线投影到水平面上，即为标高投影图，如图 2-7（b）所示。标高投影常用来表示不规则曲面，如船舶、飞行器、汽车曲面以及地形等。

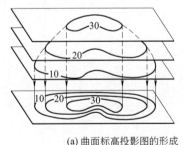 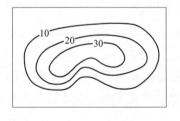

(a) 曲面标高投影图的形成　　　　　　　(b) 曲面的标高投影图

图 2-7　标高投影法

对于某些复杂的工程曲面，往往是采用标高投影和正投影结合的方法来表达。标高投影法是绘制地形图和土工结构物的投影图的主要方法。

第二节　点 的 投 影

点是组成形体的最基本元素，我们研究的点只有空间位置，没有大小。

一、点的单面投影

如图 2-8（a）所示，点的投影仍为点。设投射方向为 S，空间 A 点在投影面 H 上有唯一的投影 a。反之，若已知点 A 在投影面 H 上的投影 a，却不能确定 A 的空间位置，（如 A_1、A_2、A_n），由此可见，点的一个投影不能确定点的空间位置。

同样，仅有形体的单面投影也无法确定形体的空间形状，如图 2-8（b）所示。

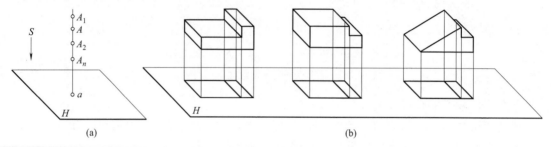

图 2-8　单面投影

二、点在两投影面体系中的投影

(一) 两投影面体系的建立

如图 2-9（a）所示，建立两个相互垂直的投影面 H、V，H 面是水平放置的，V 面是正对着观察者直立放置的，两投影面相交，交线为 OX。

V、H 两投影面组成两投影面体系，并将空间分成了四个部分，每一部分称为一个分角。它们在空间的排列顺序为 Ⅰ、Ⅱ、Ⅲ、Ⅳ，如图 2-9（a）所示。

我国的国家标准规定将形体放在第一分角进行投影。

(二) 点的投影规律

1. 术语及规定

(1) 术语

如图 2-9（b）所示：

① 水平放置的投影面称为水平投影面，用 H 表示，简称 H 面。

② 正对着观察者与水平投影面垂直的投影面称为正立投影面，用 V 表示，简称 V 面。

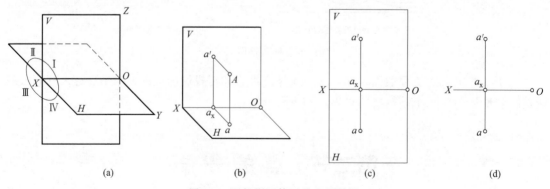

图 2-9　两投影面体系及点的投影

③ 两投影面的交线称为投影轴，V 面与 H 面的交线用 OX 表示。

④ 空间点用大写字母（如 A、$B\cdots$）表示。

⑤ 在水平投影面上的投影称为水平投影，用相应的小写字母（如 a、$b\cdots$）表示。

⑥ 在正立投影面上的投影称为正面投影，用相应的小写字母加一撇（如 a'、$b'\cdots$）表示。

（2）规定

图 2-9（b）为点 A 在两投影面体系的投影直观图。空间点用空心小圆圈表示。

为了使点 A 的两个投影 a、a' 表示在同一平面上，规定 V 面保持不动，H 面绕 OX 轴按图示的方向旋转 $90°$ 与 V 面重合。这种旋转摊平后的平面图形称为点 A 的投影图，如图 2-9（c）所示。投影面的范围可以任意大，为了简化作图，通常在投影图上不画它们的界线，只画出两投影和投影轴 OX，如图 2-9（d）所示。投影图上两个投影之间的连线（如 a、a' 的连线）称为投影连线，也叫联系线。在投影图中，投影连线（联系线）用细实线画出，点的投影用空心小圆圈表示。

2. 点的两面投影

设在第一分角内有一点 A，如图 2-9（b）所示。由点 A 分别向 H 面和 V 面作垂线 Aa、Aa'，其垂足 a 称为空间点 A 的水平投影，垂足 a' 称为空间点 A 的正面投影。如果移去点 A，过水平投影 a 和正面投影 a' 分别作 H 面和 V 面的垂线 Aa 和 $a'A$，二垂线必交于 A 点。因此，根据空间点的两面投影，可以唯一确定空间点的位置。

通常采用图 2-9（d）所示的两面投影图来表示空间的几何原形。

3. 点的投影规律

① 点 A 的正面投影 a' 和水平投影 a 的连线必垂直于 OX 轴，即 $aa'\perp OX$。

在图 2-9（a）中，垂线 Aa 和 Aa' 构成了一个平面 Aaa_xa'，它垂直于 H 面，也垂直于 V 面，则必垂直于 H 面和 V 面的交线 OX。所以平面 Aaa_xa' 上的直线 aa_x 和 $a'a_x$ 必垂直于 OX，即 $aa_x\perp OX$，$a'a_x\perp OX$。当 a 随 H 面旋转至与 V 面重合时，$aa_x\perp OX$ 的关系不变。因此投影图上的 a、a_x、a' 三点共线，且 $aa'\perp OX$。

② 点 A 的正面投影 a' 到 OX 轴的距离等于点 A 到 H 面的距离，即 $a'a_x=Aa$；其水平投影 a 到 OX 轴的距离等于点 A 到 V 面的距离，即 $aa_x=Aa'$。

由图 2-9（a）可知，Aaa_xa' 为一矩形，其对边相等，所以 $a'a_x=Aa$，$aa_x=Aa'$。

三、点在三投影面体系中的投影

点的两个投影虽已能确定点在空间的位置，在表达复杂的形体或解决某些空间几何关系问题时，还常需采用三个投影图或更多的投影图。

（一）三投影面体系的建立

由于三投影面体系是在两投影面体系的基础上发展而成，因此两投影面体系中的术语、规定及投影规律，在三投影面体系中仍然适用。此外，它还有些术语、规定和投影规律。

1. 术语

① 与水平投影面和正立投影面同时垂直的投影面称为侧立投影面，用 W 表示，简称 W 面。

② 在侧立投影面上的投影称为侧面投影，用小写字母加两撇（如 a''、$b''\cdots$）表示。

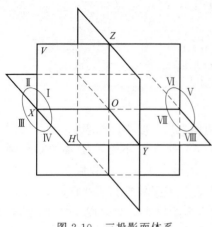

图 2-10 三投影面体系

③ H 面和 W 面的交线用 OY 表示，称为 OY 轴。

④ V 面与 W 面的交线用 OZ 表示，称为 OZ 轴。

⑤ 三投影轴垂直相交的交点用 O 表示，称为投影原点。

H、V、W 三投影面将空间分为八个分角，其排列顺序如图 2-10 所示。

2. 规定

投影面展开时，仍规定 V 面保持不动，W 面绕 OZ 轴向右旋转 $90°$ 与 V 面重合。OY 轴一分为二，随 H 面向下转动的用 OY_H 表示，称为 OY_H 轴，随 W 面向右转动的用 OY_W 表示，称为 OY_W 轴，如图 2-11 （b）所示。

（二）点的三面投影及其投影规律

1. 点的三面投影

我们仍介绍点在第一分角内的投影。

如图 2-11 （a）所示，设第一分角内有一点 A。自点 A 分别相 H、V、W 面作垂线 Aa、Aa'、Aa''，其垂足 a、a'、a'' 即为点 A 在三个投影面上的投影。

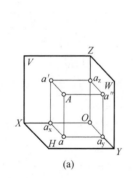
(a)

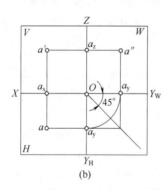
(b)

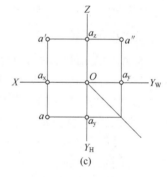
(c)

图 2-11 点的三面投影

将三个投影面按规定展开，如图 2-11 （b）所示，展成同一平面并取消投影面边界线后，就得到点 A 的三面投影图，如图 2-11 （c）所示。但必须明确，OY_H 与 OY_W 在空间是指同一投影轴。

2. 点的投影规律

图 2-11 所示的三投影面体系可看成是两个互相垂直的两投影面体系，一个是由 V 面和 H 面组成，另一个由 V 面和 W 面组成。根据前述的两投影面体系中点的投影规律，便可得出点在三投影面体系中的投影规律如下：

① 点 A 的正面投影 a' 与水平投影 a 的连线垂直于 OX 轴，即 $aa' \perp OX$。

② 点 A 的正面投影 a' 与侧面投影 a'' 的连线垂直于 OZ 轴，即 $a'a'' \perp OZ$。

③ 点 A 的水平投影 a 到 OX 轴的距离 aa_x 等于其侧面投影 a'' 到 OZ 轴的距离 $a''a_z$，均反应点 A 到 V 面的距离，即 $aa_x = a''a_z$。

可见，点的投影规律与三面投影的规律"长对正，高平齐，宽相等"是完全一致的。

用作图方法表示 a 与 a'' 的关联时,可以用 $aa_x = a''a_z$;也可以原点 O 为圆心,以 Oa_y 为半径作圆弧求得;或自点 O 作 45°辅助线求得,见图 2-11(b)。

当点位于三投影面体系中其他分角内时,这些基本规律同样适用。只是位于不同分角内点的三面投影对投影轴的位置各不相同,具体分布情况以及投影特点,读者可自行分析。

例 2-1 如图 2-12(a)所示,已知空间点 A 的正面投影 a' 和水平投影 a,求作该点的侧面投影 a''。

分析:已知点的两面投影求作点的第三面投影,利用的是点的投影规律。本例已知点的正面和水平投影求作侧面投影,要用到"宽相等",即点到 V 面的距离。共有四种作图方法。

作图步骤:

(1)方法一:由 a' 作 OZ 轴的垂线与 OZ 轴交于 a_z,在此垂线上自 a_z 向前量取 $a_z a'' = aa_x$,则得到点 A 的侧面投影 a'',如图 2-12(b)所示。

(2)方法二:由 a' 作 OZ 轴的垂线与 OZ 轴交于 a_z,并延长;过 a 作 OY_H 轴垂线与 OY_H 轴相交得 a_y 点;以 O 为圆心,以 Oa_y 长为半径画弧与 OY_W 轴相交得 a_y 点;过 a_y 作 OY_W 轴垂线与过 a' 所作 OZ 轴垂线的延长线相交,即得点 A 的侧面投影 a'',如图 2-12(c)所示。

(3)方法三:由 a' 作 OZ 轴的垂线与 OZ 轴交于 a_z,并延长;过 a 作 OY_H 轴垂线与

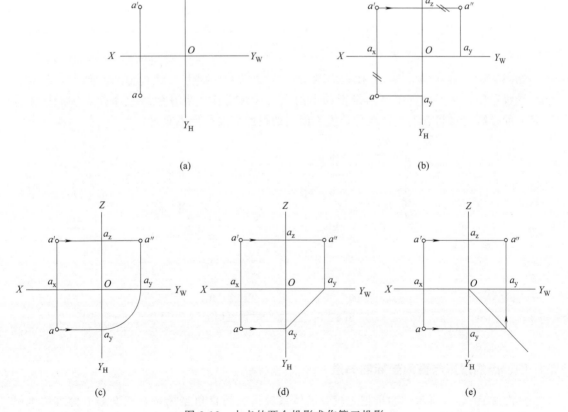

图 2-12 由点的两个投影求作第三投影

OY_H 轴相交得 a_y 点；过 a_y 点，作与 OY_H 轴成 45°直线，与 OY_W 轴相交得 a_y 点；过 a_y 作 OY_W 轴垂线与过 a' 所作 OZ 轴垂线的延长线相交，即得点 A 的侧面投影 a''，如图 2-12（d）所示。

（4）方法四：作 Y_HOY_W 的角平分线（45°直线）；过 a' 作 OZ 轴的垂线与 OZ 轴交于 a_z，并延长；过 a 作 OY_H 轴垂线与 OY_H 轴相交于 a_y 点，延长与 45°角平分线相交；过交点作 OY_W 轴垂线与 OY_W 轴相交得 a_y 点；过 a_y 作 OY_W 轴垂线与 a' 所作 OZ 轴垂线的延长线相交，即得点 A 的侧面投影 a''，如图 2-12（e）所示。

（三）投影面和投影轴上点的投影

如图 2-13（a）所示，点 A 在 V 面上，点 B 在 H 面上，点 C 在 W 面上，图 2-13（b）是投影图，从图中可以看出投影面上的点的投影规律：点在所在的投影面上的投影与空间点重合，在另外两个投影面上的投影分别在相应的投影轴上。

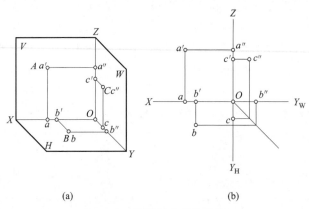

(a)   (b)

图 2-13　投影面上点的投影

如图 2-14（a）所示，点 A 在 OX 轴上，点 B 在 OY 轴上，点 C 在 OZ 轴上，图 2-14（b）是投影图，从图中可以看出投影轴上的点的投影规律：点在包含这条投影轴的两个投影面上的投影与空间点重合，在另一投影面上的投影与投影原点重合。

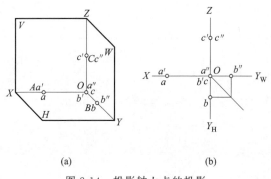

(a)   (b)

图 2-14　投影轴上点的投影

四、点的投影与直角坐标的关系

如图 2-15（a）所示，如果把三投影面体系看作空间直角坐标系，三投影面为直角坐标面，投影轴为坐标轴，投影原点为坐标原点，则空间点 A 到三个投影面的距离可用它的直角坐标（x，y，z）表示。空间点 A 到 W 面的距离就是点 A 的 x 坐标；点 A 到 V 面的距离就是点 A 的 y 坐标；点 A 到 H 面的距离就是点 A 的 z 坐标。

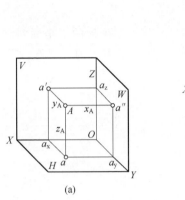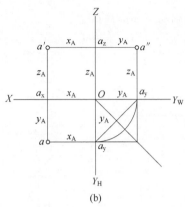

图 2-15　点的投影与坐标的关系

由于空间点 A 的位置可由它的坐标值（x，y，z）所唯一确定，因而点 A 的三个投影也完全可用坐标确定，二者之间的关系如下：

水平投影 a 可由 x，y 两坐标确定。

正面投影 a' 可由 x，z 两坐标确定。

侧面投影 a'' 可由 y，z 两坐标确定。

从上可知，点的任意两个投影都反映点的三个坐标值。因此，若已知点的任意两个投影，就必能作出其第三投影。

在三投影面体系中，原点 O 把每一坐标轴分成正负两部分，规定 OX、OY、OZ 从原点 O 分别向左、向前、向上为正，反之为负。

例 2-2　已知空间点 A（20，10，10），求作它的三面投影图。

分析：利用点的投影与直角坐标的关系求解。点 A 的 x 坐标为 20mm，y 坐标为 10mm，z 坐标为 10mm。按照 1∶1 的比例，在投影轴上截取实际长度即可。

作图步骤：

① 由原点 O 向左沿 OX 轴量取 20mm 得 a_x，过 a_x 作 OX 轴的垂线，在垂线上自 a_x 向前量取 10mm 得 a，向上量取 15mm 得 a'；

② 过 a' 作 OZ 轴的垂线交 OZ 轴于 a_z，在此垂线上自 a_z 向右量取 10mm 得 a''（也可按其他方法求得），如图 2-16 所示。

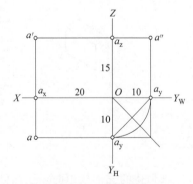

图 2-16　由点的坐标求作点的三面投影

五、空间点的相对位置

空间两点的相对位置指空间两点的上下、前后、左右的位置关系。这种位置关系可通过两点的各同面投影之间的坐标大小来判断。

　　点的 x 坐标表示该点到 W 面的距离，因此根据两点 x 坐标值的大小可以判别两点的左右位置；同理，根据两点的 z 坐标值的大小可以判别两点的上下位置；根据两点的 y 坐标值的大小可以判别两点的前后位置。

　　如图 2-17 所示，点 B 的 x 坐标小于点 A 的 x 坐标，点 B 的 y 坐标大于点 A 的 y 坐标，点 B 的 z 坐标小于点 A 的 z 坐标，所以，点 B 在点 A 的右、前、下方。

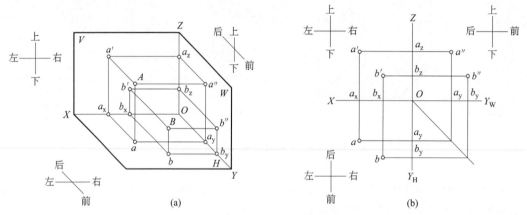

图 2-17　空间两点的相对位置

　　如果图 2-17 中的 A、B 两点是长方体的两个顶点，如图 2-18（a）所示，那么，这个长方体的尺寸，就是这两点的坐标差：高 $= |z_A - z_B|$；长 $= |x_A - x_B|$；宽 $= |y_A - y_B|$。

　　只要保持坐标差数值不变，改变长方体与投影面的距离，并不影响长方体的尺寸，如图 2-18（b）所示，所以画图时可以不画投影轴，如图 2-18（c）所示。不设投影轴的投影图称为无轴投影图。

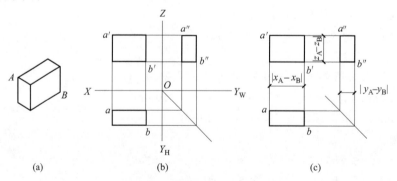

图 2-18　长方体中两点的相对位置

　　画形体的三面投影时，往往都是利用相对坐标作图，因此，工程中所绘制的投影图基本上都是使用这种无轴投影图。

　　根据点的三面投影规律，以及两点间的相对位置，可以进一步了解为什么形体的三个投影会保持"长对正，高平齐，宽相等"的投影规律。

六、重影点及其可见性

　　如果空间两点恰好位于某一投影面的同一条垂直线上，则这两点在该投影面上的投影就会重合为一点。我们把在某一投影面上投影重合的两个点，称为该投影面的重影点。

如图 2-19（a）所示，A、B 两点的 x、z 坐标相等，而 y 坐标不等，则它们的正面投影重合为一点，所以 A、B 两个点就是 V 面的重影点。同理，C、D 两点的水平投影重合为一点，所以 C、D 两个点就是 H 面的重影点。在投影图中往往需要判断并标明重影点的可见性。如 A、B 两点向 V 面投射时，由于点 A 的 y 坐标大于点 B 的 y 坐标，即点 A 在点 B 的前方，所以，点 A 的 V 面投影 a' 可见，点 B 的 V 面投影 b' 不可见。通常在不可见的投影标记上加括号表示。如图 2-19（b）所示，A、B 两点的 V 面投影为 $a'(b')$。

同理，图 2-19（a）中的 C、D 两点是 H 面的重影点，其 H 面的投影为 $c(d)$，如图 2-19（b）所示。由于点 C 的 z 坐标大于点 D 的 z 坐标，即点 C 在点 D 的上方，故点 C 的 H 面投影 c 可见，点 D 的 H 面投影 d 不可见，其 H 面投影为 $c(d)$。E、F 两点是 W 面的重影点，其 W 面的投影为 $e''(f'')$，比较的是 x 坐标。

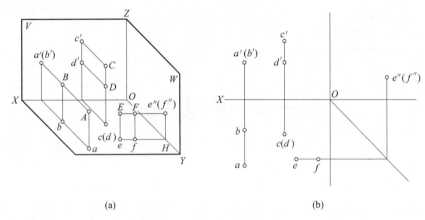

图 2-19　重影点及其可见性

由此可见，当空间两点有两对坐标对应相等时，则此两点一定为某一投影面的重影点；而重影点的可见性是由不相等的那个坐标决定的：坐标大的投影为可见，坐标小的投影为不可见，即"前遮后，左遮右，上遮下"。

重影点在立体表面的应用见表 2-1。

表 2-1　重影点在立体表面的应用

名称	水平重影点	正面重影点	侧面重影点
形体表面上的点			
立体图			

续表

名称	水平重影点	正面重影点	侧面重影点
投影图	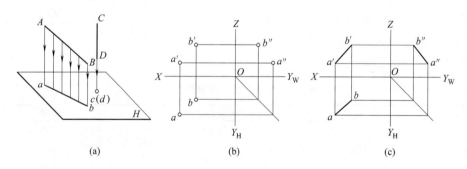		
投影特性	1. 正面投影和侧面投影反映两点的上下位置，上面一点可见，下面一点不可见 2. 两点水平投影重合，不可见的点 B 的水平投影用(b)表示	1. 水平投影和侧面投影反映两点的前后位置，前面一点可见，后面一点不可见 2. 两点正面投影重合，不可见的点 B 的正面投影用(b′)表示	1. 水平投影和正面投影反映两点的左右位置，左面一点可见，右面一点不可见 2. 两点侧面投影重合，不可见的点 B 的侧面投影用(b″)表示

第三节　直线的投影

直线常用线段的形式来表示，在不考虑线段本身的长度时，也常把线段称为直线。因为两点可以确定一条直线，所以只要作出直线两个端点的三面投影，然后用直线连接两个端点的同面投影，就可作出直线的三面投影。

直线的投影一般仍为直线，如图 2-20 （a）所示。已知直线 AB 两个端点 A 和 B 的三面投影，如图 2-20 （b）所示，则连线 ab、$a'b'$、$a''b''$，就是直线 AB 的三面投影，如图 2-20 （c）所示，直线的投影用粗实线绘制。

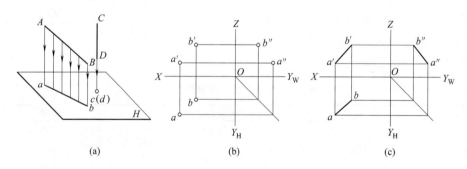

(a)　　　　　　　　(b)　　　　　　　　(c)

图 2-20　直线的投影

一、直线对投影面的相对位置

直线按其与投影面相对位置的不同，可以分为一般位置直线、投影面平行线和投影面垂直线，后两种直线统称为特殊位置直线。

1. 一般位置直线

同时倾斜于三个投影面的直线称为一般位置直线。空间直线与投影面之间的夹角称为直线对投影面的倾角。直线对 H 面的倾角用 α 表示，直线对 V 面的倾角用 β 表示，直线对 W 面的倾角用 γ 表示。

从图 2-21（a）所示的几何关系可知，它们可用空间直线与该直线在各投影面上的投影之间的夹角来度量。即倾角 α 是直线 AB 与其水平投影 ab 之间的夹角；倾角 β 是直线 AB 与其正面投影 $a'b'$ 之间的夹角；倾角 γ 是直线 AB 与其侧面投影 $a''b''$ 之间的夹角。一般位置直线的投影与投影轴之间的夹角不反映 α、β、γ 的真实大小，如图 2-21（b）所示中的 α_1 不等于 α。

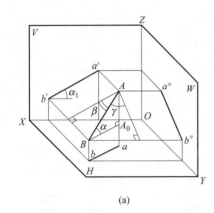
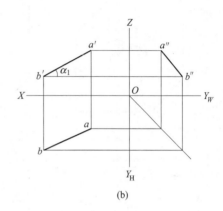

(a)　　　　　　　　　　　(b)

图 2-21　一般位置直线的投影

直线 AB 的各个投影长度分别为：$ab = AB\cos\alpha$；$a'b' = AB\cos\beta$；$a''b'' = AB\cos\gamma$。如图 2-21（a）所示。一般位置直线的投影特征为：

① 一般位置直线的三个投影均为直线，而且投影长度都小于线段的实长。

② 一般位置直线的三个投影都倾斜于投影轴，且与投影轴的夹角均不反映空间直线与投影面倾角的真实大小。

2. 投影面平行线

平行于某一个投影面，同时倾斜于另两个投影面的直线，称为投影面平行线。根据直线对所平行的投影面的不同，有以下三种投影面平行线：

① 水平线——平行于水平投影面的直线；

② 正平线——平行于正立投影面的直线；

③ 侧平线——平行于侧立投影面的直线。

以水平线 AB 为例，如表 2-2 所示，由于 AB 线平行于水平投影面，即对 H 面的倾角 $\alpha = 0$，即 AB 线上各点至 H 面的距离相等。因此，水平线的投影特征为：

① 水平投影反映线段的实长，即 $ab = AB$；

② 水平投影与 OX 轴的夹角等于该直线对 V 面的倾角 β，与 OY_H 的夹角等于该直线对 W 面的倾角 γ；

③ 其余两个投影分别平行于相应的投影轴，投影长度都小于线段的实长，即 $a'b' /\!/ OX$，$a''b'' /\!/ OY_W$；$a'b' < AB$，$a''b'' < AB$。

正平线和侧平线也具有类似的投影特征，如表 2-2 所示。

表 2-2　投影面平行线的投影特性

名　称	水　平　线	正　平　线	侧　平　线
形体表面上的线			
立体图			
投影图			
投影特性	1. $ab=AB$ 2. $a'b'\,/\!/OX$；$a''b''\,/\!/OY_W$ 3. ab 与 OX 所成的 β 角等于 AB 与 V 面所成的倾角；ab 与 OY_H 所成的 γ 角等于 AB 与 W 面所成的倾角	1. $c'd'=CD$ 2. $cd\,/\!/OX$；$c''d''\,/\!/OZ$ 3. $c'd'$ 与 OX 所成的 α 角等于 CD 与 H 面的倾角；$c'd'$ 与 OZ 所成的 γ 角等于 CD 与 W 面的倾角	1. $e''f''=EF$ 2. $e'f'\,/\!/OZ$；$ef\,/\!/OY_H$ 3. $e''f''$ 与 OY_W 所成的 α 角等于 EF 与 H 面的倾角；$e''f''$ 与 OZ 所成的 β 角等于 EF 与 V 面的倾角
共性	1. 直线在其所平行投影面的投影反映直线的实长（显实性），该投影与相应投影轴的夹角反映直线与另外两个投影面的倾角 2. 直线在另外两个投影面的投影平行于该直线所平行投影面的坐标轴，且均小于直线的实长		

3. 投影面垂直线

垂直于某一投影面，同时平行于另两个投影面的直线，称为投影面垂直线。根据直线对所垂直的投影面的不同，有以下三种投影面垂直线：

① 铅垂线——垂直于水平投影面的直线；

② 正垂线——垂直于正立投影面的直线；

③ 侧垂线——垂直于侧立投影面的直线。

以铅垂线 AB 为例，如表 2-3 所示，由于 AB 线垂直于水平投影面，则必同时平行于正立投影面和侧立投影面，因此，铅垂线的投影特征为：

① 水平投影积聚成一点，即 $a(b)$；

② 其余两个投影都平行于投影轴，且反映线段的实长，即 $a'b'\,/\!/OZ$，$a''b''\,/\!/OZ$，$a'b'=a''b''=AB$。

　　正垂线和侧垂线也具有类似的投影特征，如表 2-3 所示。

表 2-3　投影面垂直线的投影特性

名　称	铅　垂　线	正　垂　线	侧　垂　线
形体表面上的线	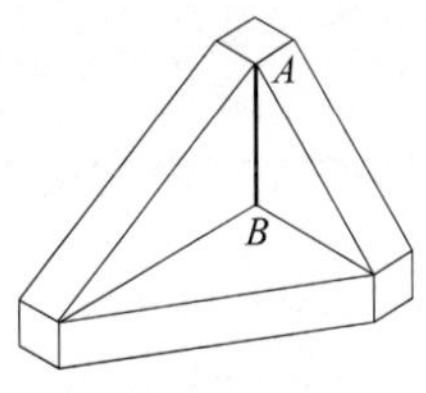	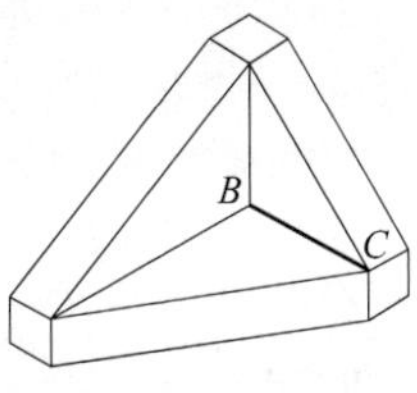	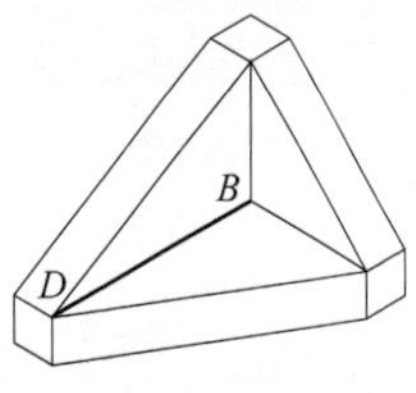
立体图	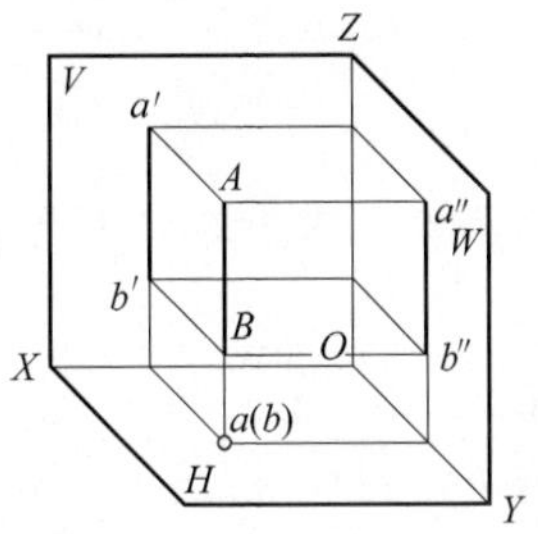	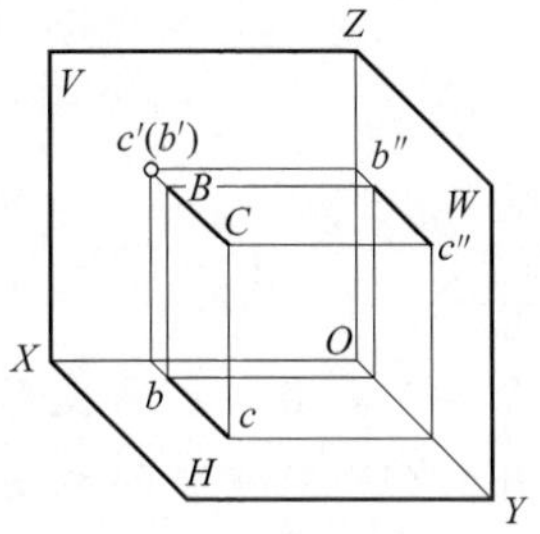	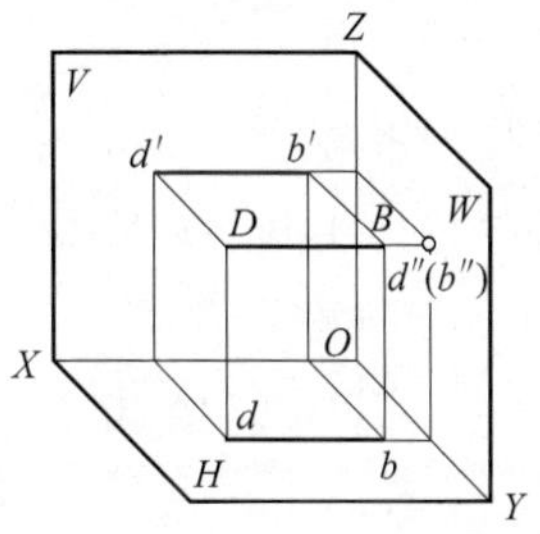
投影图	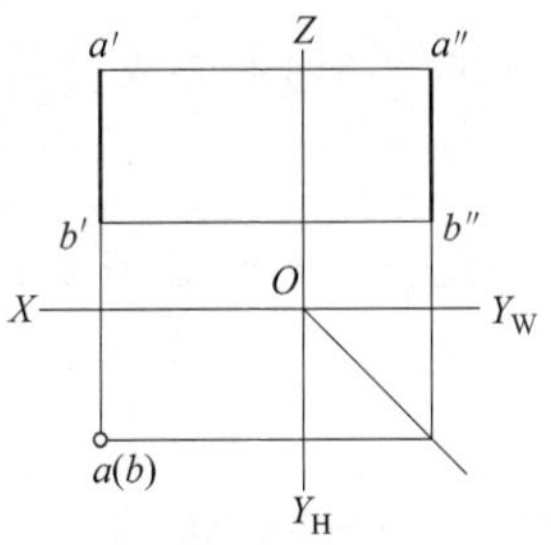	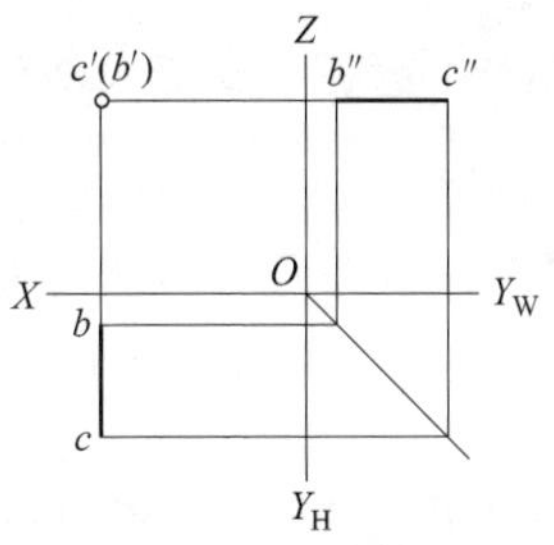	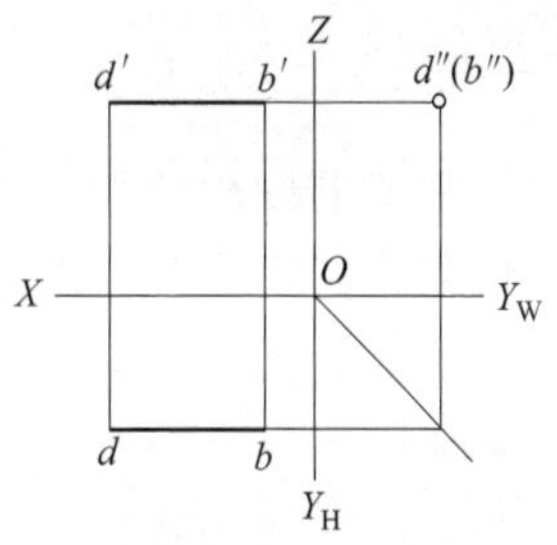
投影特性	1. $a(b)$ 积聚为一点 2. $a'b' \perp OX$，$a''b'' \perp OY_W$ 3. $a'b' = a''b'' = AB$	1. $c'(b')$ 积聚为一点 2. $cb \perp OX$，$c''b'' \perp OZ$ 3. $cb = c''b'' = CB$	1. $d''(b'')$ 积聚为一点 2. $db \perp OY_H$，$d'b' \perp OZ$ 3. $db = d'b' = DB$
共性	1. 直线在其所垂直的投影面的投影积聚为一点（积聚性） 2. 直线在另外两个投影面的投影反映直线的实长（显实性），并且垂直于相应的投影轴		

　　比较各种直线的投影特点，可以看出：如某直线的一个投影是点，其余两个投影平行于同一个投影轴，则该直线是投影面垂直线；如果一个投影是斜线，其余两个投影分别平行于两个相应的投影轴，则该直线是投影面平行线；如果三个投影都是斜线，则该直线是一般位置线。

　　我们还应该注意投影面平行线与投影面垂直线两者之间的区别。例如，铅垂线垂直于 H 面，且同时平行于 V 面和 W 面，但该直线不能称为正平线或侧平线，而只能称为铅垂线。

　　例 2-3　如图 2-22 所示，过 A 点做水平线 AB，实长为 20，与 V 面夹角为 $30°$，求出其两面投影，共有几个解？

　　分析：水平线的正面投影平行于 OX 轴。由于 a' 为已知，所以所求水平线的正面投影在过 a' 与 OX 轴平行的直线上。水平线的水平投影与 OX 轴的夹角就是水平线与 V 面夹角，由于 a 为已知，所以过 a 作与 OX 轴夹角为 $30°$ 的直线，水平线的水平投影就在这条直线上。

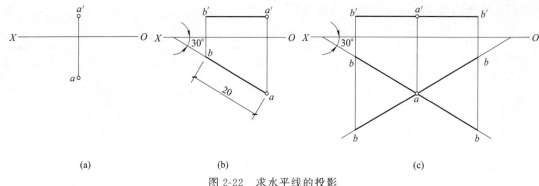

图 2-22　求水平线的投影

作图步骤：

（1）过 a 作与 OX 轴夹角为 30°的直线（向左向右均可），在此线上截取 20，得 b，如图 2-22（b）所示；

（2）由 a' 作 OX 轴平行线（向左或向右与水平投影对应）；

（3）过 b 作联系线，与过 a' 作的 OX 轴平行线相交，得 b'；

（4）连线 $a'b'$、ab 即为所求。

如图 2-22（c）所示，本题有四个解答（在有多解的情况下，一般只要求作一解即可）。

4. 投影面内直线和投影轴上直线

① 投影面内直线，是上述两类直线的特殊情况。它具有投影面平行线或垂直线的投影特点。其特点是：在所在投影面的投影与直线本身重合，另外两个投影面的投影分别在相应的投影轴上。

如图 2-23 所示为一 V 面内的正平线 AB，其正面投影 $a'b'$ 与直线 AB 重合，水平投影 ab 和侧面投影 $a''b''$ 分别在 OX 轴与 OZ 上。

如图 2-24 所示为一 V 面内的铅垂线 CD，其正面投影 $c'd'$ 与直线 CD 重合，水平投影 cd 积聚成一点并在 OX 轴上，侧面投影 $c''d''$ 反映实长，并在 OZ 轴上。

② 投影轴上直线，是更特殊的情况。这类直线必定是投影面的垂直线。其特点是：有两个投影与直线本身重合，另一投影积聚在原点上。如图 2-25 所示为 OX 轴上的直线 EF 的投影。

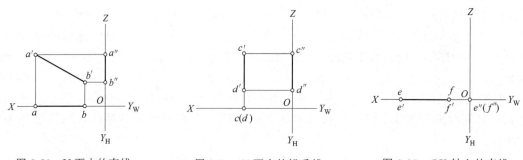

图 2-23　V 面内的直线　　　图 2-24　V 面内的铅垂线　　　图 2-25　OX 轴上的直线

二、线段的实长及其对投影面的倾角

由前面的讨论可知，特殊位置直线的投影能直接反映该线段的实长和对投影面的倾角，而一般位置线段的投影不能。但是，一般位置线段的两个投影已完全确定了它的空间位置和线段上各点间的相对位置，因此可在投影图上用图解法求出该线段的实长和对投影面的倾角。工程上常用的方法是直角三角形法，即在投影图上利用几何作图的方法求出一般位置直线的实长和倾角的方法。

1. 直角三角形法的作图原理

如图 2-26（a）所示，为一般位置直线 AB 的直观图。图中过点 A 作 $AC /\!/ ab$，构成直角三角形 ABC。该直角三角形的一直角边 $AC = ab$（即线段 AB 的水平投影）；另一直角边 $BC = Bb - Aa = z_B - z_A$（即线段 AB 的两端点的 Z 坐标差）。由于两直角边的长度在投影图上均已知，因此可以作出这个直角三角形，从而求得空间线段 AB 的实长和倾角 α 的大小。

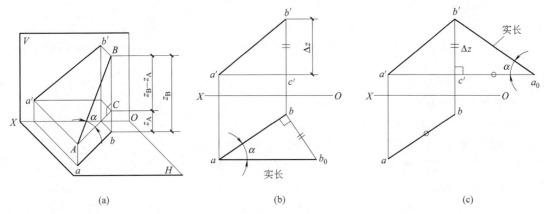

图 2-26 求一般位置线段的实长及倾角 α

2. 直角三角形法的作图方法

直角三角形可在投影图上任何空白位置作出，但为了作图简便准确，一般常利用投影图上已有的图线作为其中的一条直角边。

（1）求线段 AB 的实长及其对 H 面的倾角 α

做法一：以 ab 为一直角边，在水平投影上作图，如图 2-26（b）所示。

① 过 a' 作 OX 轴的平行线与投影线 bb' 交于 c'，$b'c' = z_B - z_A$。

② 过 b（或 a）点作 ab 的垂线，并在此垂线上量取 $bb_0 = b'c' = z_B - z_A$。

③ 连接 ab_0 即可作出直角三角形 abb_0。斜边 ab_0 为线段 AB 的实长，$\angle bab_0$ 即为线段 AB 对 H 面的倾角 α。

做法二：利用 Z 坐标差值，在正面投影上作图，如图 2-26（c）所示。

① 过 a' 作 OX 轴的平行线与投影线 bb' 交于 c'，$b'c' = z_B - z_A$。

② 在 $a'c'$ 的延长线上，自 c' 在平行线上量取 $c'a_0 = ab$，得点 a_0。

③ 连接 $b'a_0$ 作出直角三角形 $b'c'a_0$。斜边 $b'a_0$ 为线段 AB 的实长，$\angle c'a_0b'$ 即为线段 AB 对 H 面的倾角 α。

显然这两种方法所作的两个直角三角形是全等的。

（2）求线段 AB 的实长及其对 V 面的倾角 β

如图 2-27（a）所示，求线段 AB 的实长及倾角 β 的空间关系。以线段 AB 的正面投影 $a'b'$ 为一直角边，以线段 AB 两端点前后方向的坐标差 Δy 为另一直角边（Δy 可由线段的 H 面投影或 W 面投影量取），作直角三角形，则可求出线段 AB 的实长和对 V 面的倾角 β，

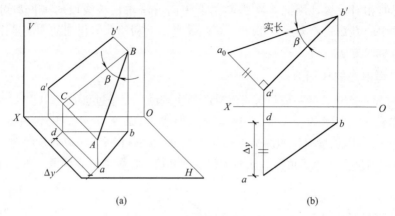

图 2-27　求一般位置线段的实长及倾角 β

如图 2-27（b）所示。

具体作图步骤如下：

① 作 $bd /\!/ OX$，得 ad，$ad = y_A - y_B$。

② 过 a'（或 b'）点作 $a'b'$ 的垂线，并在此垂线上量取 $a'a_0 = ad = y_A - y_B$。

③ 连接 $b'a_0$ 作出直角三角形 $a'b'a_0$。斜边 $b'a_0$ 为线段 AB 的实长，$\angle a'b'a_0$ 为线段 AB 对 V 面的倾角 β。

同理，利用线段的侧面投影和两端点的 X 坐标差作直角三角形，可求出线段的实长和对 W 面的倾角 γ。

由此可见，在直角三角形中有四个参数：投影、坐标差、实长、倾角，它们之间的关系如图 2-28 所示。我们利用线段的任意一个投影和相应的坐标差，均可求出线段的实长；但所用投影不同（H 面、V 面、W 面投影），则求得的倾角亦不同（对应的倾角分别为 α、β、γ）。

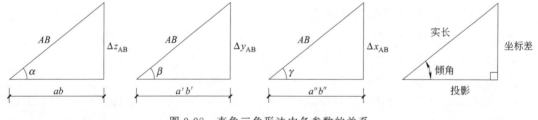

图 2-28　直角三角形法中各参数的关系

上述利用作直角三角形求线段实长和倾角的作图要领归结如下：

① 以线段在某投影面上的投影长为一直角边。

② 以线段的两端点相对于该投影面的坐标差为另一直角边（该坐标差可在线段的另一投影上量得）。

③ 所作直角三角形的斜边即为线段的实长。

④ 斜边与线段投影的夹角为线段对该投影面的倾角。

三、直线上的点

点和直线的相对位置有两种情况：点在直线上和点不在直线上。

如图 2-29 所示，C 点位于直线 AB 上，根据平行投影的基本性质，则 C 点的水平投影 c 必在直线 AB 的水平投影 ab 上，正面投影 c' 必在直线 AB 的正面投影 $a'b'$ 上，侧面投影 c'' 必在直线 AB 的侧面投影 $a''b''$ 上，而且 $AC:CB=ac:cb=a'c':c'b'=a''c'':c''b''$。

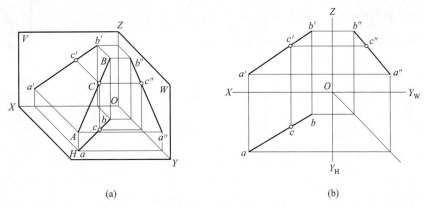

(a)	(b)

图 2-29　直线上的点

因此，点在直线上，则点的各个投影必在直线的同面投影上，且点分直线长度之比等于点的投影分直线投影长度之比。反之，如果点的各个投影均在直线的同面投影上，且分直线各投影长度成相同之比，则该点一定在直线上。

在一般情况下，判定点是否在直线上，只需观察两面投影就可以了。例如图 2-30 给出的直线 AB 和 C、D 两点，点 C 在直线 AB 上，而点 D 就不在直线 AB 上。

但当直线为另一投影面的平行线时，还需补画第三个投影或用定比分点作图法才能确定点是否在直线上。如图 2-31（a）所示，点 K 的水平投影 k 和正面投影 k' 都在侧平线 AB 的同面投影上，要判断点 K 是否在直线 AB 上，可以采用两种方法：

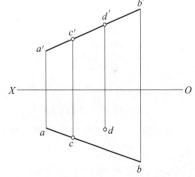

图 2-30　判别点是否在直线上

方法一 ［如图 2-31（b）所示］：作出直线 AB 及点 K 的侧面投影。因 k'' 不在 $a''b''$ 上，所以点 K 不在直线 AB 上。

方法二 ［如图 2-31（c）所示］：若 K 点在直线 AB 上，则 $a'k':k'b'=ak:kb$。

过点 b 作任意辅助线，在此线上量取 $bk_0=b'k'$，$k_0a_0=k'a'$。连 a_0a，再过 k_0 作直线平行于 a_0a，与 ab 交于 k_1。因 k 与 k_1 不重合，即 $ak:kb\neq a'k':k'b'$，所以判断点 K 不在直线 AB 上。

例 2-4　如图 2-32（a）所示，已知直线 AB 的投影图。试将线段 AB 分成 $AC:CB=2:3$，求点 C 的投影。

分析： 用初等几何中平行线截取比例线段的方法即可确定点 C。

作图步骤 ［如图 2-32（b）所示］：

（1）过投影 a 作任意辅助线 ab_0，使 $ac_0:c_0b_0=2:3$；

（2）连 b 和 b_0，再过 c_0 作辅助线平行于 b_0b，交 ab 于 c；

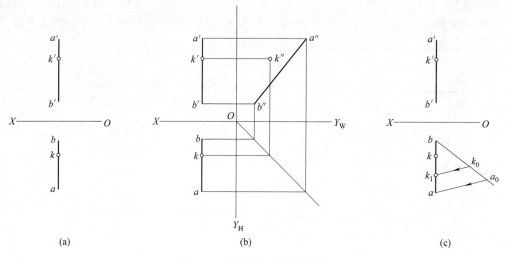

图 2-31　判断点与直线的关系

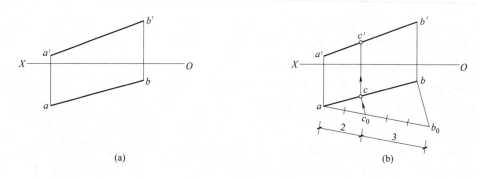

图 2-32　分割直线成定比

（3）由 c 作 OX 轴的垂线，交 $a'b'$ 于 c'，则点 $C(c，c')$ 为所求。

例 2-5　如图 2-33（a）所示，在已知直线 AB 上取一点 C，使 $AC = 15\text{mm}$，求点 C 的投影。

分析：首先用直角三角形法求得直线 AB 的实长，并在实长上截取 15mm 得分点 c_0，再根据定比关系和点 C 的投影一定在直线 AB 的同面投影上的性质，即可求得点 C 的投影。

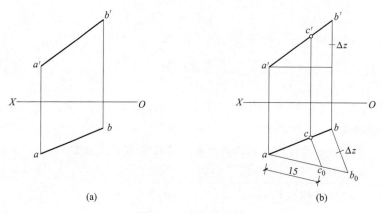

图 2-33　直线上取点

作图步骤 ［如图 2-33（b）所示］：

（1）以 ab 和坐标差 Δz 的长度为两直角边作直角三角形 abb_0，得 AB 的实长 ab_0；

（2）在 ab_0 上由 a 起量取 15mm 得 c_0；

（3）过 c_0 作 bb_0 的平行线交 ab 于 c；

（4）由 c 作 OX 轴的垂线，交 $a'b'$ 于 c'，则点 $C(c, c')$ 即为所求。

四、两直线的相对位置

两直线在空间的相对位置有平行、相交、交叉三种。其中平行、相交两直线是属于同一平面内的直线，交叉两直线是异面直线。

1. 两直线平行

根据平行投影的基本特性，如果空间两直线互相平行，则此两直线的各组同面投影必互相平行。且两直线各组同面投影长度之比等于两直线长度之比。反之，如果两直线的各组同面投影都互相平行，且各组同面投影长度之比相等，则此两直线在空间一定互相平行。

如图 2-34 所示，$AB/\!/CD$，将这两条平行的直线向 H 面进行投射时，构成两个相互平行的投射线平面，即 $ABba/\!/CDda$，其与投影面的交线必平行，故有 $ab/\!/cd$。同理可证，$a'b'/\!/c'd'$，$a''b''/\!/c''d''$。

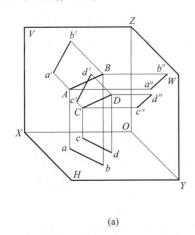
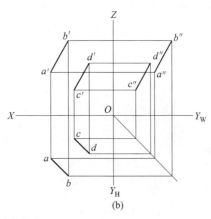

(a) (b)

图 2-34　平行两直线的投影

在投影图上判断两直线是否平行时，若两直线均为一般位置直线，则只需判断两直线的任意两组同面投影是否相互平行即可确定。如图 2-35 所示，由于直线 AB、CD 均为一般位置直线，且 $a'b'/\!/c'd'$、$ab/\!/cd$，则 $AB/\!/CD$。

对于投影面的平行线，则不能根据两组同面投影互相平行来断定它们在空间是否互相平行，如图 2-36 所示。侧平线 AB 和 CD，其正面投影和水平投影互相平行，其空间相对位置是否平行还需进一步判定其侧面投影是否平行。如图 2-36（a）所示，又因 $a''b''/\!/c''d''$，即可判断 $AB/\!/CD$，故 AB 与 CD 是两平行直线。而如图 2-36（b）所示中，虽然有 $a'b'/\!/c'd'$、$ab/\!/cd$，但 $a''b''$ 不平行于

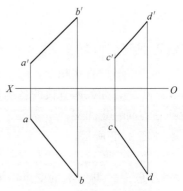

图 2-35　判断两一般位置
直线是否平行

$c''d''$，所以判断 AB 不平行 CD，故 AB 与 CD 是两交叉直线。在图 2-36（b）中，如果不求出侧面投影，根据平行两直线的长度之比等于该两直线同面投影长度之比，也可判断此两直线是否平行，但前提应该是两条侧平线的空间倒向相同。而如图 2-36（b）所示两条侧平线的空间倒向相反（正面投影 $a'c'$ 均在上，水平投影 a 在后，c 在前），故 AB 不平行于 CD。

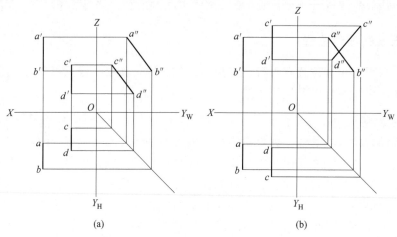

| (a) | (b) |

图 2-36　判断两侧平线是否平行

另外，相互平行的两直线，如果垂直于同一投影面，则它们的两组同面投影相互平行，而在与两直线垂直的投影面上的投影积聚为两点，这两点之间的距离反映了两直线的真实距离，如图 2-37 所示。

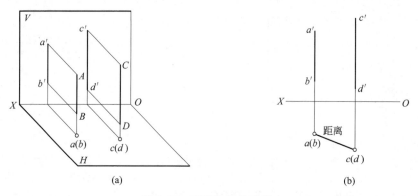

| (a) | (b) |

图 2-37　两铅垂线的投影

2. 两直线相交

如果空间两直线相交，则它们的各组同面投影一定相交，且交点的投影必符合点的投影规律。反之，如果两直线的各组同面投影都相交，且投影的交点符合点的投影规律，则该两直线在空间一定相交。

如图 2-38 所示，空间两直线 AB 和 CD 相交于点 K。由于点 K 既在直线 AB 上又在直线 CD 上，是两直线的共有点，所以点 K 的水平投影 k 一定是 ab 与 cd 的交点，正面投影 k' 一定是 $a'b'$ 与 $c'd'$ 的交点，侧面投影 k'' 一定是 $a''b''$ 与 $c''d''$ 的交点。因 k、k'、k'' 是点 K 的三面投影，所以它们必然符合点的投影规律。根据点分线段之比投影后保持不变的原理，由于 $ak:kb=a'k':k'b'=a''k'':k''b''$，故点 K 是直线 AB 上的点。又由于 $ck:kd=c'k':$

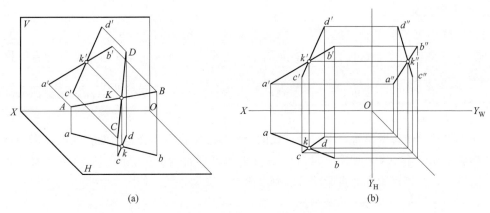

图 2-38 相交两直线的投影

$k'd'=c''k'':k''d''$，故点 K 是直线 CD 上的点。由于点 K 是直线 AB 和直线 CD 上的点，即是两直线的交点，所以两直线 AB 和 CD 相交。

对于一般位置直线，如果有两组同面投影相交，且交点符合点的投影规律，就可以断定这两条直线在空间是相交的。但是，如果两直线中有一条直线平行于某一投影面，则必须根据此两直线中在该投影面的投影是否相交，以及交点是否符合点的投影规律来进行判别。也可以利用定比分割的性质进行判别。

如图 2-39 所示，CD 为一般位置直线，而 AB 为侧平线，仅根据其正面投影和水平投影相交还无法断定两直线在空间是否相交。此时可用下述两种方法判别：

方法一［如图 2-39（b）所示］：利用第三投影判断两直线是否相交。首先，求出 AB、CD 两直线的侧面投影 $a''b''$ 与 $c''d''$，因其交点与 k' 的连线不垂直于 OZ 轴，所以 AB 和 CD 两直线不相交。由 k、k' 求出 k''，可知 K 点只在直线 CD 上，而不在直线 AB 上，即点 K 不是两直线的共有点，故两直线不相交。

方法二［如图 2-39（c）所示］：由已知条件可知 CD 为一般位置直线，$kk' \perp OX$，故 K 在 CD 上；再利用定比关系法判别点 K 是否也在 AB 上。以 k' 分割 $a'b'$ 的同样比例分割 ab 求出分割点 k_1，由于 k_1 与 k 不重合，即点 K 不在直线 AB 上，故可断定 AB 和 CD 两直线不相交。

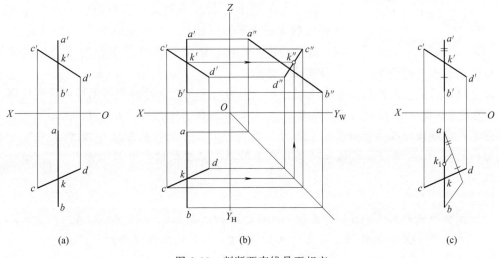

图 2-39 判断两直线是否相交

3. 两直线交叉

在空间既不平行也不相交的两直线称为交叉直线。交叉两直线的投影不具备平行或相交两直线的投影特点。由于这种直线不能同属于一个平面，所以立体几何中把这种直线称为异面直线或交错直线。

交叉两直线的三组同面投影决不会同时都互相平行，但可能在一个或两个投影面上的投影互相平行。交叉两直线的三组同面投影虽然都可以相交，但其交点决不符合点的投影规律。因此，如果两直线的投影既不符合平行两直线的投影特点，也不符合相交两直线的投影特点，则此两直线在空间一定交叉。如图 2-36（b）、图 2-39 所示都为交叉直线。应该指出的是对于两一般位置直线，只需两组同面投影就可以判别是否为交叉直线，如图 2-40 所示。

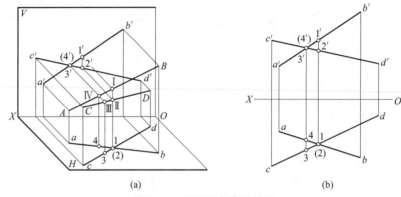

| (a) | (b) |

图 2-40　交叉两直线的投影

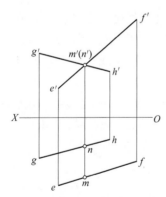

图 2-41　判断两直线相对位置

如前所述，交叉两直线虽然在空间并不相交，但其同面投影往往相交，这些同面投影的交点，实际上是重影点，根据第二节中重影点可见性的判断方法可知，如图 2-40（b）所示的水平投影中，位于 AB 线上的点 I 可见，而位于 CD 线上的点 II 不可见，其投影为 1(2)。正面投影中，位于 CD 上的点 III 可见，而位于 AB 线上的点 IV 不可见，其投影为 $3'(4')$。

如图 2-41 所示的正面投影中，位于 EF 线上的点 M 可见，位于 GH 线上的点 N 不可见，其投影为 $m'(n')$；而 M、N 两点的水平投影都可见。

综上所述，在投影图上只有投影重合处才产生可见性问题，每个投影面上的可见性要分别进行判别。

以上判别可见性的方法也是直线与平面、平面与平面相交时判别可见性的重要依据。

例 2-6　如图 2-42 所示，作正平线 MN 与已知直线 AB、CD、EF 都相交。

分析：由给出的投影可知直线 CD 为铅垂线，因此它与所求直线 MN 相交的交点的水平投影一定与 $c(d)$ 重合，根据正平线的投影特点（正平线的水平投影平行于 X 轴）可求出直线 MN。

作图步骤〔如图 2-42（b）所示〕：

（1）在水平投影上过 $c(d)$ 作直线 mn 与 OX 轴平行，交 ab 于点 m，交 ef 于点 n。

（2）过 m 作 OX 轴垂线与 $a'b'$ 交于点 m'，过 n 作 OX 轴垂线与 $e'f'$ 交于点 n'。

（3）连接 $m'n'$ 即为所求直线 MN 的正面投影。

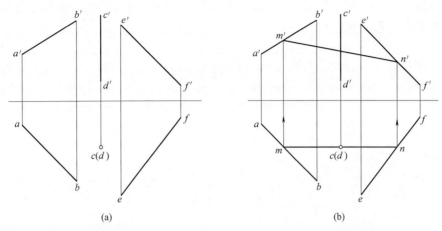

图 2-42　求作正平线 *MN*

五、直角的投影

互相垂直的两直线，如果同时平行于同一投影面，则它们在该投影面上的投影仍反映直角；如果它们都倾斜于同一投影面，则在该投影面上的投影不是直角。除以上两种情况外，这里我们将要讨论的是只有一直线平行于投影面时的投影。这种情况作图时是经常遇到的，是处理一般垂直问题的基础。

1. 垂直相交两直线的投影

定理 1：垂直相交的两直线，如果其中有一条直线平行于一投影面，则两直线在该投影面上的投影仍反映直角。

证明：如图 2-43（a）所示，已知 $AB \perp AC$，且 $AB /\!/ H$ 面，AC 不平行 H 面。因为 $Aa \perp H$ 面，$AB /\!/ H$ 面，故 $AB \perp Aa$。由于 AB 既垂直 AC 又垂直 Aa，所以 AB 必垂直 AC 和 Aa 所确定的平面 $AacC$。因 $ab /\!/ AB$，则 $ab \perp$ 平面 $AacC$，所以 $ab \perp ac$，即 $\angle bac = 90°$。

图 2-43（b）是它们的投影图，其中 $a'b' /\!/ OX$ 轴，$\angle bac = 90°$。

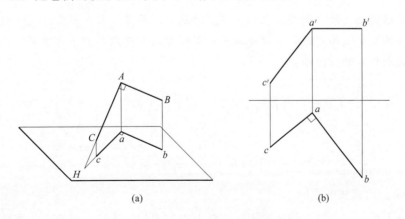

图 2-43　直角投影定理

定理 2（逆）：如果相交两直线在某一投影面上的投影成直角，且有一条直线平行于该投影面，则两直线在空间必互相垂直［读者可参照图 2-43（a）证明之］。

如图 2-44 所示，∠$d'e'f'$=90°，且 ef∥OX 轴，故 EF 为正平线。根据定理2，空间两直线 DE 和 EF 必垂直相交。

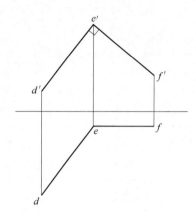

图 2-44　两直线垂直相交

例 2-7　如图 2-45（a）所示，已知矩形 $ABCD$ 的顶点 C 在 EF 直线上，补全此矩形的两面投影图。

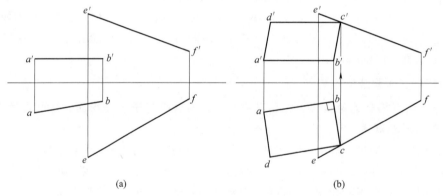

（a）　　　　　　　　　　　　　（b）

图 2-45　补全矩形的两面投影

分析：矩形的几何特性是邻边互相垂直、对边平行而且等长。当已知其一边为投影面平行线时，则可按直角投影定理，作此边实长投影的垂线而得到其邻边的投影，再根据对边平行的关系，完成矩形的投影图。

作图步骤〔如图 2-45（b）所示〕：

（1）过 b 作 ab 的垂线 bc 与 ef 交于 c 点；再过 c 作 OX 轴垂线与 $e'f'$ 交于 c'，则 bc 和 $b'c'$ 为矩形另一个边 BC 的投影。

（2）过 c' 作 $c'd'$∥$a'b'$，且 $c'd'$=$a'b'$，完成所求矩形的 V 面投影。

（3）过 a 作 ad∥bc，且 ad=bc，完成矩形的 H 面投影。

2. 交叉垂直两直线的投影

上面讨论了垂直相交两直线的投影，现将上述定理加以推广，讨论交叉垂直两直线的投影。初等几何已规定对交叉两直线所成的角是这样度量的：过空间任意点作直线分别平行于已知交叉两直线，所得相交两直线的夹角，即为交叉两直线所成的角。

定理3：互相垂直的两直线（相交或交叉），如果其中有一条直线平行于一投影面，则两直线在该投影面上的投影仍反映直角。

对交叉垂直的情况证明如下：如图 2-46（a）所示，已知交叉两直线 $AB \perp MN$，且 $AB/\!/H$ 面，MN 不平行于 H 面。过直线 AB 上任意点 A 作直线 $AC/\!/MN$ ，则 $AC \perp AB$。由定理 1 知，$ab \perp ac$。因 $AC/\!/MN$，则 $ac/\!/mn$。所以 $ab \perp mn$。

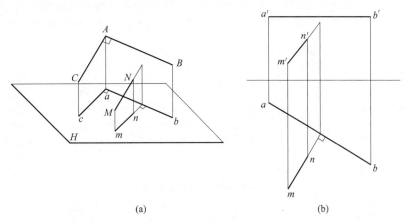

(a)　　　　　　　　　　　　(b)

图 2-46　两直线交叉垂直

图 2-46（b）是它们的投影图，其中 $a'b'/\!/OX$ 轴，$ab \perp mn$。

定理 4（逆）：如果两直线在某一投影面上的投影成直角，且有一条直线平行于该投影面，则两直线在空间必互相垂直［读者可参照图 2-46（a）证明之］。

例 2-8　如图 2-47（a）所示，求交叉两直线 AB、CD 之间的最短距离。

分析：由几何学可知，交叉两直线之间的公垂线即为其最短距离。由于所给的直线 AB 为铅垂线，故可断定 AB 和 CD 之间的公垂线必为水平线。所以可利用直角投影定理求解。

作图步骤［如图 2-47（b）所示］：

(1) 利用积聚性定出 n（重影于 ab），作出 $nm \perp cd$ 与 cd 相交于 m；

(2) 过 m 作 OX 轴的垂线与 $c'd'$ 交于 m'，再作 $m'n'/\!/OX$ 轴。则由 mn、$m'n'$ 确定的水平线 MN 即为所求。其中 mn 为实长，即为交叉两直线间的最短距离。

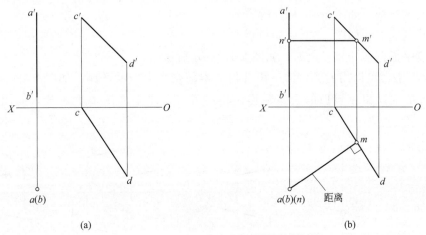

(a)　　　　　　　　　　　　(b)

图 2-47　求两交叉直线的最短距离

结论：若垂直相交（交叉）的两直线中有一条直线平行于某一投影面时，则两直线在该投影面上的投影仍然相互垂直；反之，若相交（交叉）两直线在某一投影面上的投影互相垂直，且其中一直线平行于该投影面时，则两直线在空间也一定相互垂直。这就是直角投影定理。

如图 2-48 所示，给出了两直线的两面投影，根据直角投影特性可以断定它们在空间是相互垂直的，其中（a）、（c）是垂直相交，（b）、（d）是垂直交错。

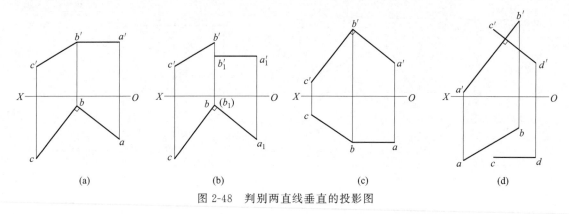

图 2-48　判别两直线垂直的投影图

第四节　平面的投影

一、平面的几何元素表示法

由初等几何可知，不在同一直线上的三点确定一个平面。因此，表示平面的最基本方法是不在一条直线上的三个点，其他的各种表示方法都是由此派生出来的。平面的表示方法可归纳成以下五种：

① 不属于同一直线的三点［如图 2-49（a）所示］。

② 一直线和该直线外一点［如图 2-49（b）所示］。

③ 相交两直线［如图 2-49（c）所示］。

④ 平行两直线［如图 2-49（d）所示］。

⑤ 任意平面图形［如三角形，如图 2-49（e）所示］。

在投影图上，可以用上述任何一组几何元素的投影来表示平面，如图 2-49 所示，且各组元素之间是可以相互转换的。实际作图中，较多采用平面图形表示法，如图 2-49（e）所示。

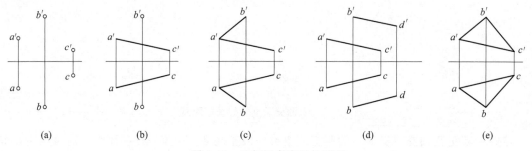

图 2-49　几何元素表示的平面

二、平面对投影面的相对位置

平面按其对投影面相对位置的不同，可以分为：一般位置平面、投影面平行面和投影面垂直面。投影面平行面和投影面垂直面统称为特殊位置平面。

1. 一般位置平面

对三个投影面都倾斜的平面，称为一般位置平面，如图 2-50（a）所示。一般位置平面的投影特性是：它的三面投影既不反映实形，也不积聚为一直线，而只具有类似性。如果用平面图形表示平面，则它的三面投影均为面积缩小的类似形（边数相等的类似多边形），如图 2-50（b）所示。

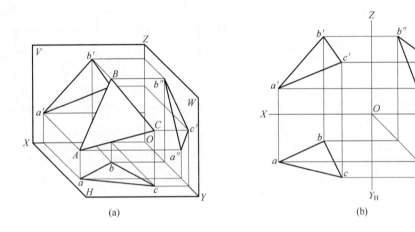

图 2-50　一般位置平面的投影

2. 投影面平行面

平行于某一投影面的平面，称为投影面平行面。根据平面所平行的投影面的不同，有以下三种投影面平行面：

水平面——平行于水平投影面的平面；

正平面——平行于正立投影面的平面；

侧平面——平行于侧立投影面的平面。

投影面平行面的投影特性是：平面在它所平行的投影面上的投影反映实形，在另外两个投影面上的投影积聚成直线段，并分别平行于相应的投影轴。如表 2-4 所示。

表 2-4　投影面平行面的投影特性

名　称	水　平　面	正　平　面	侧　平　面
形体表面上的面			

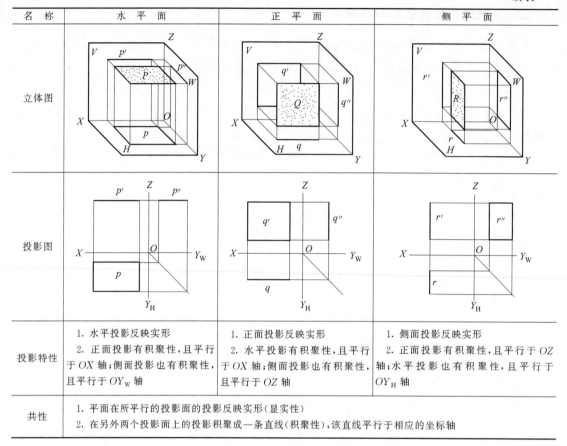

名 称	水 平 面	正 平 面	侧 平 面
立体图			
投影图			
投影特性	1. 水平投影反映实形 2. 正面投影有积聚性，且平行于 OX 轴；侧面投影也有积聚性，且平行于 OY_W 轴	1. 正面投影反映实形 2. 水平投影有积聚性，且平行于 OX 轴；侧面投影也有积聚性，且平行于 OZ 轴	1. 侧面投影反映实形 2. 正面投影有积聚性，且平行于 OZ 轴；水平投影也有积聚性，且平行于 OY_H 轴
共性	1. 平面在所平行的投影面的投影反映实形（显实性） 2. 在另外两个投影面上的投影积聚成一条直线（积聚性），该直线平行于相应的坐标轴		

3. 投影面垂直面

只垂直于某一投影面，同时倾斜于另外两个投影面的平面，称为投影面垂直面。根据平面所垂直的投影面的不同，有以下三种投影面垂直面：

铅垂面——垂直于水平投影面的平面；

正垂面——垂直于正立投影面的平面；

侧垂面——垂直于侧立投影面的平面。

投影面垂直面的投影特性是：平面在它所垂直的投影面上的投影积聚成一直线，并反映该直线与另外两投影面的倾角，在另外的两个投影面上的投影为类似形（边数相等的类似多边形）。如表 2-5 所示。

表 2-5 投影面垂直面的投影特性

名称	铅 垂 面	正 垂 面	侧 垂 面
形体表面上的面			

续表

名称	铅垂面	正垂面	侧垂面
立体图	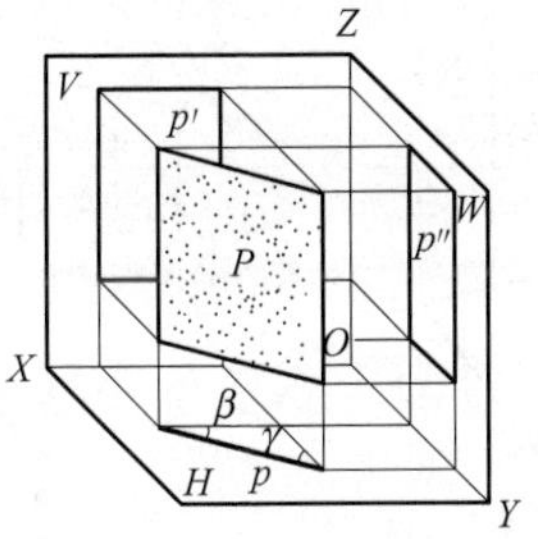	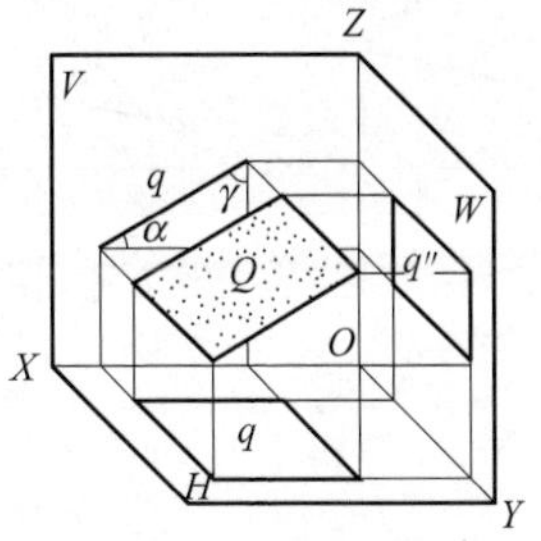	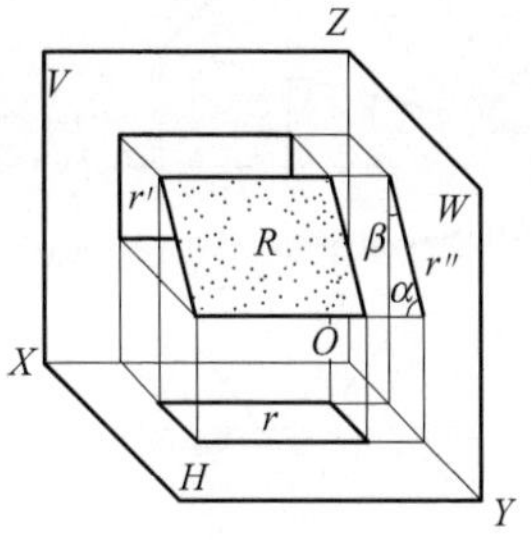
投影图	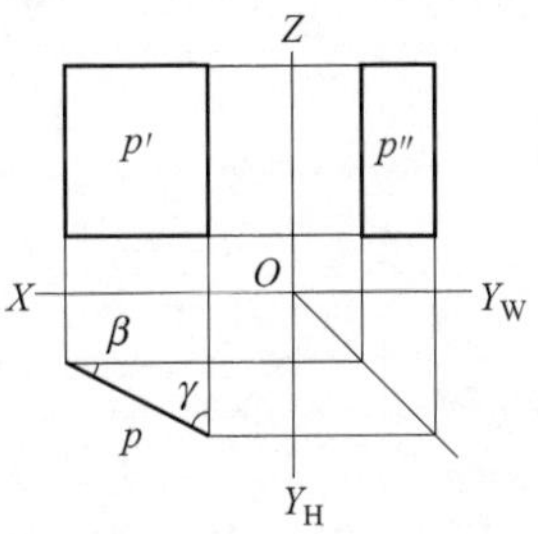	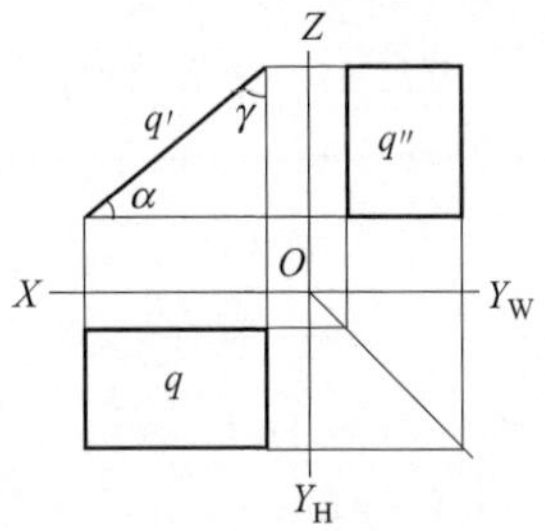	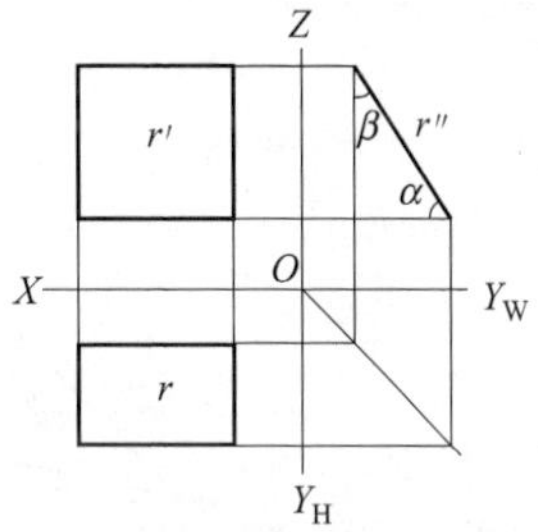
投影特性	1. 水平投影积聚成直线 p，且与其水平连线重合，该直线与 OX 轴和 OY_H 轴夹角反映 β 和 γ 角 2. 正面投影和侧面投影为平面的类似形	1. 正面投影积聚成直线 q'，且与其正面连线重合，该直线与 OX 轴和 OZ 轴夹角反映 α 和 γ 角 2. 水平投影和侧面投影为平面的类似形	1. 侧面投影积聚成直线 r''，且与其侧面连线重合，该直线与 OY_W 轴和 OZ 夹角反映 α 和 β 角 2. 正面投影和水平投影为平面的类似形
共性	1. 平面在其所垂直的投影面上的投影积聚成一条直线（积聚性）；它与两投影轴的夹角，分别反映空间平面与另外两个投影面的倾角 2. 另外两个投影面的投影为空间平面图形的类似形（边数相同、形状相像的图形）		

比较三种平面的投影特点，可以看出：如果某平面有两个投影有积聚性，而且都平行于投影轴，则该平面是投影面平行面；如一投影是斜直线，另外两个投影是类似图形，则该平面是投影面垂直面；如三个投影都是类似图形，则是一般位置平面。

三、平面内的点和直线

1. 平面内取点

由初等几何可知，点在平面内的几何条件是：该点必须在该平面内的一条已知直线上。即在平面内取点，必须取在平面内的已知直线上。一般采用辅助直线法，使点在辅助线上，辅助线在平面内，则该点必在平面内。如图 2-51（a）所示，已知在平面 ABC 上的一点 K 的水平投影 k，要确定点 K 的正面投影 k'，我们可以根据辅助直线法来完成。如图 2-51（b）所示，过 k 作辅助线的水平投影 mn，并作其正面投影 $m'n'$，按投影关系求得 k'，即为所求。有时为作图简便，可使辅助线通过平面内的一个顶点，如图 2-51（c）所示；也可使辅助线平行于平面内的某一已知直线，如图 2-51（d）所示。

例 2-9 如图 2-52（a）所示，试判断点 K 是否在 ABC 平面内。

分析：在平面内作一辅助线，使其正面投影通过 K 点的正面投影 k'，若辅助线的水平投影也通过 k，则证明点 K 在 ABC 平面内。

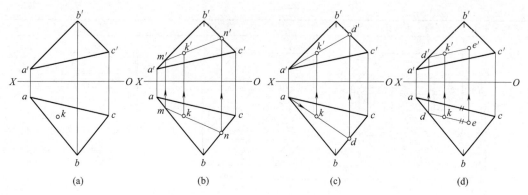

图 2-51　平面内取点

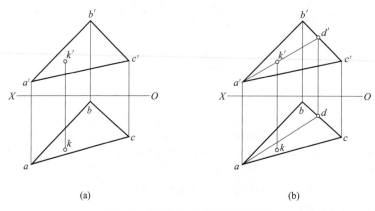

图 2-52　判断点 K 是否在平面内

　　作图步骤 ［如图 2-52（b）所示］：

（1）过 k' 作辅助线 AD 的正面投影 $a'd'$；

（2）根据投影关系确定 d，并作辅助线 AD 的水平投影 ad；

（3）因 k 不在 ad 上，故判断点 K 不在 ABC 平面内。

2. 平面内取直线

　　由初等几何可知，直线在平面内的几何条件是：直线上有两点在平面内；或直线上有一点在平面内，且该直线平行于平面内一已知直线。

　　如图 2-53（a）所示，平面 P 由两条相交直线 AB 和 BC 确定。我们在直线 AB 和 BC 上各取一点 D 和 E，则 D、E 两点必在平面 P 内，所以，D、E 两点的连线 DE 也必在平面 P 内。若我们在直线 BC 上再取一点 F（F 点必在平面 P 内），并过点 F 作 $FG /\!/ AB$，则直线 FG 也必在平面内。其投影如图 2-53（b）所示。

3. 平面内的投影面平行线

　　平面内平行于某一投影面的直线，称为平面内的投影面平行线。平面内的投影面平行线同时具有投影面平行线和平面内直线的投影性质。根据平面内的投影面平行线所平行的投影面的不同可分为：平面内的水平线、平面内的正平线和平面内的侧平线。

　　如图 2-54（a）所示，要在一般位置平面 ABC 内过点 A 取一水平线，由于水平线的正面投影必平行于 OX 轴，我们首先过 A 点的正面投影 a' 作一平行于 OX 轴的直线交 $b'c'$ 于

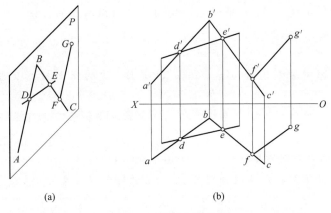

(a)   (b)

图 2-53　平面内取直线

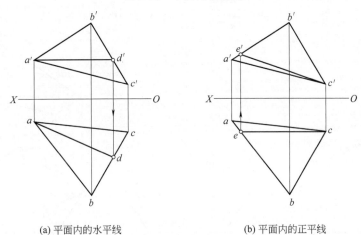

(a) 平面内的水平线   (b) 平面内的正平线

图 2-54　在平面内作投影面平行线

d'，$a'd'$ 为这一水平线的正面投影，然后作出该直线的水平投影 ad，则直线 AD 为平面 ABC 内过点 A 的水平线。

用同样的方法可作出一般位置平面内的正平线 CE，如图 2-54（b）所示。

例 2-10　如图 2-55（a）所示，求 ABC 平面内已知直线 MN 的水平投影。

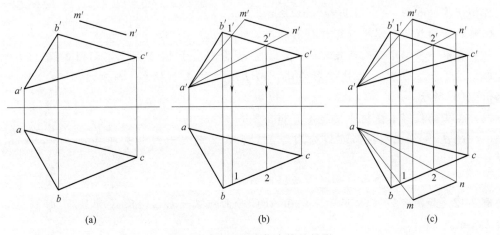

(a)   (b)   (c)

图 2-55　在平面内作直线的投影

分析：因为 MN 直线在 ABC 平面内，故利用平面内取点的方法，求出点 MN 的水平投影，则可完成作图。

作图步骤 ［如图 2-55 （b）和（c）所示］：

（1）在正面投影中分别连接 $a'm'$、$a'n'$，与 BC 边的正面投影交于 $1'$、$2'$ 两点，如图 2-55 （b）所示。

（2）过 $1'$ 和 $2'$ 分别向下引投影连线，与 BC 边的水平投影交于 1 和 2 两点，如图 2-55 （b）所示。

（3）在水平投影中分别连接 $a1$、$a2$，如图 2-55 （c）所示。

（4）过 m'、n' 向下引投影连线分别与 $a1$、$a2$ 的延长线相交即得 m、n，如图 2-55 （c）所示。

（5）连 mn，完成 MN 的水平投影。

例 2-11 如图 2-56 （a）所示，补全平面图形 $ABCDE$ 的正面投影。

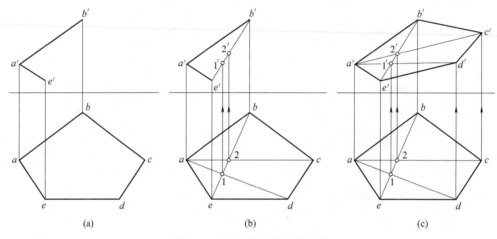

图 2-56 作出平面的水平投影

分析：从所给的已知条件看，得从 AB、AE 的投影开始考虑。AB、AE 为相交的两直线，可以确定一个平面，$ABCDE$ 为平面图形，所以 D、C 点均在由 AB、AE 两相交直线所确定的平面内。

作图步骤 ［如图 2-56 （b）和（c）所示］：

（1）在正面投影和水平投影中分别连接 $e'b'$ 和 eb。

（2）在水平投影中分别连接 ad 和 ac，与 eb 分别交于 1、2 两点，如图 2-56 （b）所示。

（3）过 1 和 2 分别向上引投影连线，与 EB 边的正面投影 $e'b'$ 交于 $1'$ 和 $2'$ 两点，如图 2-56 （b）所示。

（4）在正面投影中分别连接和 $a'1'$ 和 $a'2'$。

（5）过 d、c 向上引投影连线分别与 $a'1'$ 和 $a'2'$ 的延长线相交即得 d'、c'，如图 2-56 （c）所示。

（6）连接 $ABCDE$ 正面投影的各边，即为所求。

例 2-12 如图 2-57 （a）所示，试在 ABC 平面内取一点 K，使 K 点距 H 面 10mm，距 V 面 15mm。

分析：K 点距 H 面 10mm，表示它位于该平面内的一条距 H 面为 10mm 的水平线上；

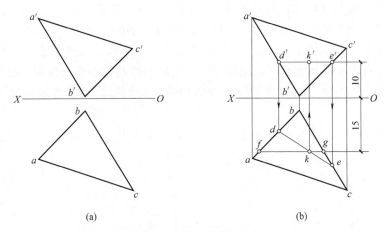

(a)　　　　　　　　(b)

图 2-57　在平面内取一点

K 点距 V 面 15mm，表示该点又位于该平面内的一条距 V 面为 15mm 的正平线上，则两线的交点将同时满足距 H 面和 V 面指定距离的要求。

作图步骤［如图 2-57（b）所示］：

① 在平面 ABC 内作一条与 H 面距离为 10mm 的水平线 DE，即使 $d'e'//OX$ 轴，且距 OX 轴为 10mm，并由 $d'e'$ 求出 de；

② 在平面 ABC 内作一条与 V 面距离为 15mm 的正平线 FG，即使 $fg//OX$ 轴，且距离 OX 轴为 15mm，交 de 于 k；

③ 过 k 作 OX 轴的垂线交 $d'e'$ 于 k'，则水平线 DE 与正平线 FG 的交点 $K(k，k')$ 为所求。

四、平面的迹线

1. 平面的迹线表示法

空间平面与投影面的交线，称为平面的迹线。如图 2-58（a）所示，平面 P 与 H 面的交线称水平迹线，记作 P_H；与 V 面的交线称正面迹线，记作 P_V；与 W 面的交线称侧面迹线，记作 P_W。平面迹线如果相交，交点必在投影轴上，即为 P 平面与三投影轴的交点，相应记作 P_X、P_Y、P_Z。用迹线表示的平面称为迹线平面，如图 2-58（b）所示。

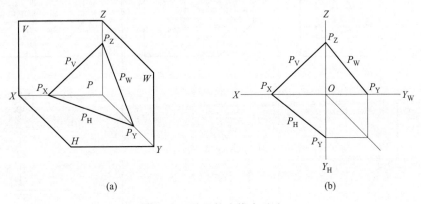

(a)　　　　　　　　(b)

图 2-58　平面的迹线表示法

迹线是空间平面和投影面所共有的直线。所以迹线不仅是平面 P 内的一直线，也是投影面内的一直线。由于迹线在投影面内，所以迹线有一个投影和它本身重合，另外两个投影与相应的投影轴重合。如图 2-59（a）所示的 P_H，其水平投影与其重合，正面投影和侧面投影分别与 OX 轴和 OY 轴重合。在投影图上，通常只将与迹线重合的那个投影用粗实线画出，并用符号 P_H、P_V、P_W 标记；而与投影轴重合的投影则不需表示和标记，如图 2-59（b）所示。

如图 2-59（a）和（b）所示，平面 P 以相交的迹线 P_H、P_V 表示；如图 2-59（c）和（d）所示，平面 Q 以相互平行的迹线 Q_H、Q_V 表示。

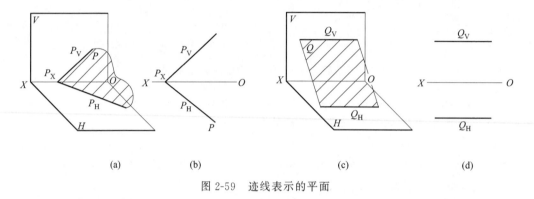

（a）　　　　　（b）　　　　　　　（c）　　　　　　　（d）

图 2-59　迹线表示的平面

2. 特殊位置平面迹线

通常一般位置平面不用迹线表示，特殊位置平面在不需要平面表示平面形状，只要求表示平面的空间位置时，常用迹线表示。

如表 2-6 和表 2-7 所示，分别列出了投影面垂直面和投影面平行面的迹线，从投影图中可以看出迹线的特点。

表 2-6　投影面垂直面的迹线

平面	铅垂面	正垂面	侧垂面
立体图	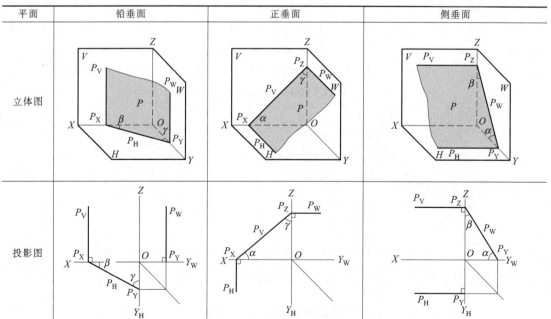		
投影图			

平面	铅垂面	正垂面	侧垂面
投影特性	1. 水平迹线 P_H 有积聚性，并且反映平面的倾角 β 和 γ 2. 正面迹线 P_V 和侧面迹线 P_W 分别垂直于 OX 轴和 OY_W 轴	1. 正面迹线 P_V 有积聚性，并且反映平面的倾角 α 和 γ 2. 水平迹线 P_H 和侧面迹线 P_W 分别垂直于 OX 轴和 OZ 轴	1. 侧面迹线 P_W 有积聚性，并且反映平面的倾角 α 和 β 2. 水平迹线 P_H 和正面迹线 P_V 分别垂直于 OY_H 轴和 OZ 轴
共性	1. 平面在它垂直的投影面上的迹线有积聚性（相当于平面的积聚投影），且迹线与投影轴的夹角等于平面与相应投影面的倾角 2. 平面的其他两条迹线垂直于相应的投影轴		

表 2-7　投影面平行面的迹线

平面	水平面	正平面	侧平面
立体图			
投影图			
投影特性	1. 没有水平迹线 2. 正面迹线 P_V 和侧面迹线 P_W 都有积聚性，且分别平行于 OX 轴和 OY_W 轴	1. 没有正面迹线 2. 水平迹线 Q_H 和侧面迹线 Q_W 都有积聚性，且分别平行于 OX 轴和 OZ 轴	1. 没有侧面迹线 2. 水平迹线 R_H 和正面迹线 R_V 都有积聚性，且分别平行于 OY_H 轴和 OZ 轴
共性	1. 平面在它平行的投影面上没有迹线 2. 平面的其他两条迹线都有积聚性（相当于积聚投影），且迹线平行于相应的投影轴		

在两面投影图中用迹线表示特殊位置平面是非常方便的。如图 2-60 所示，过一点可做

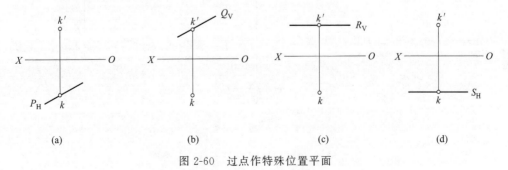

(a)　　　　　　　(b)　　　　　　　(c)　　　　　　　(d)

图 2-60　过点作特殊位置平面

的特殊位置平面有投影面垂直面和投影面平行面。P_H 表示铅垂面 P（$P_V \perp OX$ 一般省略不画）；Q_V 表示正垂面 Q（$Q_H \perp OX$ 一般也省略不画）；R_V 表示水平面 R；S_H 表示正平面 S。

过一般位置直线可作的特殊位置平面有投影面垂直面，如图 2-61 所示。

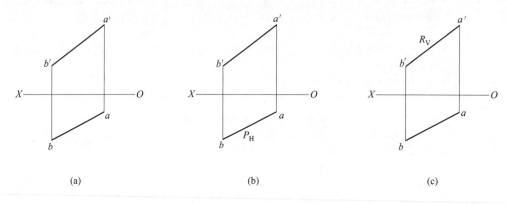

图 2-61　过一般位置直线作投影面垂直面

过投影面平行线可作的特殊位置平面有投影面垂直面和投影面平行面，如图 2-62 所示。以水平线为例，作出了水平面和铅垂面。

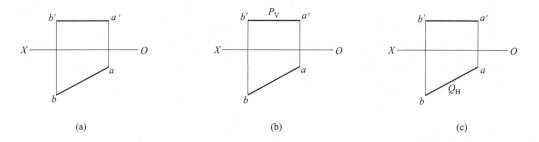

图 2-62　过投影面平行线作特殊位置平面

过投影面垂直线可作的特殊位置平面有投影面垂直面和投影面平行面，如图 2-63 所示。以铅垂线为例，作出了铅垂面、正平面和侧平面。

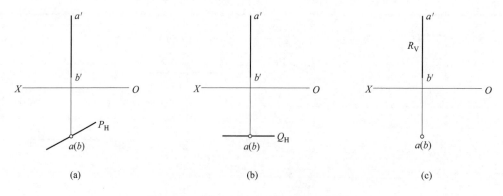

图 2-63　过投影面垂直线作特殊位置平面

第五节 直线与平面、平面与平面的相对位置

直线与平面、平面与平面的相对位置可分为平行、相交和垂直三种情况。本节将讨论这三种位置关系的投影特性及作图方法。

一、平行关系

1. 直线与平面平行

① 从初等几何可知：若一直线与平面上某一直线平行，则该直线与平面平行。如图 2-64（a）所示，*AB* 直线与 *P* 平面上的 *CD* 直线平行，所以 *AB* 直线与 *P* 平面平行。图 2-64（b）是其投影图。

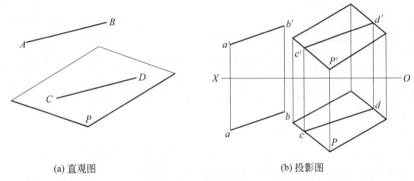

| (a) 直观图 | (b) 投影图 |

图 2-64 直线与平面平行

根据上述几何条件和平行投影的性质，我们可解决在投影图上判别直线与平面是否平行，也可解决直线与平面平行的投影作图问题。

② 若一直线与特殊位置平面平行，则该特殊面的积聚投影必然与直线的同面投影平行。

当判别直线与特殊位置平面是否平行时，只要检查平面的积聚投影与直线的同面投影是否平行即可。如图 2-65（a）所示，铅垂面 *ABC* 的水平积聚投影与直线 *MN* 的水平投影平行，故 *MN* 直线与 *ABC* 平面平行；如图 2-65（b）所示，正垂面 *ABC* 的正面积聚投影与直

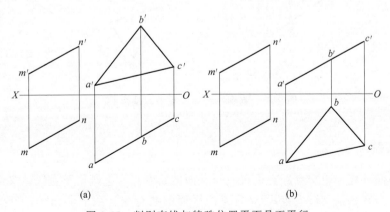

| (a) | (b) |

图 2-65 判别直线与特殊位置平面是否平行

线 MN 的正面投影平行，故 MN 直线与 ABC 平面平行。

2. 平面与平面平行

① 从初等几何可知：若一平面上的两相交直线对应平行于另一平面上的两相交直线，则两平面平行。如图 2-66（a）所示，P 平面上的两相交直线 AB、BC 对应平行于 Q 平面上的两相交直线 DE、EF，所以 P、Q 两平面平行。图 2-66（b）是其投影图。

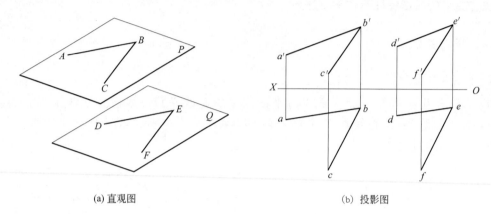

(a) 直观图   (b) 投影图

图 2-66   平面与平面平行

根据上述几何条件和平行投影的性质，我们可以在投影图上判别两平面是否平行，也可以解决两平面平行的投影作图问题。

② 若两特殊位置平面平行，则它们的积聚投影必然平行。

当判别两特殊位置平面是否平行时，只要检查它们的同面积聚投影是否平行即可。如图 2-67（a）所示，两铅垂面的水平投影平行，故两平面平行；如图 2-67（b）所示，两正垂面的正面投影平行，故两平面平行。

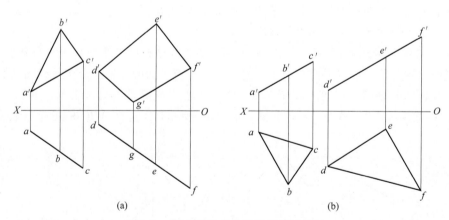

(a)   (b)

图 2-67   判别两特殊位置平面是否平行

二、相交关系

直线与平面只有一个交点，它是直线与平面的共有点。它既属于直线，又属于平面。

两平面相交有一条交线（直线），它是两平面的共有线。欲求出交线，只需求出其上的两点或求出一点及交线的方向即可。

在求交点或交线的投影作图中，根据给出的直线或平面的投影是否有积聚性，其作图方法有以下两种：

① 相交的特殊情况，即直线或平面的投影具有积聚性，我们可利用投影的积聚性直接求出交点或交线；

② 相交的一般情况，即直线或平面的投影均没有积聚性，我们可利用辅助面法求出交点或交线。

直线与平面相交、两平面相交时，假设平面是不透明的，沿投射线方向观察直线或平面，未被遮挡的部分是可见的，用粗实线表示；被遮挡的部分是不可见的，用虚线表示。显然，交点和交线是可见与不可见的分界点和分界线。

判别可见性的方法有两种：直观法和重影点法。

1. 特殊情况相交

当直线或平面的投影有积聚性时，为相交的特殊情况。此时，可利用它们的积聚投影直接确定交点或交线的一个投影，其他投影可以运用平面上取点、取线或在直线上取点的方法确定。

（1）投影面垂直线与一般位置平面相交

例 2-13　求铅垂线 MN 与一般位置平面 ABC 的交点 K，如图 2-68 所示。

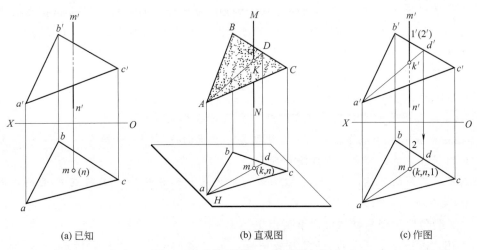

| (a) 已知 | (b) 直观图 | (c) 作图 |

图 2-68　求特殊线与一般面的交点

分析：欲求图 2-68（a）线、面的交点，按图 2-68（b）的分析，因为交点是直线上的点，而铅垂线的水平投影有积聚性，所以交点的水平投影必然与铅垂线的水平投影重合；交点又是平面上的点，因此可利用平面上定点的方法求出交点的正面投影。

作图步骤：

（1）求交点：

① 在铅垂线的水平投影上标出交点的水平投影 k；

② 在平面上过 K 点水平投影 k 作辅助线 ad，并作出它的正面投影 $a'd'$；

③ $a'd'$ 与 $m'n'$ 的交点即是交点的正面投影 k'，如图 2-68（c）所示。

（2）判别直线的可见性：可利用重影点法判别。

因为直线是铅垂线，水平投影积聚为一点，不需判别其可见性，因此只需判别直线正面投影的可见性。直线以交点 K 为分界点，在平面前面的部分可见，在平面后面的部分不可见。见图 2-68（c），我们选取 $m'n'$ 与 $b'c'$ 的重影点 $1'$ 和 $2'$ 来判别。I 点在 MN 上，II 点在 BC 上。从水平投影看 1 点在前可见，2 点在后不可见。即 $k'1'$ 在平面的前面可见画成粗实线，其余部分不可见画成虚线，如图 2-68（c）所示。

（2）一般位置直线与特殊位置平面相交

例 2-14 求一般位置直线 AB 与铅垂面 P 的交点 K，如图 2-69 所示。

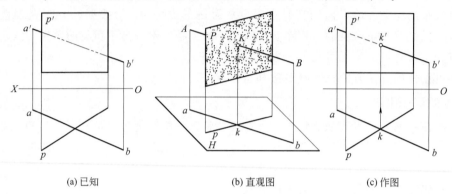

(a) 已知   (b) 直观图   (c) 作图

图 2-69　求一般线与特殊面的交点

分析： 欲求图 2-69（a）线、面的交点，按图 2-69（b）的分析，因为铅垂面的水平投影有积聚性，所以交点的水平投影必然位于铅垂面的积聚投影与直线的水平投影的交点处；交点的正面投影可利用线上定点的方法求出。

作图步骤：

（1）求交点：

① 在直线和平面的水平投影交点处标出交点的水平投影 k；

② 过 k 向上引投影联系线在 $a'b'$ 上找到交点的正面投影 k'，如图 2-69（c）所示。

（2）判别可见性：可利用直观法判别。

判别正面投影的可见性。从水平投影看，以交点 k 为分界点，kb 段在 P 面的前面，故可见；ak 段在 P 面的后面，故不可见，如图 2-69（c）所示。

（3）一般位置平面与特殊位置平面相交

例 2-15 求一般位置平面 ABC 与铅垂面 P 的交线 MN，如图 2-70 所示。

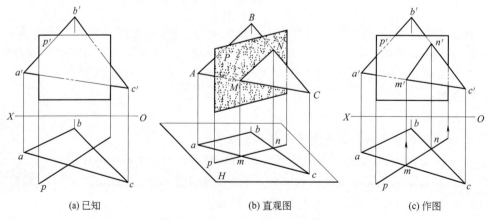

(a) 已知   (b) 直观图   (c) 作图

图 2-70　求一般面与特殊面的交线

分析：正如前面所述，常把求两平面交线的问题看成求两个共有点的问题。所以欲求图 2-70（a）中两平面的交线，按图 2-70（b）分析只要求出交线上任意两点（M 和 N）就可以了。因为铅垂面的水平投影有积聚性，所以交线的水平投影必然位于铅垂面的积聚投影上；交线的正面投影可利用线上定点的方法求出，并连线即可。

作图步骤：

（1）求交线：

① 在平面的积聚投影 p 上标出交线的水平投影 mn；

② 自 m 和 n 分别向上引联系线在 $a'c'$ 和 $b'c'$ 上找到 m' 和 n'；

③ 连接 m' 和 n'，即为交线的正面投影，如图 2-70（c）所示。

（2）判别可见性：可利用直观法判别。

判别正面投影的可见性。从水平投影看，以交线 mn 为分界线，把平面 ABC 分成前后两部分。CMN 在 P 面的前面可见，$ABNM$ 在 P 面的后面不可见，如图 2-70（c）所示。

（4）两特殊位置平面相交

例 2-16　求两铅垂面 P、Q 的交线 MN，如图 2-71 所示。

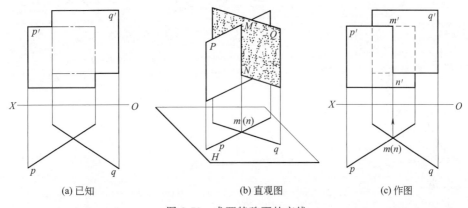

| (a) 已知 | (b) 直观图 | (c) 作图 |

图 2-71　求两特殊面的交线

分析：求图 2-71（a）中两铅垂面的交线，按图 2-71（b）分析两铅垂面的水平投影都有积聚性，它们的交线是铅垂线，其水平投影必然积聚为一点；交线的正面投影为两面共有的部分。

作图步骤：

（1）求交线：

① 在两平面的积聚投影 p、q 相交处标出交线的水平投影 $m(n)$；

② 自 $m(n)$ 向上引联系线在 P 面的上边线及 Q 面的下边线找到 m' 和 n'；

③ 连接 m' 和 n'，即为交线的正面投影，如图 2-71（c）所示。

（2）判别可见性：可利用直观法判别。

判别正面投影的可见性。从水平投影看，以交线 mn 为分界线，左面 P 面在前可见，Q 面在后不可见；交线的右面正好相反，Q 面可见，P 面不可见，如图 2-71（c）所示。

2. 一般情况相交

当给出的直线或平面的投影均没有积聚性，为相交的一般情况，可利用辅助面法求出交点或交线。

（1）一般位置直线与一般位置平面相交

例 2-17 求 *ABC* 平面与 *DE* 直线的交点 *K*，如图 2-72 所示。

分析： 如图 2-72（a）所示，当直线和平面都处于一般位置时，则不能利用积聚性直接求出交点的投影。如图 2-72（b）是用辅助平面法求解交点的空间分析示意图。直线 *DE* 与平面 *ABC* 相交，交点为 *K*，过 *K* 点可在平面 *ABC* 上作无数条直线，而这些直线都可以与直线 *DE* 构成一平面，该平面称为辅助平面。辅助平面与已知平面 *ABC* 的交线 *MN* 与直线 *DE* 的交点 *K* 即为所求。为便于在投影图上求出交线，应使辅助平面 *P* 处于特殊位置，以便利用上述的方法作图求解。

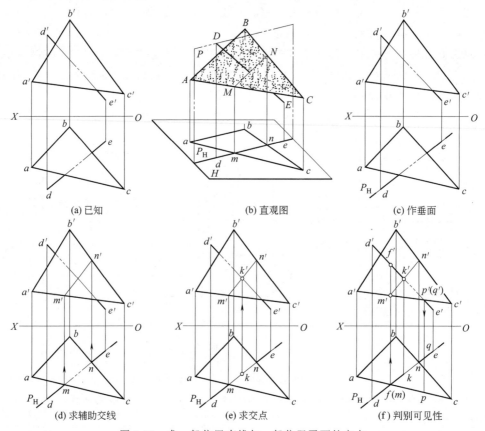

(a) 已知　　　　　　　(b) 直观图　　　　　　　(c) 作垂面

(d) 求辅助交线　　　　(e) 求交点　　　　　　　(f) 判别可见性

图 2-72　求一般位置直线与一般位置平面的交点

作图步骤：

（1）求交点：

① 过直线 *DE* 作一辅助平面 *P*（*P* 面是铅垂面，也可作正垂面），如图 2-72（c）所示；

② 求铅垂面 *P* 与已知平面 *ABC* 的交线 *MN*，如图 2-72（d）所示；

③ 求辅助交线 *MN* 与已知直线 *DE* 的交点 *K*，如图 2-72（e）所示。

（2）判别可见性：利用重影点法判别。

如图 2-72（f）所示，在水平投影上标出交错两直线 *AC* 和 *DE* 上重影点 *F* 和 *M* 的重合投影 *f*(*m*)，过 *f*、*m* 向上作投影联系线求出 *f'* 和 *m'*。从图中可看出 *F* 点高于 *M* 点，说明 *DK* 段高于平面 *ABC*，水平投影 *mk* 可见，画成粗实线，而 *kn* 不可见，画成虚线。同理判别正面重影点 *P*、*Q* 前后关系，*dk* 段可见，*ke* 不可见。

（2）两一般位置平面相交

例2-18　求两一般位置平面 ABC 和 DEF 交线 MN，如图2-73所示。

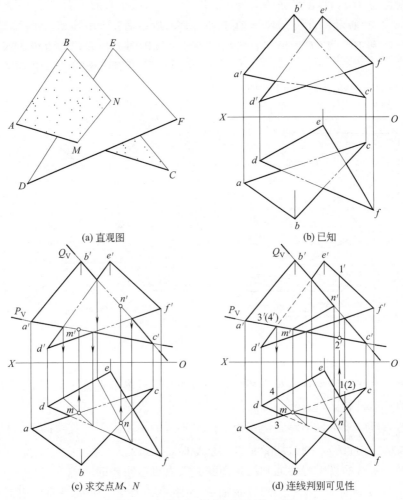

(a) 直观图　　　　　　　　(b) 已知

(c) 求交点 M、N　　　　　(d) 连线判别可见性

图2-73　求两一般位置平面的交线

分析： 如图2-73（a）所示，两平面 ABC 和 DEF 的交线 MN，其端点 M 是 AC 直线与 DEF 平面的交点，另一端点 N 是 BC 直线与 DEF 平面的交点。可见用辅助平面法求出两个交点，再连线即是所求的交线。

作图步骤：

（1）求交线：

① 用辅助平面法求 AC、BC 两直线与 DEF 平面的交点 M、N，如图2-73（c）所示；

② 用直线连接 M 点和 N 点，即为所的交线，如图2-73（d）所示。

（2）判别可见性：利用重影点法判别，具体判别过程同前所述，如图2-73（d）所示。

三、垂直关系

1. 直线与平面垂直

直线与平面垂直的几何条件：直线垂直于平面内的任意两条相交直线，则该直线与该平面垂直。同时，直线与平面垂直，则直线与平面内的任意直线都垂直（相交垂直或交错垂直）。

与平面垂直的直线，称该平面的垂线；反过来，与直线垂直的平面，称该直线的垂面。

如图 2-74（a）所示，直线 MN 垂直于平面 P，则必垂直于平面 P 上的所有直线，其中包括水平线 AB 和正平线 CD。根据直角投影特性，投影图上必表现为直线 MN 的水平投影垂直于水平线 AB 的水平投影（$mn \perp ab$），直线 MN 的正面投影垂直于正平线 CD 的正面投影（$m'n' \perp c'd'$），如图 2-74（b）所示。

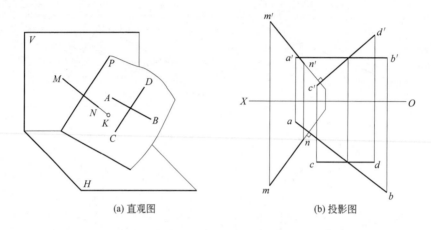

(a) 直观图   (b) 投影图

图 2-74 直线与平面垂直

由此得出直线与平面垂直的投影特性：垂线的水平投影必垂直于平面上的水平线的水平投影，垂线的正面投影必垂直于平面上的正平线的正面投影。

反之，若直线的水平投影垂直于平面上的水平线的水平投影，直线的正面投影垂直于平面上的正平线的正面投影，则直线必垂直于该平面。

直线与平面垂直的投影特性通常用来图解有关垂直或距离的问题。

如图 2-75（a）所示，求 N 点到铅垂面 P 的距离。因与铅垂面垂直的直线一定是水平线，而且水平线的水平投影应与铅垂面的积聚投影垂直，水平线的水平投影 ns 反映距离的实长。

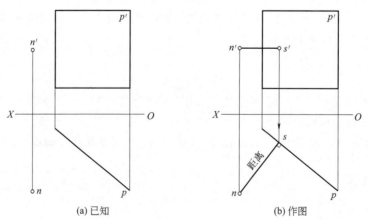

(a) 已知   (b) 作图

图 2-75 求点到特殊面的距离

2. 两平面垂直

平面与平面垂直的几何条件：若直线垂直于平面，则包含这条直线的所有平面都垂直于该平面。反之，若两平面互相垂直，则由第一平面上的任意一点向第二平面所作的垂线一定属于第一个平面。

如图 2-76（a）所示，AB 直线垂直于 P 平面，则包含 AB 直线的 Q、R 两平面都垂直于 P 平面。那么过 C 点所作的 P 平面的垂线一定属于 R 平面。如图 2-76（b）所示，由 I 平面上的 C 点向 II 平面作垂线 CD，由于 CD 直线不属于 I 平面，则两平面不垂直。

据此，可处理有关两平面互相垂直的投影作图问题。

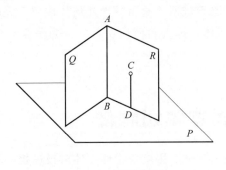 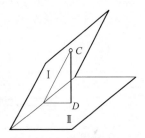

(a) 两平面垂直   (b) 两平面不垂直

图 2-76　两平面关系示意图

第三章

立体及表面的交线

　　建筑物及其构配件，不论形状多么复杂，都可以看作是由基本几何体按照不同的方式组合而成的。基本几何体为表面规则而单一的形体，按其表面性质，可分为平面立体和曲面立体。

第一节　平面立体切割体

　　平面立体是指立体表面由多个平面所围成的立体。因此，平面立体的投影也就是平面立体各表面投影的集合。其投影是由直线段组成的封闭图形。平面立体的形状多种多样，最常见的有棱锥和棱柱。平面立体的各表面都是平面图形，面与面的交线是棱线。棱线与棱线的交点为顶点。在投影图上表示平面立体就是把组成平面立体的平面和棱线表示出来，并判断可见性，可见的平面或棱线的投影（称为轮廓线）画成粗实线，不可见的轮廓线画成虚线。平面立体切割体就是用平面截切基本平面立体而成。

一、棱锥

1. 棱锥的投影

　　棱锥由一个多边形的底面和侧棱线交于锥顶的平面组成。棱锥的侧棱面均为三角形平面，棱锥有几条侧棱线就称为几棱锥。以正三棱锥为例，如图 3-1（a）所示为一正三棱锥，它的表面由一个底面（正三角形）和三个侧棱面（等腰三角形）围成，设将其放置成底面与水平投影面平行，并有一个棱面垂直于侧投影面。把正三棱锥向三个投影面作正投影，得图 3-1（b）所示的三棱锥的三面投影图。

　　由于锥底面 $\triangle ABC$ 为水平面，所以它的水平投影反映实形，正面投影和侧面投影分别积聚为直线段 $a'b'c'$ 和 $a''(c'')b''$。棱面 $\triangle SAC$ 为侧垂面，它的侧面投影积聚为一段斜线 $s''a''(c'')$，正面投影和水平投影为类似形 $\triangle s'a'c'$ 和 $\triangle sac$，前者为不可见，后者可见。棱面 $\triangle SAB$ 和 $\triangle SBC$ 均为一般位置平面，它们的三面投影均为类似形。

　　棱线 SB 为侧平线，棱线 SA、SC 为一般位置直线，棱线 AC 为侧垂线，棱线 AB、BC 为水平线。

　　正棱锥的投影特征：当棱锥的底面平行某一个投影面时，则棱锥在该投影面上投影的外轮廓为与其底面全等的正多边形，而另外两个投影则由若干个相邻的三角形线框所组成。

　　构成三棱锥的各几何要素（点、线、面）应符合投影规律，三面投影图之间应符合"三等关系"。

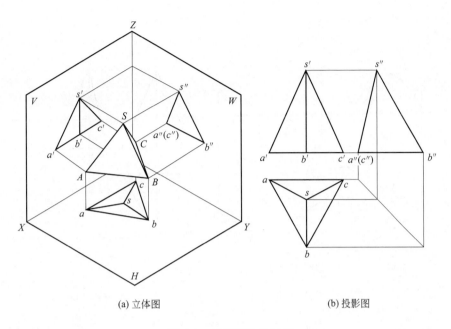

(a) 立体图　　　　　　　　(b) 投影图

图 3-1　正三棱锥的投影

2. 棱锥表面上点的投影

首先确定点位于棱锥的哪个平面上，再分析该平面的投影特性。

若该平面为特殊位置平面，可利用投影的积聚性直接求得点的投影；若该平面为一般位置平面，可通过辅助线法求得。

方法：①利用点所在的面的积聚性法；②辅助线法。

例 3-1　如图 3-2（b）所示，已知正三棱锥表面上点 M 的正面投影 m' 和点 N 的水平投影 n ，求作 M、N 两点的其余投影。

分析：因为 m' 可见，因此点 M 必定在△SAB 上。△SAB 是一般位置平面，采用辅助线法，图 3-2（a）中过点 M 及锥顶点 S 作一条直线 SK，与底边 AB 交于点 K。即过 m' 作 $s'k'$，再作出其水平投影 sk。由于点 M 属于直线 SK，根据点在直线上的从属性可知 m 必在 sk 上，求出水平投影 m，再根据 m、m' 可求出 m''。

因为点 N 不可见，故点 N 必定在棱面△SAC 上。棱面△SAC 为侧垂面，它的侧面投影积聚为直线段 $s''a''(c'')$，因此 n'' 必在 $s''a''(c'')$ 上，由 n、n'' 即可求出 n'。

作图步骤：

① 过 n' 向侧面作投影连线与△SAC 的侧面投影相交的 n''，由 n' 和 n'' 求得 n。

② 过点 M 作辅助线 SK，即连线 $s'm'$ 交于底边 $a'b'$ 于 k'，然后求出 sk，由 m' 作投影线交 sk 于 m，再根据 m' 和 m 可求出 m''。

③ 判断可见性：△SAB 棱面的三投影都可见，因此 M 的三投影也都可见。△SAC 棱面的水平投影可见，侧面投影积聚，因此 n 和 n'' 均可见。

如图 3-2（c）所示，在△SAB 上，也可过 m' 作 $m'd' /\!/ a'b'$，交左棱 $s'a'$ 于 d'，过 d' 向 H 面引投影连线交 sa 于 d，过 d 作 ab 的平行线与过 m' 向 H 面引投影连线交于 m，再用"二补三"作图，求 m''。

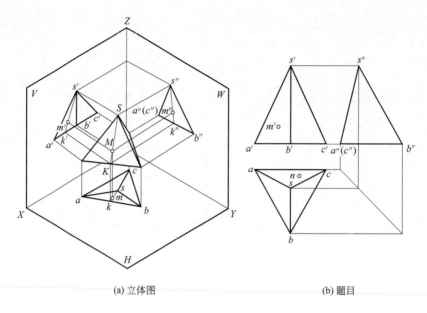

(a) 立体图　　　　　　　　　　　　　　(b) 题目

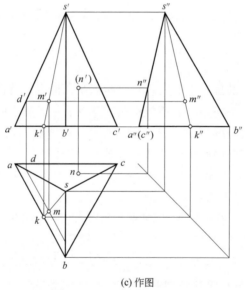

(c) 作图

图 3-2　正三棱锥表面上的点

3. 棱锥表面上线的投影

以三棱锥的表面取线为例，四棱锥、六棱锥等类推。

例 3-2　如图 3-3（a）所示，已知正三棱锥表面上线 DEF 的正面投影 $d'e'f'$，求作 DEF 的其余投影。

分析： 因为 d' 可见，因此点 D 必定在△SAB 上。△SAB 是一般位置平面，采用辅助线法，即过点 D 及锥顶点 S 作一条直线 SK，与底边 AB 交于点 K。如图 3-3（b）所示，过 d' 作 $s'k'$，再作出其水平投影 sk。由于点 D 属于直线 SK，根据点在直线上的从属性质可知 d 必在 sk 上，求出水平投影 d，再根据 d、d' 可求出 d''。F 点求法同。

因为点 E 定在前棱 SB 上，故 e'' 必在 $s''b''$ 上，由 e'、e'' 即可求出 e。

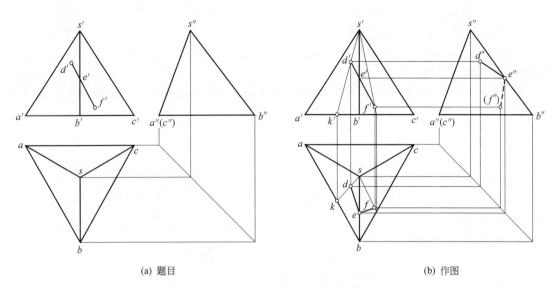

(a) 题目   (b) 作图

图 3-3 正三棱锥表面上的线

连线 DE、EF。EF 在右棱面△SBC 上，侧面投影不可见，故 EF 侧面投影 $e''f''$ 连虚线。

4. 棱锥切割体的投影

（1）截交线的概念

平面与立体表面相交，可以认为是立体被平面截切，此平面通常称为截平面，截平面与立体表面的交线称为截交线。图 3-4 为平面与立体表面相交示例。

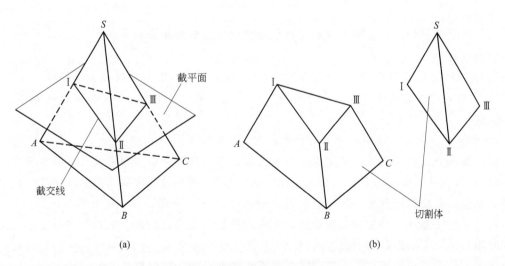

(a)   (b)

图 3-4 平面与立体表面相交

（2）截交线的性质

① 截交线一定是一个封闭的平面图形。

② 截交线既在截平面上，又在立体表面上，截交线是截平面和立体表面的共有线。截交线上的点都是截平面与立体表面上的共有点。

　　因为截交线是截平面与立体表面的共有线，所以求作截交线的实质，就是求出截平面与立体表面的共有点。截交线的可见性，决定于各段交线所在表面的可见性，只有表面可见，交线才可见，画成实线；表面不可见，交线也不可见，画成虚线。表面积聚成直线，其交线的投影不用判别可见性。

　　例 3-3　如图 3-5（a）所示，求作正垂面 P 斜切正三棱锥的截交线。

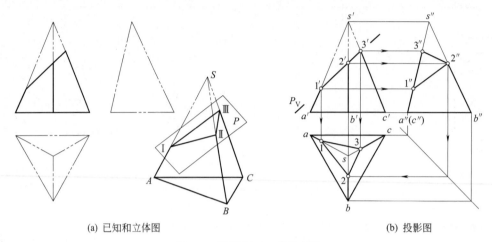

（a）已知和立体图　　　　　　　　　　（b）投影图

图 3-5　平面与正三棱锥相交

　　分析：截平面 P 与正三棱锥的三条棱线相交，可判定截交线是三角形，其三个顶点分别是三条棱线与截平面的交点。截交线的正面投影积聚在截平面的正面投影 P_V 上。因此，只要求出截交线的三个顶点的水平投影和侧面投影，然后依次连接顶点的同面投影，即得截交线的投影。

　　作图步骤：

　　（1）补形：根据主、俯视图用细实线作出完整三棱锥的侧面投影。

　　（2）求解：

　　① 在三棱锥的正面投影切口处，标出切口的各交点，如图 3-5（b）主视图所示。

　　② 利用点的投影规律，求出截平面与三棱锥交点的水平投影 1、3 和侧面投影 1″、2″、3″，如图 3-5（b）所示。

　　③ 根据"二补三"求出交点 Ⅱ 的水平投影 2，如图 3-5（b）所示。

　　（3）连线并判断可见性：依次连接水平投影和侧面投影中各点即得截交线的水平投影和侧面投影（123 和 1″2″3″ 为与空间形状类似的三边形），连接过程中注意判断可见性，截交线水平投影和侧面投影均可见，故连成实线，如图 3-5（b）俯视图和左视图所示。

　　（4）整理轮廓线：补全其他轮廓线，完成三棱锥的投影，如图 3-5（b）所示。

　　当用两个以上平面截切平面立体时，在立体上会出现切口、凹槽或穿孔等。作图时，只要作出各个截平面与平面立体的截交线，并画出各截平面之间的交线，就可作出这些平面立体的投影。

　　例 3-4　如图 3-6（a）所示，一带切口的正四棱锥，已知它的正面投影，求其另两面投影。

　　分析：该正四棱锥的切口是由两个相交的截平面切割而形成。两个截平面一个是水平面 Q，一个是正垂面 P，它们都垂直于正面投影，因此切口的正面投影具有积聚性。水平截面与四棱锥的底面平行，是三角形。正垂截面是五边形。

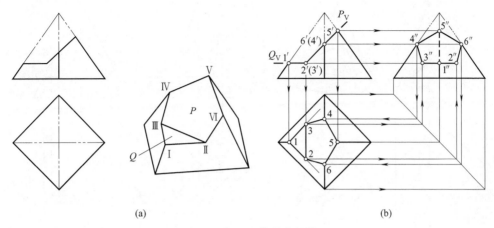

(a)　　　　　　　　　　　　　　　　　　(b)

图 3-6　切口四棱锥的投影

作图步骤：

（1）补形：根据主、俯视图用细实线作出完整四棱锥的侧面投影。

（2）求解：

① 在四棱锥的正面投影切口处，标出切口的各交点，如图 3-6（b）主视图所示。

② 求截平面 Q 与四棱锥各交点：过 $1'$ 向下、向右作投影连线得水平投影 1 和侧面投影 $1''$，因为Ⅰ Ⅱ和Ⅰ Ⅲ分别与底边平行，利用平行特性和长对正，可以求出水平投影 2、3，利用"二补三"作图，再求出侧面投影 $2''$、$3''$，如图 3-6（b）所示。

③ 求截平面 P 与四棱锥交点：利用点的投影规律求截平面 P 与四棱锥交点的水平投影 5 和侧面投影 $4''$、$5''$、$6''$，根据"二补三"求出交点Ⅳ和Ⅵ的水平投影 4 和 6，如图 3-6（b）所示。

（3）连线并判断可见性：截交线水平投影和侧面投影均可见，故连成实线。

（4）整理轮廓线：四棱锥右侧棱线侧面投影不可见，画成虚线，如图 3-6（b）所示。

例 3-5　如图 3-7（a）所示，完成五棱锥被平面 P、Q 截切后的水平投影和侧面投影。

分析： 截平面 P 与五棱锥四个棱面相交，故其截交线为空间五边形。截平面 Q 与五棱锥底面平行，与其四个棱面相交，截交线为空间五边形。

作图步骤：

（1）补形：用细实线作出五棱锥的侧面投影。

（2）求解：

① 在正面投影上，标出各点的正面投影，如图 3-7（b）主视图所示。

② 求截平面 Q 与五棱锥各交点：过棱线上 $1'$ 作投影线得水平投影 1，利用两直线平行投影特性，作出四条交线的水平投影 15、54、12、23，其侧面投影落在截平面 Q 的侧面积聚性投影上，其中 $2''$、$3''$，$4''$、$5''$ 为侧面重影点，左边 $2''$、$5''$ 为可见，如图 3-7（b）左视图所示。

③ 求截平面 P 与五棱锥交点：利用点的投影规律求截平面 P 与五棱锥交点的水平投影 8 和侧面投影 $8''$、$7''$、$6''$，根据"二补三"求出交点Ⅵ和Ⅶ的水平投影 6 和 7，如图 3-7（b）所示。

（3）连线并判断可见性：截交线水平投影和侧面投影均可见，故连成实线。截平面之间的交线水平投影 34 不可见画虚线，侧面投影与水平面积聚画实线。

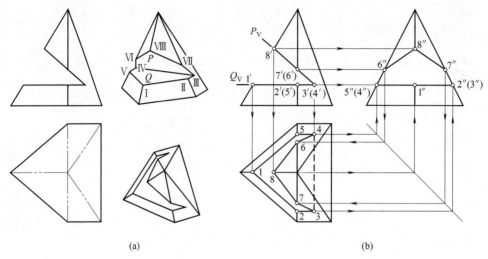

图 3-7　切口五棱锥的投影

（4）整理轮廓线：分析棱线被截切情况，截切掉的棱线擦除，可见棱线（或底边）用粗实线加深，如图 3-7（b）所示。

例 3-6　如图 3-8（a）所示，求三棱锥被穿三棱柱形通孔后的水平投影和侧面投影。

分析：从正面投影可以看出，三棱锥上的通孔是被两个正垂面和一个水平面所截切而成。水平面与三棱锥截交线的水平投影为五边形实形，正面投影和侧面投影积聚为一条直线段；正垂面与三棱锥截交线的侧面投影和水平投影均为与空间形状类似的四边形。

作图步骤：

（1）补形：根据主、俯视图用细实线作出完整三棱锥的侧面投影，如图 3-8（b）所示。

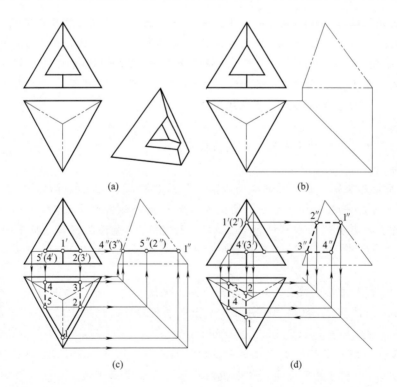

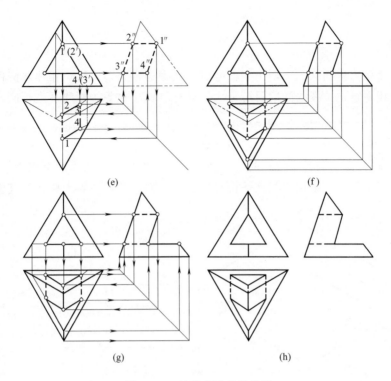

(e)   (f)

(g)   (h)

图 3-8 三棱锥穿孔体的投影

（2）求解：

① 求水平面截切三棱锥的水平投影和侧面投影，如图 3-8（c）所示。

② 求左边正垂面截切三棱锥的水平投影和侧面投影，如图 3-8（d）所示。

③ 求右边正垂面截切三棱锥的水平投影和侧面投影，如图 3-8（f）所示。

（3）连线并判断可见性：如图 3-8（g）左视图所示。

（4）整理轮廓线：补全其他轮廓线，完成作图，如图 3-8（g）和（h）所示。

由前可看出，连线时应遵循如下原则：

① 一个平面完全截断立体时，属于立体同一棱面上的点才能相连；

② 当几个平面截切立体时，属于立体同一棱面，又属于同一截平面的两点，方能相连，但截平面与截平面间的交线除外。

如图 3-9 所示为棱锥在建筑及建筑结构中的应用。

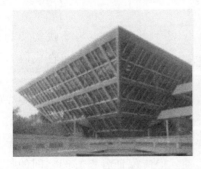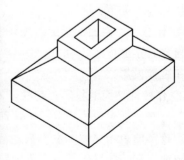

图 3-9 棱锥在建筑及建筑结构中的应用

二、棱柱

棱柱的表面是由棱面和上下两个底面组成。底面通常为多边形，相邻两棱面的交线为棱线，且棱线互相平行。按棱线的数目可分为三棱柱、四棱柱等。棱线垂直于底面的棱柱称为直棱柱，棱线倾斜于底面的棱柱称为斜棱柱。

1. 棱柱的投影

如图 3-10（a）所示为直三棱柱的直观图。三棱柱的左右底面为两个互相平行的三角形，其三个棱面均为矩形，三条棱线相互平行且垂直于底面，其长度等于棱柱的高度。

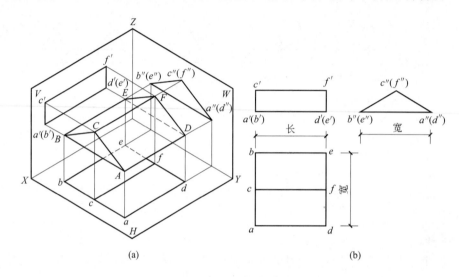

图 3-10   直三棱柱的投影

在直三棱柱的三面投影中，如图 3-10（b）所示，直三棱柱的左、右底面 $\triangle ABC$ 和 $\triangle DEF$ 均为侧平面，其侧面投影 $\triangle a''b''c''$ 和 $\triangle d''e''f''$ 重影，且反映底面的实形，其正面投影及水平投影均积聚成竖直方向的直线段。三个棱面的侧面投影具有积聚性，其中棱面 $ACFD$ 和 $BCFE$ 为侧垂面，其正面投影 $a'c'f'd'$、$b'c'f'e'$ 和水平投影 $acfd$、$bcfe$ 均为类似形；棱面 $ABED$ 为水平面，其正面投影 $a'b'e'd'$ 积聚为一水平直线段，而水平投影 $abed$ 反映实形。三条棱线 AD、BE、CF 均为侧垂线，其侧面投影落在三角形的三个顶点上，正面投影 $a'd'$、$b'e'$、$c'f'$ 和水平投影 ad、be、cf 均为棱柱高度的直线段。

作图步骤如下：

① 作左、右底面的投影。先作侧面投影 $\triangle a''b''c''$ 和 $\triangle(d'')(e'')(f'')$，为反映实形的三角形。再作其正面投影 $a'(b')c'$、$d'(e')f'$ 和水平投影 abc、def，均为竖直方向直线段（三角形的积聚性投影）。

② 作棱柱棱面的投影。将左、右底面上对应顶点的同面投影连线，即为三条棱线的投影，其与底面上对应边构成三个棱面的投影。

用投影图表示立体，主要表达立体的形状和大小，而对立体与投影面的距离则无关紧要。因此，在绘制立体的三面投影图时，通常省略投影轴。但应保证各投影图之间的投影关系，即"长对正，高平齐，宽相等"的三等原则。

2. 棱柱面上点的投影

由于棱柱体的面均为平面，所以在棱柱体面上取点的方法与平面上取点的方法相同。立体表面上点的可见性取决于点所在面的投影的可见性，判别可见性的原则为：若点所在的面的投影可见（或积聚为一条可见的实线），则点的投影亦可见。

例 3-7　如图 3-11（a）所示，已知直三棱柱面上点 M 的水平投影 m，求作其正面投影 m' 和侧面投影 m''。

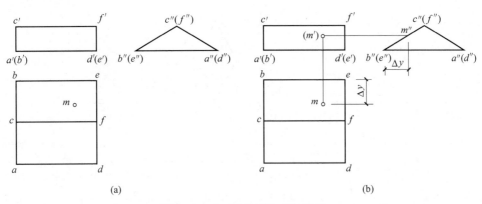

图 3-11　直三棱柱面上点的投影

分析： 如图 3-11（b）所示，由于点 M 的水平投影可见，说明点 M 位于直三棱柱的侧垂面 $BEFC$ 上。可运用平面上定点的方法，在棱面 $BEFC$ 上作出点的 m' 和 m''。

作图步骤：

① 确定点所在的立体表面。由于点 M 的水平投影可见，故点 M 位于棱面 $BEFC$ 上；

② 利用 $\triangle y$ 和棱面 $BEFC$ 的侧面投影的积聚性，作侧面投影 m''；

③ 依据点 M 的水平投影 m 和侧面投影 m''，利用点的投影规律，作正面投影 m'；

④ 可见性判别。由于点 M 位于棱面 $BEFC$ 上，其正面投影 m' 不可见，因此，应标记为（m'），如图 3-11（b）所示。

3. 棱柱面上线的投影

平面立体表面上取线实际还是在平面上取点。不同的是平面立体表面上的线存在着可见性问题。可见面上的线可见，用粗实线表示，不可见面上的线不可见，用虚线表示。

正棱柱表面取点取线一般的方法就是利用棱面的积聚性。

首先应确定点位于立体的哪个平面上，并分析该平面的投影特性，然后再根据点的投影规律求各点的投影，最后将各点的投影连线。

例 3-8　如图 3-12（a）所示，已知六棱柱表面上线 $ABCD$ 的正面投影，求作它的其他两面投影。

分析： 首先将 A、B、C、D 四个点的水平投影和侧面投影求出，然后将各点连线。连线时需判断可见性，即面可见，面上的线可见，反之亦然。作图步骤见图 3-12（b）所示。

4. 棱柱切割体的投影

例 3-9　如图 3-13（a）所示，求作正垂面 P 与正五棱柱的截交线。

分析： 由于截平面 P 与五棱柱的五个侧棱相交，所以截交线是五边形，五边形的五个顶点即是五棱柱的五条棱线与截平面的交点。截交线的正面投影积聚在 P_V 面上，五棱柱五

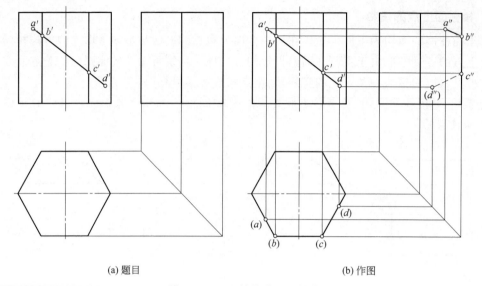

(a) 题目　　　　　　　　　　(b) 作图

图 3-12　正六棱柱表面上的线

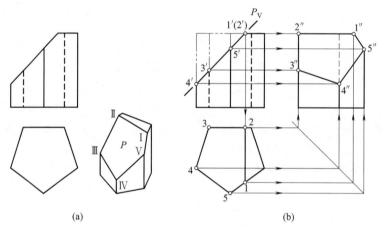

(a)　　　　　　　　　　(b)

图 3-13　平面与正五棱柱相交

个棱面的水平投影有积聚性，故截交线的水平投影与五棱柱的水平投影重合，侧面投影只须求出五边形的五个顶点即可。

作图步骤：

（1）补形：根据主、俯视图用细实线作出完整五棱柱的侧面投影。

（2）求解：

① 在五棱柱的正面投影切口处，标出切口的各交点，如图 3-13（b）主视图所示。

② 根据正棱柱表面的积聚性，找出各交点的水平投影，如图 3-13（b）俯视图所示。

③ 利用点的投影规律，可直接求出截平面与棱线交点的侧面投影即 $1''$、$2''$、$3''$、$4''$、$5''$，如图 3-13（b）左视图所示。

（3）连线并判断可见性：依次连接五点即得截交线的侧面投影，截交线侧面投影均可见，故连成实线，如图 3-13（b）左视图所示。

（4）整理轮廓线：五棱柱的右侧棱线侧面投影不可见，应画成虚线，虚线与实线重合部分画实线。各棱线按投影关系补画到相应各点，完成五棱柱的侧面投影，如图 3-13（b）所示。

例 3-10　如图 3-14（a）所示，求作切口六棱柱的侧面投影和水平投影。

分析：从正面投影可以看出，六棱柱上的切口是被一个正垂面 P、一个侧平面 Q 和一个水平面 R 所截切，将六棱柱中间切去一部分。水平面 R 与六棱柱截交线的水平投影为六边形实形，正面投影和侧面投影积聚为一条直线段；侧平面 Q 与六棱柱截交线的侧面投影为矩形实形，水平投影和正面投影积聚成一条直线段；正垂面 P 与六棱柱截交线的侧面投影和水平投影均为与空间形状类似的六边形。

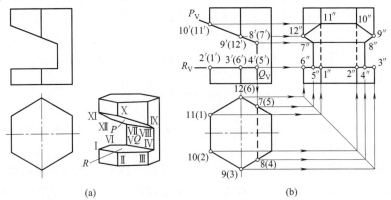

图 3-14　切口六棱柱的投影

作图步骤：

（1）补形：根据主、俯视图用细实线作出完整六棱柱的侧面投影。

（2）求解：

① 在六棱柱的正面投影切口处，标出切口的各交点，如图 3-14（b）主视图所示。

② 根据棱柱表面的积聚性，找出各交点的水平投影，注意不可见的线画成虚线，如图 3-14（b）俯视图所示。

③ 根据交点的水平投影和侧面投影，利用点的投影规律，作出各交点的侧面投影，如图 3-14（b）左视图所示。

（3）连线并判断可见性：依次连接侧面投影中各点即得截交线的侧面投影（其中 $4''5''7''8''$ 是矩形的实形，$7''8''9''10''11''12''$ 为与空间形状类似的六边形），连接过程中注意判断可见性，截交线侧面投影可见，故连成实线，如图 3-14（b）左视图所示。

（4）整理轮廓线：补全其他轮廓线，完成六棱柱切口体的投影，六棱柱的右侧棱线侧面投影不可见，应画成虚线，虚线与实线重合部分画实线，如图 3-14（b）所示。

例 3-11　如图 3-15（a）所示，求作四棱柱被穿三棱柱形通孔后的侧面投影和水平投影。

分析：从正面投影可以看出，四棱柱上的通孔是被两个正垂面和一个水平面所截切而成。水平面与四棱柱截交线的水平投影为六边形实形，正面投影和侧面投影积聚为一条直线段；正垂面与六棱柱截交线的侧面投影和水平投影均为与空间形状类似的四边形。

作图步骤：

（1）补形：根据主、俯视图用细实线作出完整四棱柱的侧面投影。

（2）求解：

① 在四棱柱的正面投影切口处，标出切口的各交点，如图 3-15（b）主视图所示。

② 根据棱柱表面的积聚性，找出各交点的水平投影，注意不可见的线画成虚线，如图 3-15（b）俯视图所示。

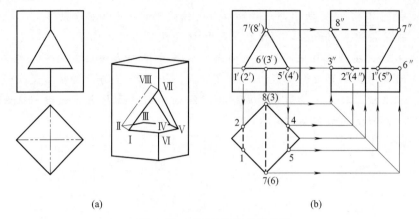

(a)   (b)

图 3-15   四棱柱穿孔体的投影

③ 根据交点的水平投影和侧面投影，利用点的投影规律，作出各交点的侧面投影，如图 3-15（b）左视图所示。

（3）连线并判断可见性：依次连接侧面投影中各点即得截交线的侧面投影（其中 $7''8''1''2''$ 和 $7''8''4''5''$ 为与空间形状类似的对称四边形），连接过程中注意判断可见性，截交线侧面投影不可见，故连成虚线，如图 3-15（b）左视图所示。

（4）整理轮廓线：补全其他轮廓线，完成四棱柱穿孔体的投影，四棱柱的左侧棱线侧面投影可见，应画成实线，右侧棱线侧面投影不可见，应画成虚线，虚线与实线重合画实线，如图 3-15（b）所示。

棱柱在建筑及建筑结构中的应用如图 3-16 所示。

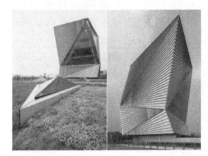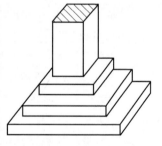

图 3-16   棱柱在建筑及建筑结构中的应用

第二节   曲面立体切割体

土木工程中的壳体、屋盖、隧道的拱顶以及常见的设备管道等大都是曲面立体。在工程实践中，曲面可看作由一动线在空间连续运动所经过位置的总和。

一、曲面的形成和分类

1. 形成

形成曲面的动线叫作曲面的母线，曲面在形成过程中，母线运动的限制条件称为运动的约束条件。约束条件可以是直线或曲线（称为导线），也可以是平面（称为导平面），母线在平面上任一位置时，称为素线。因此曲面也可以看作是素线的集合。

如图 3-17 （a）所示，直母线沿着曲导线运动，并始终平行于空间一条直导线，形成了柱面；如图 3-17 （b）所示，直母线沿着曲导线运动，并始终通过定点 S，形成了锥面；如图 3-17 （c）所示，直母线绕旋转轴旋转一周形成了圆柱面；如图 3-17 （d）所示，曲母线绕旋转轴旋转一周形成了花瓶状曲面。如图 3-17 （d）所示：由曲线旋转生成的旋转面，母线称为旋转面上的经线或子午线；母线上任一点的运动轨迹为圆，称为纬线或纬圆；纬圆所在的平面一定垂直于旋转轴。旋转面上较两侧相邻纬圆都小的纬圆称为喉圆，较两侧相邻纬圆都大的纬圆称为赤道圆，简称赤道。

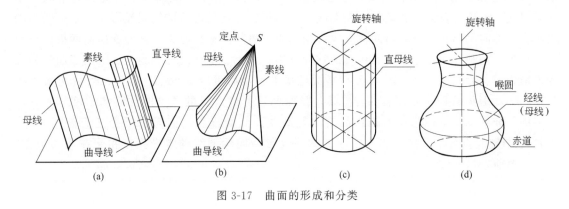

图 3-17　曲面的形成和分类

2. 分类

① 据运动方式不同曲面可分为回转面和非回转面。回转面是由母线绕轴（中心轴）旋转而形成（如圆柱面、圆锥面、球面等）；非回转面是母线根据其他约束条件（如沿曲线移动等）而形成（如双曲抛物面、平螺旋面等）。

② 根据母线形状不同曲面可分为直线面和曲线面。凡由直母线运动而形成的曲面是直线面（如圆柱面、圆锥面等）；由曲母线运动而形成的曲面是曲线面（如球面、圆环面等）。

③ 根据母线运动规律不同曲面可分为规则曲面和不规则曲面。母线有规律地运动形成规则曲面；不规则运动形成不规则曲面。

3. 曲面的表示法

曲面的表示与平面相似，只要画出形成曲面几何元素的投影，如：母线、定点、导线、导平面等的投影，曲面就确定了。为了表示得更清楚，曲面还要绘出曲面的边界线和曲面外形轮廓线（轮廓线可能是边界线的投影），有时还需要画出一系列素线的投影。

工程中常见的曲面立体是回转体，如圆柱、圆锥、球和环等。回转体是指完全由回转曲面或回转曲面和平面所围成的立体。在投影图上表示回转体就是把围成立体的回转或平面与回转面表示出来。画曲面体的投影时，轴线用点划线画出，圆的中心线用相互垂直的点划线画出，其交点为圆心。所画点划线应超出圆轮廓线 3～5mm。

曲面立体切割体就是用平面截切基本曲面立体而成。

二、圆柱体

圆柱表面由圆柱面和两个底面所围成。圆柱面可看成是由一条直母线 AA_1 绕与其平行

的轴线 OO_1 旋转一周所形成的。圆柱面上任意一条平行于轴线的直线，称为圆柱面的素线。

1. 圆柱的投影

画图时，一般常使它的轴线垂直于某个投影面。如图 3-18（a）所示，直立圆柱的轴线垂直于水平投影面，圆柱面上所有素线都是铅垂线，因此圆柱面的水平投影积聚成为一个圆。圆柱上、下两个底面的水平投影反映实形并与该圆重合。两条相互垂直的点划线，表示确定圆心的对称中心线。图中的点划线表示圆柱轴线的投影。圆柱面的正面投影是一个矩形，是圆柱面前半部与后半部的重合投影，其上、下两边分别为上、下两底面的积聚性投影，左、右两边 $a'a_1'$、$b'b_1'$ 分别是圆柱最左、最右素线的投影。最左、最右两条素线 AA_1、BB_1 是圆柱面由前向后的转向线，是正面投影中可见的前半圆柱面和不可见的后半圆柱面的分界线，也称为正面投影的转向轮廓线。正面投影转向轮廓线的侧面投影 $a''a_1''$、$b''b_1''$ 与轴线重合，不需画出；同理，可对侧面投影中的矩形进行类似的分析。圆柱面的侧面投影也是一个矩形，是圆柱面左半部与右半部的重合投影，其上、下两边分别为上、下两底面的积聚性投影，前、后两边 $c''c_1''$、$d''d_1''$ 分别是圆柱最前、最后素线的投影。最前、最后两条素线 CC_1、DD_1 是圆柱面由左向右的转向线，是侧面投影中可见的左半圆柱面和不可见的右半圆柱面的分界线，也称为侧面投影的转向轮廓线。侧面投影转向轮廓线的正面投影 $c'c_1'$、$d'd_1'$ 也与轴线重合，不需画出。正面和侧面投影转向轮廓线的水平投影积聚在圆周最左、最右、最前、最后四个点上。

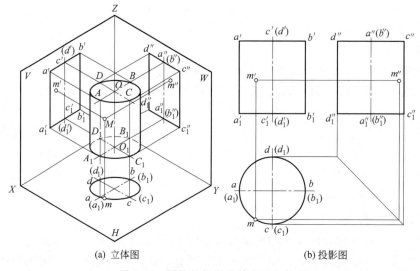

(a) 立体图　　　　　　　　　(b) 投影图

图 3-18　圆柱的投影及其表面上的点

圆柱的投影特征：当圆柱的轴线垂直某一个投影面时，必有一个投影为圆形，另外两个投影为全等的矩形。

2. 圆柱面上点的投影

在圆柱面上取点时，可采用辅助直线法（简称素线法）。当圆柱轴线垂直于某一投影面时，圆柱面在该投影面上的投影积聚成圆，可直接利用这一特性在圆柱面上取点、取线。

例 3-12　如图 3-18（b）所示，已知圆柱面上点 M 的正面投影 m'，求作点 M 的其余两个投影。

分析作图：因为圆柱面的水平投影具有积聚性，圆柱面上点的水平投影一定重影在圆周上。又因为 m' 可见，所以点 M 必在前半圆柱面的水平投影上，由 m' 求得 m，再由 m' 和 m 求得 m''。

3. 圆柱面上线的投影

方法：利用点所在的面的积聚性法。（因为圆柱的圆柱面和两底面均至少有一个投影具有积聚性。）

例 3-13 如图 3-19（a）所示，已知圆柱面上折线段的正面投影；完成折线段的水平投影和侧面投影。

分析： 在曲面立体表面上，投影为一直线段，其空间通常为平面曲线，在特殊情况下可以为直线段。在本例中，由于线段 ABC 的正面投影 $a'b'c'$ 与圆柱轴线垂直，故 ABC 线段为圆弧；而线段 CD 的正面投影 $c'd'$ 平行于圆柱轴线，故 CD 线段为直线段；线段 DEG 的正面投影 $d'e'g'$ 与圆柱轴线倾斜，故 DEG 线段为平面曲线。

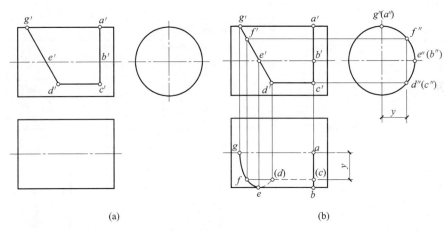

(a)   (b)

图 3-19 圆柱面上的线

作图步骤：

① 作圆弧 ABC 的投影。由于圆柱面的侧面投影具有积聚性，故圆弧 ABC 的侧面投影反映圆弧实形 $a''b''c''$，且落在圆柱面的积聚性投影圆周上；其水平投影为直线段 abc，其中 AB 位于上半圆柱面上，水平投影 ab 可见画实线，BC 位于下半圆柱面上，水平投影 bc 不可见，与 ab 重合，如图 3-19（b）所示。

② 作直线段 CD 的投影。直线段 CD 为侧垂线，其侧面投影积聚为一点 $d''(c'')$，且落在圆柱面积聚性投影圆周上；其水平投影 cd 平行于圆柱轴线，到圆柱轴线的距离 y 等于其侧面投影 $d''(c'')$ 到中心线的距离，如图 3-19（b）所示。由于 CD 位于下半圆柱面上，因此水平投影 cd 不可见，画虚线。

③ 作平面曲线 DEG 的投影。平面曲线的侧面投影 $d''e''g''$ 落在圆柱面积聚性投影圆周上，其水平投影为曲线的类似形。在平面曲线上取一系列点 D、E、F、G（其中 F 点为插入的一般点），作出这些点的水平投影 d、e、f、g，然后用光滑曲线连接各点的水平投影，其中曲线 efg 位于上半圆柱面上，用实线连接，曲线 de 位于下半圆柱面上，用虚线连接，如图 3-19（b）所示。

4. 圆柱切割体的投影

平面与曲面立体相交产生的截交线一般是封闭的平面曲线，也可能是由曲线与直线围成的平面图形，其形状取决于截平面与曲面立体的相对位置。

截交线是截平面和曲面立体表面的共有线，截交线上的点也都是它们的共有点。因此，在求截交线的投影时，先在截平面有积聚性的投影上确定截交线的一个投影，并在这个投影上取一系列点；然后把这些点看成曲面立体表面上的点，用曲面立体表面定点的方法，求出它们的另外两个投影；最后，把这些点的同面投影光滑连接，并判断投影的可见性。

为准确求出曲面立体截交线的投影，通常要作出能确定截交线形状和范围的特殊点，即极限点（最高点、最低点、最前点、最后点、最左点、最右点）、投影轮廓线上的点、截交线固有的特殊点（如椭圆长短轴端点、抛物线和双曲线的顶点等），然后按需要再取一些一般点。

当截平面或曲面立体的表面垂直于某一投影面时，则截交线在该投影面上的投影具有积聚性，可直接利用面上取点的方法作图。

平面截切圆柱时，根据截平面与圆柱轴线的相对位置不同，其截交线有三种不同的形状，见表 3-1。

表 3-1　圆柱截交线

截平面位置	垂直于轴线	平行于轴线	倾斜于轴线
立体图			
投影图	P_V		P_V
	P_H		
截交线形状	圆	矩形	椭圆

例 3-14　如图 3-20（a）所示，求圆柱被正垂面截切后的截交线。

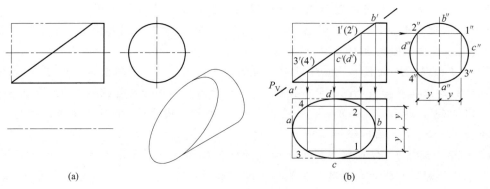

图 3-20　正垂面切割圆柱

分析：截平面与圆柱的轴线倾斜，故截交线为椭圆。此椭圆的正面投影积聚为一直线。由于圆柱面的侧面投影积聚为圆，而椭圆位于圆柱面上，故椭圆的侧面投影与圆柱面侧面投影重合。椭圆的水平投影是它的类似形，仍为椭圆。可根据投影规律由正面投影和侧面投影求出水平投影。

作图步骤：

（1）补形：用细实线绘制完整圆柱的水平投影。

（2）求解：

① 求特殊点：截交线椭圆上长短轴端点 A、B、C、D 为特殊点。椭圆长轴端点 A、B 位于圆柱面最高、最低素线上；短轴的端点位于圆柱面的最前、最后素线上。如图 3-20 （b）所示，已知 a'、b'、c'、d'，利用点的从属性，作出其水平投影 a、b、c、d 和侧面投影 a''、b''、c''、d''。

② 求一般点：正面投影取点 Ⅰ、Ⅱ、Ⅲ、Ⅳ。一般点是特殊点之间的插补点，可利用圆柱面上取点方法。已知点正面投影 $1'$、$2'$、$3'$、$4'$（可在截交线的正面投影上任意取点），如图 3-20（b）所示，首先作出这些点的侧面投影 $1''$、$2''$、$3''$、$4''$，然后利用点的投影规律，作出其水平投影 1、2、3、4。

（3）连线并判断可见性：将上述特殊点和插补的一般点的同面投影用光滑曲线连接即为截交线椭圆的投影（此投影不反映椭圆的实形）。如要作出截交线椭圆的实形，可利用投影变换方法作图求解，读者可自行作图，此处不再赘述。

（4）整理轮廓线：在圆柱的水平投影中，圆柱的最前、最后素线经截切后余下的只有从椭圆端点 C、D 至右端面的部分轮廓素线，用粗实线加粗，切除掉的轮廓线不再画出，应擦除，如图 3-20（b）所示。

在上例中，设截平面与圆柱轴线的倾角为 θ，当 θ 角变化时，截交线椭圆的投影形状将随其倾角 θ 变化而变化。分析如下：

① 当 $0<\theta<45°$ 时，椭圆长短轴投影后，仍然为投影椭圆的长短轴，如图 3-21（a）所示；

② 当 $\theta=45°$ 时，椭圆的长短轴投影后长度相等，椭圆的投影为圆。此时，作椭圆投影时应使用圆规作图，投影圆的直径等于圆柱的直径，投影圆的圆心位于圆柱轴线上，如图 3-21（b）所示；

③ 当 $45<\theta<90°$ 时，椭圆长轴投影后，成为投影椭圆的短轴；而椭圆短轴投影后，成为投影椭圆的长轴，如图 3-21（c）所示。

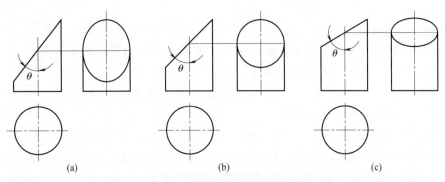

图 3-21　截交线椭圆投影的变化

例 3-15　如图 3-22（a）所示，已知圆柱上通槽的正面投影，求其水平投影和侧面投影。

分析：通槽可看作是圆柱被两平行于圆柱轴线的侧平面及一个垂直于圆柱轴线的水平面所截切，两侧平面截圆柱的截交线为矩形，水平面截圆柱为前后各一段圆弧。

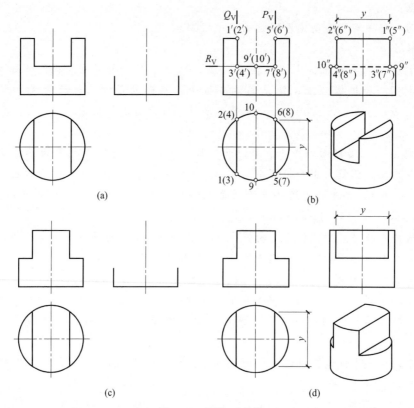

图 3-22　圆柱开通槽

作图步骤：

（1）补形：用细实线绘制完整圆柱的侧面投影。

（2）求解、连线并判别可见性：

① 作截平面 R 与圆柱面的交线。交线圆弧 Ⅲ Ⅸ Ⅶ 和 Ⅳ Ⅹ Ⅷ 的水平投影 397、4108 落在圆柱面的水平积聚性投影上，其侧面投影 $3''9''7''$ 和 $4''10''8''$ 为水平直线段，如图 3-22（b）所示，其中 $3''9''$ 与 $7''9''$、$4''10''$ 与 $8''10''$ 重合，画实线。

② 作截平面 Q、P 与圆柱面的交线。Q 与圆柱面的交线为直线段，其正面投影 $1'3'$、$2'4'$ 重合，落在截平面 Q 的正面积聚性投影上，其水平投影积聚为点 1（3）、2（4），落在圆柱面水平积聚性投影上，其侧面投影 $1''3''$ 和 $2''4''$ 可利用坐标差 y 作出，长度与正面投影长度相等，如图 3-22（b）所示；同样方法作出 P 与圆柱面交线的投影。由于 Q、P 截平面左右对称，故它们的交线侧面投影重合。

③ 作 Q，P 截平面与 R 截平面的交线。交线为正垂线，其水平投影 34 和 78 分别落在 Q、P 的水平积聚性投影上，侧面投影 $3''4''$ 和 $7''8''$ 为水平直线段，落在 R 截平面的侧面积聚性投影上，交线不可见，应画虚线，如图 3-22（b）所示。

（3）整理轮廓线：圆柱最前、最后素线上部分被截切掉，故其侧面投影的上部分（$9''$、$10''$ 点上部）应擦除。如图 3-22（b）所示。

图 3-22（a）与图 3-22（c）所示的圆柱上部切口，前者切除圆柱上部中间部分，后者切除圆柱上部两侧部分。由于两者的截平面 Q、P 的截切位置相同，故它们截交线投影完全相同，其作图方法一样；截平面 R 的位置不同，前者交线圆弧位于前后圆柱面上，后者交

线圆弧位于左右圆柱面上且侧面投影重合；前者截平面间的交线侧面投影不可见，而后者可见；前者位于 R 截平面上部的侧面投影轮廓线（圆柱最前、最后素线）被截切去除，如图 3-22（b）所示，而后者侧面轮廓素线（圆柱最前、最后素线）没有被截切，其侧面投影是完整的），如图 3-22（d）所示。

例 3-16 如图 3-23（a）所示，已知圆管开通槽的正面投影和水平投影，求其侧面投影。

分析作图：圆管可看作两个同轴而直径不同的圆柱表面（外柱面和内柱面）。圆管上端开的通槽可看作是圆管被两平行于圆管轴线的侧平面及一个垂直于圆管轴线的水平面所截切。三个截面与圆管的内外表面均有截交线。截交线的正面投影与截切的三个平面重合在三段直线上，水平投影重合在四段直线和四段圆弧上，这四段圆弧重合在圆管的内外表面的水平投影圆上。两侧平面截圆管的截交线为矩形，水平面截圆管为前后各两段圆弧。可根据截交线的正面投影和水平投影，求其侧面投影。作图过程如图 3-23（b）所示，圆管开通槽后，圆管内、外表面的最前和最后素线在开槽部分已被截去，故在侧面投影中，槽口部分圆柱的内外轮廓线已不存在了，所以不画线。

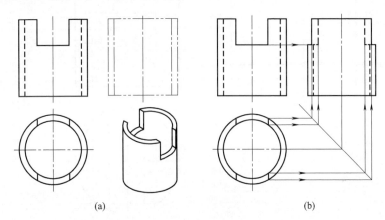

（a）　　　　　　　　　　（b）

图 3-23　圆管开通槽

例 3-17 如图 3-24（a）所示，求圆柱被开通孔后的水平投影和侧面投影。

分析：从正面投影可以看出，圆柱上的通孔是被一个水平面、一个正垂面和一个侧平面所截切而成。水平面与圆柱截交线的水平投影为圆实形，正面投影和侧面投影积聚为一条直线段；正垂面与圆柱截交线的侧面投影和水平投影均为与空间形状类似的形状：椭圆和圆；侧平面与圆柱截交线的侧面投影为矩形实形，正面投影和水平投影积聚为一条直线段。

作图步骤：

（1）补形：根据主、俯视图用细实线作出完整圆柱的侧面投影。

（2）求解：

① 分别求水平面和侧平面与圆柱的截交线，如图 3-24（c）所示。

② 求正垂面与圆柱的截交线，如图 3-24（d）所示。

（3）连线并判断可见性：侧面投影的椭圆轮廓注意光滑连接，三个截面间的两条交线水平投影和侧面投影均不可见，要画成虚线，如图 3-24（b）所示。

（4）整理轮廓线：补全其他轮廓线，完成圆柱穿孔体的投影，如图 3-24（b）所示。

圆柱在建筑及建筑结构中有着广泛的应用，如图 3-25 所示。

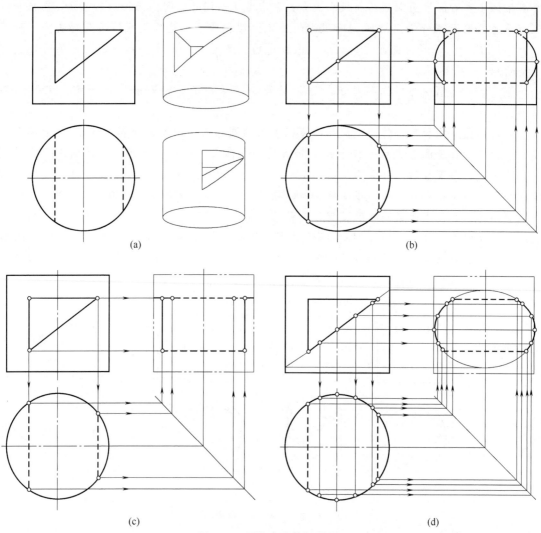

(a)

(b)

(c)

(d)

图 3-24　圆柱穿孔体的投影

图 3-25　圆柱在建筑及建筑结构中的应用

三、圆锥

圆锥表面由圆锥面和底面所围成。如图 3-26（a）所示，圆锥面可看作是一条直母线

SA 围绕与它相交的轴线 SO 回转而成。在圆锥面上通过锥顶的任一直线称为圆锥面的素线。

1. 圆锥的投影

画圆锥面的投影时，也常使它的轴线垂直于某一投影面。

如图 3-26（a）所示，圆锥的轴线是铅垂线，底面是水平面，图 3-26（b）是它的投影图。圆锥的水平投影为一个圆，与圆锥底面圆的投影重合，反映底面的实形，同时也表示圆锥面的投影，顶点的水平投影在圆心处。圆锥的正面、侧面投影均为等腰三角形，其底边均为圆锥底面的积聚投影。正面投影中三角形的两腰 $s'a'$、$s'c'$ 分别表示圆锥面最左、最右轮廓素线 SA、SC 的投影，它们是圆锥面正面投影可见与不可见的分界线。SA、SC 的水平投影 sa、sc 和横向中心线重合，侧面投影 $s''a''(c'')$ 与轴线重合。侧面投影中三角形的两腰 $s''b''$、$s''d''$ 分别表示圆锥面最前、最后轮廓素线 SB、SD 的投影，它们是圆锥面侧面投影可见与不可见的分界线。SB、SD 的水平投影 sb、sd 和纵向中心线重合，正面投影 $s'b'$（d'）与轴线重合。

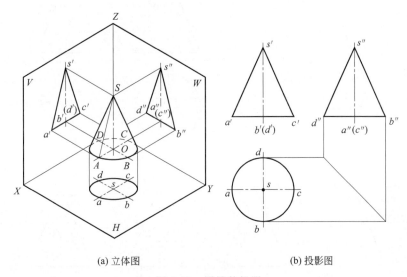

(a) 立体图   (b) 投影图

图 3-26 圆锥的投影

圆锥的投影特征：当圆锥的轴线垂直某一个投影面时，则圆锥在该投影面上投影为与其底面全等的圆形，另外两个投影为全等的等腰三角形。

2. 圆锥面上点的投影

圆锥面的三个投影都没有积聚性，因此在圆锥面取点时，需利用其几何性质，采用作简单辅助线的方法：

① 过圆锥锥顶画辅助线法（素线法）。

② 用垂直于轴线的圆作为辅助线法（纬圆法）。

例 3-18 如图 3-27（a）和（b）所示，已知圆锥面上 M 的正面投影 m'，求作点 M 的其余两个投影。

分析：因为 m' 可见，所以 M 必在前半个圆锥面，又因为 m' 在圆锥的右边，故可判定点 M 的水平投影为可见，侧面投影不可见。

解法一（素线法）作图步骤：

① 过点 M 作素线 SA 的投影。如图 3-27（a）所示，由于 M 点的正面投影可见，故 M

点位于前半圆锥面上。过 m' 作素线 $s'a'$，并求出 sa 和 $s''a''$（a'' 可利用 y 坐标差）；

② 作出 M 点的投影。利用直线上点的从属性和点的投影规律，作出 m、m''，如图 3-27（c）所示；

③ 判别 M 点的可见性。由于 M 点位于右、前圆锥面上，故 m 可见，m'' 不可见。

解法二（纬圆法）作图步骤：

① 过点 M 作水平纬圆的投影。如图 3-27（d）所示，过 m' 作纬圆的正面投影 $1'2'$，其水平投影为底圆的同心圆，其直径等于 $1'2'$；

② 作出 M 点的投影。由于 M 点位于右、前圆锥面上，过 m' 向下作投影线交纬圆水平投影于 m，利用 m 到中心线的距离 y，作出侧面投影 m''，如图 3-27（d）所示；

③ 判别 M 点可见性。由于 M 点位于右、前圆锥面上，故 m 可见，m'' 不可见。

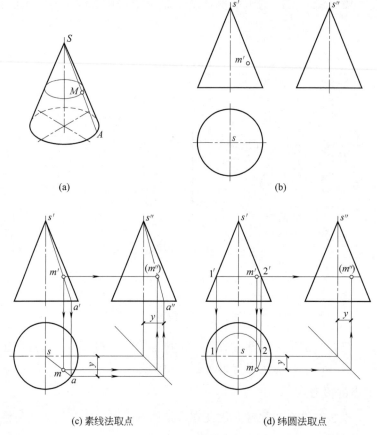

(a)　　　　　　　　　　(b)

(c) 素线法取点　　　　　　(d) 纬圆法取点

图 3-27　圆锥面上取点

3. 圆锥面上线的投影

例 3-19　如图 3-28（a）所示，已知圆锥面上线的正面投影，求作该线的其余两个投影。

分析： 在曲面立体表面上，投影为一直线段，其空间通常为平面曲线，在特殊情况下可以为直线段。在本例中，线段 ABC 的正面投影 $a'b'$（c'）与底面圆平行，故 ABC 为圆弧，其水平投影反映圆弧的实形；而线段 $BEDFC$ 的正面投影 $b'e'd'$（$f'c'$）与圆锥轴线倾斜，且未通过锥顶点，故为平面曲线，通常在曲线上取一系列点，作出这些点的投影，并用光滑曲

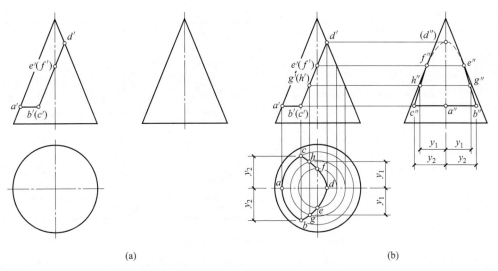

图 3-28　圆锥面上的线

线将它们的同面投影依次连接，即为平面曲线的投影。

作图步骤：

① 作 ABC 圆弧的投影。如图 3-28（b）所示，圆弧的水平投影 abc 反映圆弧的实形，其圆心与底面圆同心，半径为 a′ 到轴线的距离，侧面投影 b″a″c″ 为水平方向直线段，投影长度等于圆弧端点 B、C 的 y 坐标差 bc，其水平投影和侧面投影均可见，画实线。

② 作 BEDFC 平面曲线的投影。如图 3-28（b）所示，在曲线上取一系列点 B、G、E、D、F、H、C（G、H 为插入的一般点，目的是提高曲线投影的准确性），其中 D、E、F 点分别位于圆锥面的最右、最前、最后素线上，可利用点的从属性作出其水平投影和侧面投影，点 G、H 可运用素线法或纬圆法作出投影（本例采用纬圆法），然后用光滑曲线依次连接这些点的同面投影。

③ 可见性判别：圆锥面水平投影可见，故曲线水平投影 bgedfhc 可见，用粗实线连接；左半锥面的侧面投影可见，故曲线侧面投影 b″g″e″ 和 c″h″f″ 可见，用粗实线连接；右半锥面的侧面投影不可见，故曲线侧面投影 e″d″f″ 不可见，用虚线连接，如图 3-28（b）所示。

4. 圆锥切割体的投影

平面截切圆锥时，根据截平面与圆锥轴线的相对位置不同，其截交线有五种不同的情况。见表 3-2。由于圆锥面的投影没有积聚性，所以为了求解截交线的投影，可采用素线法或纬圆法求出截交线上的点，并将这些点的同面投影连成光滑曲线，同时要判断可见性，整理转向轮廓线，完成作图。

表 3-2　圆锥截交线

截平面位置	垂直于轴线	过锥顶	倾斜于轴线	平行于一条素线	平行于轴线
立体图					

续表

截平面位置	垂直于轴线	过锥顶	倾斜于轴线	平行于一条素线	平行于轴线
投影图					
截交线形状	圆	等腰三角形	椭圆	抛物线	双曲线

例 3-20 如图 3-29（a）所示，求正平面与圆锥的截交线。

分析： 因截平面为正平面，与轴线平行，故截交线为双曲线。截交线的水平投影和侧面投影都积聚为直线，只需求出正面投影即可。求双曲线的正面投影，先在水平积聚投影上标出所有的特殊点和几个一般点，然后将这些点看作圆锥面上的点，用圆锥面定点的方法（素线法或纬圆法）求出它们的正面投影，再将它们的同面投影依次光滑连接。

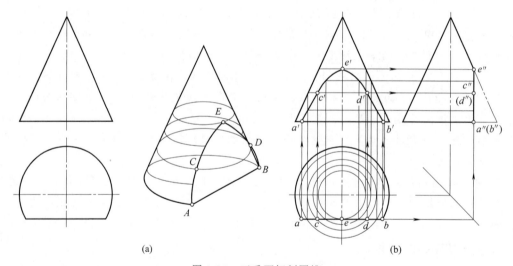

(a)   (b)

图 3-29 正垂面切割圆锥

作图步骤：

（1）补形：补画出完整圆锥的侧面投影。

（2）求解：

① 取点：在水平投影上，取 a、b、c、d、e 点，其中 a、b 为双曲线的端点，e 为双曲线的顶点，称为特殊点。c、d 为双曲线上特殊点之间的插补点，称为一般点。

② 求特殊点：由 a、b 向 V 面引投影线，求出它们的正面投影 a'、b'；用纬圆法求出 E 点的正面投影 e'。然后用"二补三"求出它们的侧面投影 a''、b''、e''。

③ 求一般点：用纬圆法求出一般点 C、D 的正面投影 c'、d'，再用"二补三"求出它们的侧面投影 c''、d''。

（3）连线并判断可见性：光滑连接 a'、c'、e'、d'、b' 各点，求得的正面投影；连接

a''、(b'')、c''、(d'')、e''各点，求得侧面投影。

（4）整理轮廓线：侧面投影中前小半部分被截切，注意不画线，如图 3-29（b）所示。

例 3-21　如图 3-30（a）所示，已知有缺口的圆锥正面投影，求作其水平投影和侧面投影。

分析： 圆锥缺口部分可看作是被三个截面截切而成的。P 平面是垂直于圆锥轴线的水平面，截交线是圆的一部分；Q 平面是过锥顶的正垂面，截交线是两条交于锥顶的直线；R 平面也是正垂面，与圆锥轴线倾斜，且与轴线夹角大于锥顶角，截交线是部分椭圆弧。即缺口圆锥的截交线是由直线、圆弧、椭圆弧组成，截平面间的交线为虚线。

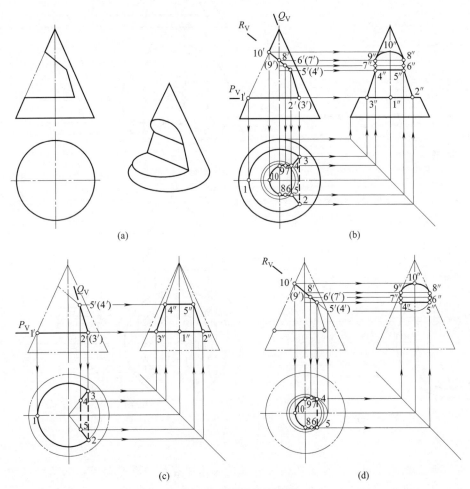

图 3-30　带缺口的圆锥

作图步骤：

（1）补形：补画出完整圆锥的侧面投影。

（2）求解：

① 求水平面 P 和正垂面 Q 的截交线投影，如图 3-30（c）所示。水平面 P 的水平投影为多半圆实形，侧面投影积聚为直线段；正垂面 Q 通过锥顶，其水平投影和侧面投影为与空间类似的梯形。

② 求正垂面 R 的截交线投影，如图 3-30（d）所示。正垂面 R 其水平投影和侧面投影

为与空间类似的椭圆形。

（3）连线并判断可见性：椭圆轮廓注意光滑连接，三个截面间的两条交线水平投影均不可见，要画成虚线。

（4）整理轮廓线：整理轮廓线，完成圆锥切割体的投影，如图 3-30（b）所示。

例 3-22　如图 3-31（a）所示，求圆台被穿通孔后的水平投影和侧面投影。

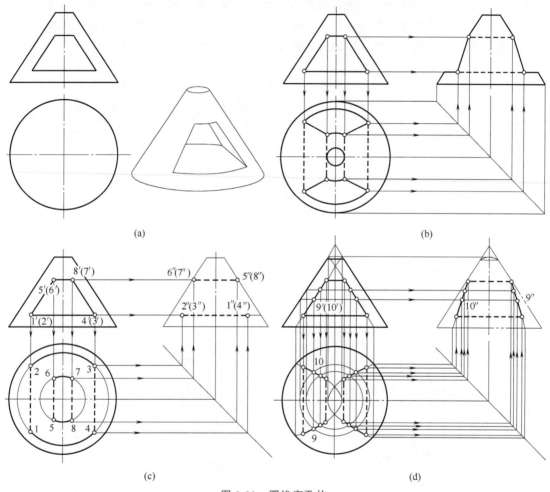

图 3-31　圆锥穿孔体

分析： 由主视图可知，圆台穿孔体可看成是实体圆台被四个平面截切而成。其中两个水平面和两个对称的正垂面。水平面与圆台轴线垂直，截交线为圆；正垂面与圆台交角为锥角，截交线为抛物线。

作图步骤：

（1）补形：补画出完整圆台的侧面投影。

（2）求解：

① 求两个水平面的截交线投影，如图 3-31（c）所示。水平面的水平投影为实形，侧面投影积聚为直线段，必须注意的是高的水平面，其侧面投影 6″（7″）和 5″（8″）不在侧面转向线（侧面轮廓线）上。

② 求正垂面的截交线投影，如图 3-31（d）所示。正垂面的水平投影和侧面投影为与空间类

似的抛物线，用描点法作出，本例只给出Ⅸ、Ⅹ两点的求法，其他点求法与其方法相同。

（3）连线并判断可见性：抛物线轮廓注意光滑连接，四个截面间的四条交线水平投影和侧面投影均不可见，要画成虚线。

（4）整理轮廓线：整理轮廓线，完成圆台穿孔体的投影，如图 3-31（b）所示。

圆锥在建筑及建筑结构中也广泛应用，如图 3-32 所示。

图 3-32　圆锥在建筑及建筑结构中的应用

四、圆球

圆球的表面是球面，圆球面可看作是一条圆母线以其一条直径为轴线回转一周而成的曲面。

1. 圆球的投影

如图 3-33（a）所示为圆球的立体图、如图 3-33（b）所示为圆球的投影。圆球在三个投影面上的投影都是直径相等的圆，但这三个圆分别表示三个不同方向的转向轮廓线的投影。正面投影的圆 a' 是平行于 V 面的正面转向轮廓线圆 A（它是可见前半球与不可见后半球的分界线）的投影。A 的水平投影 a 与水平投影的横向中心线重合，A 的侧面投影 a'' 与

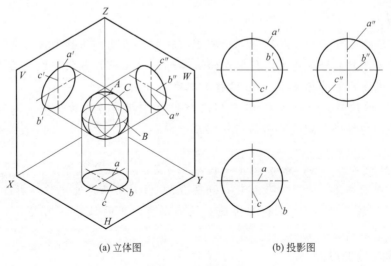

(a) 立体图　　　　　　　　　(b) 投影图

图 3-33　圆球的投影

侧面投影的纵向中心线重合，都不画出。水平投影的圆 b 是平行于 H 面的转向轮廓线圆 B（它是可见上半球与不可见下半球的分界线）的投影。B 的正面投影 b' 与正面投影的横向中心线重合，B 的侧面投影 b'' 与侧面投影的横向中心线重合，都不画出。侧面投影的圆 c'' 是平行于 W 面的侧面转向轮廓线圆 C（它是可见左半球与不可见右半球的分界线）的侧面投影；C 的水平投影和正面投影均在纵向中心线上，也都不画出。

2. 圆球面上点的投影

圆球面的三个投影都没有积聚性，求作其面上点的投影需采用辅助纬圆法，即过该点在球面上作一个平行于某一投影面的辅助纬圆。

例 3-23 如图 3-34（a）所示，已知球面上点 M、N、K 的一个投影，求作其另外两个投影。

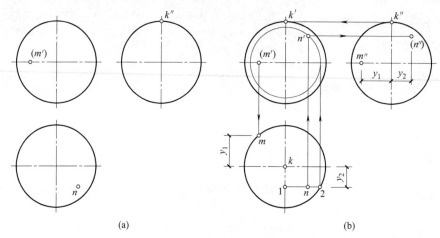

图 3-34　圆球表面上点的投影

分析：如图 3-34（a）所示可知，M 点的正面投影落在主视图的水平轴线上又不可见，所以 M 点在球的水平转向线上后半部分，且在球的左方；N 点的水平投影可见，又在水平轴线的下方，故 N 点在球的上、前半部分；K 点的左视图在竖直轴线和侧面转向线上，故 K 点在球的上部。

作图步骤：

① 作点 M 的投影。已知点 M 的正面投影 (m') 不可见，如图 3-34（a）所示，且位于后半圆球面的水平转向轮廓线上，利用点的从属性，过 (m') 作投影线交后半水平投影圆于 m，其侧面投影利用坐标差 y_1 和点的投影规律作出 m''。

② 作点 K 的投影。已知点 K 的侧面投影 k'' 位于侧面转向轮廓线最高点，如图 3-34（b）所示，其正面投影 k' 位于正面转向轮廓线的最高点，水平投影 k 位于水平投影中心线的交点。

③ 作点 N 的投影。已知点 N 的水平投影 n 可见，故 N 点位于右、前、上球面上。过 n 作平行于 V 面的纬圆，纬圆半径为 12，如图 3-34（b）所示，过 n 作投影线交纬圆于 n'，其侧面投影 n'' 可利用坐标差 y_2 和点的投影规律求得。正面投影 n' 可见，侧面投影 n'' 不可见。

3. 圆球面上线的投影

例 3-24 如图 3-35（a）所示，已知圆球面上曲线的正面投影，求作该曲线的其余两个

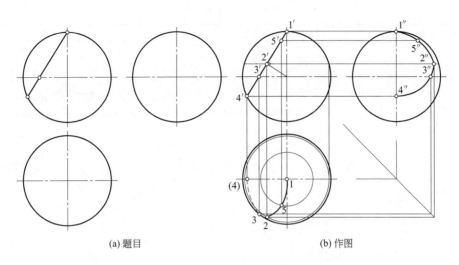

(a) 题目　　　　　　　　　　　　　　(b) 作图

图 3-35　圆球面上线的投影

投影。

分析： 由投影图可知Ⅰ、Ⅳ两点在球正面投影轮廓圆上，Ⅲ点在水平投影轮廓圆上，这三点是球面上的特殊点，可以通过引投影连线直接作出它们的水平投影和侧面投影。Ⅱ点是曲线的特殊点，但是球面上的一般点，如图 3-35（b）所示，需要用纬圆法求其水平投影和侧面投影。

作图步骤 ［如图 3-35（b）所示］：

① Ⅰ点是正面轮廓圆上的点，且是球面上最高点，它的水平投影 1 应在中心线的交点上，侧面投影应在竖向中心线于侧面投影轮廓圆的交点上。Ⅲ点是水平投影轮廓圆上的点，它的水平投影 3 应为自 3′向下引投影线与水平投影轮廓圆前半周的交点，水平投影 3″应在横向中心线上，可由水平投影引联系线求得。Ⅳ点是正面投影轮廓线上的点，它的水平投影应为自 4′向下引联系线与横向中心线的交点，侧面投影 4″应为自 4′向右引联系线与竖向中心线的交点。

② 用纬圆法求Ⅱ点的水平投影和侧面投影。作图过程是：在正面投影上过 2′作平行横向中心线的直线，并与轮廓圆交于两个点，则两点间线段是过点Ⅱ纬圆的正面投影，在水平投影上，以轮廓圆的圆心为圆心，以纬圆正面投影线段长度为直径画圆，即为过点Ⅱ纬圆的水平投影，然后自 2′向下引联系线与纬圆前半圆周的交点是Ⅱ点水平投影，然后用"二补三"作图确定侧面投影 2″。同理用纬圆法求Ⅴ点的水平投影和侧面投影。

③ 水平投影 123 段可见，连实线，34 段不可见，连虚线。侧面投影 1″2″3″4″均可见，连实线。

4. 圆球切割体的投影

平面在任何位置截切圆球的截交线都是圆。

当截平面平行于某一投影面时，截交线在该投影面上的投影为圆的实形，在其他两面上的投影都积聚为线段（长度等于截圆直径）。

当截平面垂直于某一投影面时，截交线在该投影面上的投影为线段（长度等于截圆直径），在其他两面上的投影都为椭圆。见表 3-3。

表 3-3 圆球截交线

截平面位置	为投影面平行面	为投影面垂直面
立体图	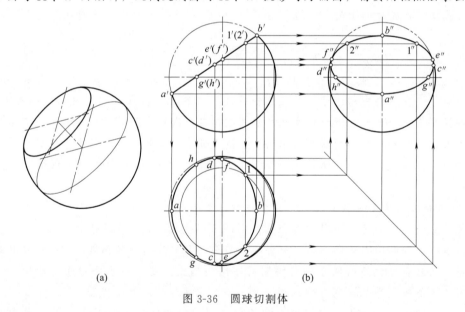	
投影图		
截交线形状	圆	

例 3-25　如图 3-36（a）所示，完成圆球切割体的水平投影和侧面投影。

分析： 截平面为正垂面，截交线为圆，其正面投影落在截平面的正面积聚性投影上。由于截平面与 H、W 面倾斜，故截交线圆的 H、W 投影均为椭圆，需要用描点法求出。

图 3-36　圆球切割体

作图步骤：

（1）补形：补画出完整圆球的水平投影和侧面投影。

（2）求解：

① 作出截交线圆上特殊点的投影。点 A、B、C 和 D（在 H、W 投影中，分别为椭圆长、短轴的端点）：点 A、B 位于圆球正面转向轮廓线上，其投影 A（a、a'、a''）、B（b、b'、b''）如图 3-36（b）所示；点 C、D 的正面投影（c'、d'）位于 $a'b'$ 的中点，其水平投影和侧面投影可利用纬圆法取点作图得到（c、c''）、（d、d''）；水平转向轮廓线上点 G（g、g'、g''）、H（h、h'、h''）和侧面转向轮廓线上点 E（e、e'、e''）、F（f、f'、f''）如图 3-36

（b）所示。

② 作出截交线圆上一般点的投影。在截交线正面投影适当位置处取点Ⅰ、Ⅱ的正面投影1′、2′，利用纬圆法作出其水平投影和侧面投影（1、1″）、（2、2″），如图3-36（b）所示。

（3）连线并判断可见性：用光滑曲线依次连接各点的同面投影并判断可见性。由于球的左上部分被截切，所以水平投影和侧面投影均可见，将所求各点的同面投影依次光滑连接成实线（应注意的是截交线的投影椭圆，在经过转向轮廓线上点时，应与对应转向轮廓线相切与此点）。

（4）整理轮廓线：位于截平面左侧的圆球水平轮廓线被截切掉，在水平投影中应擦除该部分水平转向轮廓线；同样，位于截平面上部的圆球侧面转向轮廓线被截切掉，其侧面投影应去除该部分转向轮廓线。

例 3-26 如图3-37（a）所示，完成半圆球切割体的水平和侧面投影。

分析： 半球被两个侧平面P、Q和一个水平面R切割而成，两个侧平面和半球的交线为两段平行于侧面的圆弧实形，水平投影和正面投影积聚为直线段；水平面与半球的交线为水平圆弧实形，侧面投影和正面投影积聚为直线段；截平面之间的交线为正垂线。

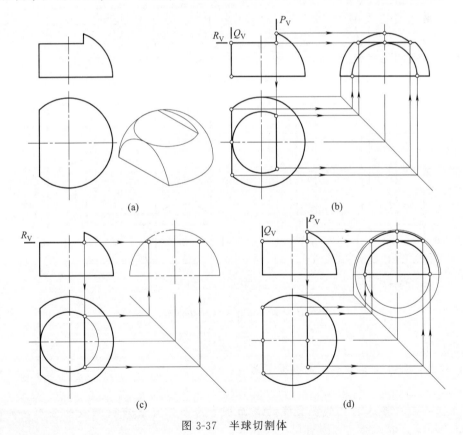

图 3-37　半球切割体

作图步骤：

（1）补形：补画出完整半球的侧面投影。

（2）求解、连线并判断可见性：

① 求水平面与半球的交线：交线的水平投影为圆弧，如图3-37（c）所示，侧面投影为

直线。

② 求侧平面与半球的交线：交线的侧面投影为圆弧，如图 3-37（d）所示，水平投影为直线。

（3）整理轮廓线：位于截平面 R 上部的圆球侧面转向轮廓线被截切掉，其侧面投影应去除该部分转向轮廓线，如图 3-37（b）所示。

例 3-27 作出半球上四棱柱形通孔的正面投影和侧面投影，如图 3-38（a）所示。

分析： 从图 3-38（a）可知，半球表面的四棱柱孔可以看成由四个平面截切而成，其中有两个正平面和两个侧平面。截交线为前后和左右对称的空间曲线和平面曲线。

由于四棱柱的水平投影有积聚性，因此，孔口线的水平投影是已知的，而它的 V、W 两投影需作图求出。

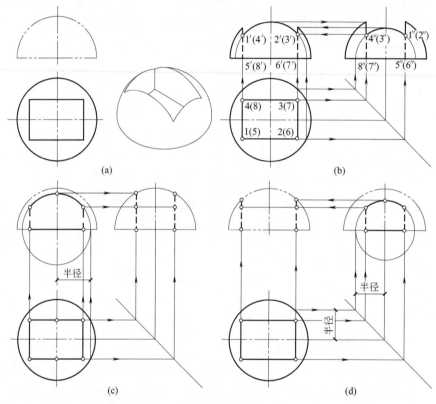

图 3-38 半球穿孔体的投影

作图步骤：

（1）补形：补画出完整半球的侧面投影。

（2）求解：

① 求正平面与半球的交线：交线的正面投影为圆弧与直线段组成的实形，如图 3-38（c）所示，侧面投影积聚为直线段。

② 求侧平面与半球的交线：交线的侧面投影为圆弧与直线段组成的实形，如图 3-38（d）所示，水平投影积聚为直线段。

（3）连线并判断可见性：四棱柱孔的四条棱线其正面投影和侧面投影均不可见，画虚线。

（4）整理轮廓线：主视图中圆球的正面转向轮廓线被截切掉一部分，左视图中其侧面转向轮廓线被截切掉一部分，各自去除，如图 3-38（b）所示。

如图 3-39 所示为圆球在建筑及建筑结构中的应用。

图 3-39　圆球在建筑及建筑结构中的应用

由所举例子可以看出，截交线的作图方法通常有以下两种类型：

① 依据截平面或立体表面的积聚性，已知截交线的两个投影，求第三投影，可利用投影关系直接求出；

② 依据截平面或立体表面的积聚性，已知截交线的一个投影，求其余两个投影，可利用立体表面取点、取线方法作出。

求解截交线时，首先应进行空间分析和投影分析，明确已知什么，要求解的是什么，明确作图方法与作图步骤。当截交线为平面曲线时，应作出截交线上足够多的共有点（所有的特殊点和一般点），判别可见性并用光滑曲线连接，最后整理立体棱线或曲面转向轮廓素线。

第三节　两平面立体相交

一、两平面立体相交的相贯线及其性质

两立体表面相交时所产生的交线称为相贯线。两平面立体相交的相贯线有以下性质：

① 相贯线是两立体表面的共有线，也是两立体表面的分界线。

② 一般情况下，相贯线是封闭的空间折线。

如图 3-40 所示，相贯线上每一段直线都是两平面立体表面的交线，而每一个折点都是一个平面立体的棱线与另一平面立体棱面的交点。因此，求两平面立体的相贯线，实际上就是求棱线与棱面的交点及棱面与棱面的交线。

当一个立体全部贯穿另一立体时，在立体表面形成两组相贯线，这种相贯形式称为全贯，如图 3-40（a）所示；当两个立体各有一部分棱线参与相交时，在立体表面上形成一组相贯线，这种相贯形式称为互贯，如图 3-40（b）所示。

二、求两平面立体相贯线的步骤

① 确定两立体参与相交的棱线和棱面。

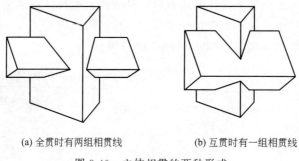

(a) 全贯时有两组相贯线　　　　　(b) 互贯时有一组相贯线

图 3-40　立体相贯的两种形式

② 求出参与相交的棱线与棱面的交点。

③ 依次连接各交点的同面投影。连点的原则：只有当两个点对两个立体而言都位于同一个棱面时才能连接。

④ 判别相贯线的可见性，判别的原则：在同一投影中只有两个可见棱面的交线才可见，连实线；否则不可见，连虚线。

⑤ 补画棱线和外轮廓线的投影。

相贯的两个立体是一个整体，所以一个立体穿入另一个立体内部的棱线不必画出（不能画虚线）。

相贯线投影的可见性判别规则为：只有当相贯线位于两个同时可见的立体表面上时，其相贯线的投影可见，画粗实线。否则，相贯线投影均为不可见，画中粗虚线。

例 3-28　如图 3-41（a）所示，已知房屋的正面投影和侧面投影，求房屋表面交线。

分析： 如图 3-41（a）所示，房屋可看成是大五棱柱与小五棱柱相交。由正面投影可知，小五棱柱的左、右正垂面分别与大五棱柱两个棱面交于两条直线段Ⅲ、ⅢⅣ和ⅠⅢ、ⅢⅤ；小五棱柱的左、右两侧平面分别与大五棱柱交于一条直线段ⅣⅥ、ⅤⅦ，又由于两立体有一个公共面，故它们的相贯线为非闭合的空间折线。相贯线的正面投影落在小五棱柱棱面的积聚性投影上，其侧面投影落在大五棱柱棱面的积聚性投影上，所要求的是相贯线的水平投影。由于交线ⅣⅥ、ⅤⅦ为铅垂线，交线ⅢⅣ、ⅢⅤ为正平线，它们的水平投影落在大五棱柱前表面的水平积聚性投影上，故只需求出交线Ⅰ、ⅢⅣ、ⅠⅢ、ⅢⅤ的水平投影即可。

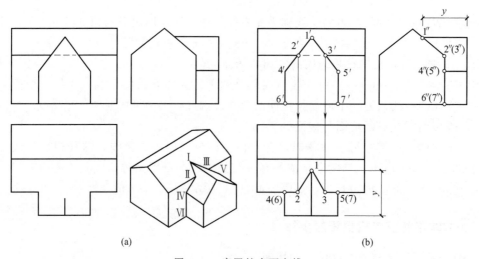

(a)　　　　　　　　　　　　(b)

图 3-41　房屋的表面交线

作图步骤：

① 作出顶点Ⅰ、Ⅱ、Ⅲ、Ⅳ、Ⅴ的投影。已知顶点 1′、2′、3′、4′、5′和 1″、2″、3″、4″、5″，依据点的投影规律作出其水平投影 1、2、3、4、5，如图 3-41（b）所示。

② 可见性判别并连线。交线所在的两个立体表面的水平投影均可见，故交线可见，连实线，如图 3-41（b）所示。

③ 整理立体棱线。将参与相交的各条棱线延长画至相贯线的顶点。

例 3-29 如图 3-42（a）所示，已知两三棱柱相交，完成其表面的交线的投影。

分析： 如图 3-42（a）所示，已知竖直放置的三棱柱上左、右铅垂棱面均与侧立放置三棱柱的三个棱面相交，为互贯，相贯线为一条闭合的空间折线。相贯线的水平投影落在竖直放置三棱柱左、右铅垂棱面的水平积聚性投影上，相贯线的侧面投影落在侧立放置三棱柱的三个棱面的侧面积聚性投影上，所要求的是相贯线的正面投影。相贯线上的六个顶点，其中顶点Ⅱ、Ⅲ、Ⅴ、Ⅵ为侧立放置三棱柱的两条棱线与竖直放置三棱柱左右两铅垂棱面的交点，顶点Ⅰ、Ⅳ为竖直放置三棱柱最前棱线与侧立放置三棱柱前面的两个侧垂棱面的交点。本例可利用直线与平面求交点的方法作出相贯线上六个顶点的投影，并将同时位于两立体同一表面上两个顶点的同面投影依次连线即可。

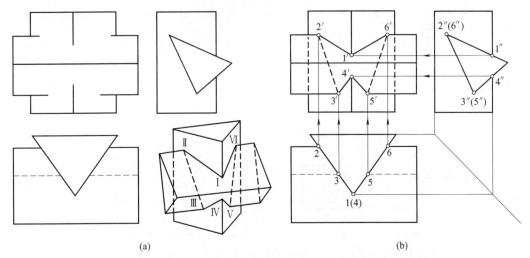

图 3-42 两三棱柱相贯

作图步骤：

① 作出相贯线上各顶点的投影。顶点Ⅱ、Ⅲ、Ⅴ、Ⅵ位于侧立放置的三棱柱的侧垂棱线上，已知它们的水平投影 2、3、5、6，利用从属性作出其正面投影 2′、3′、5′、6′，如图 3-42（b）所示；顶点Ⅰ、Ⅳ位于竖直放置三棱柱的最前铅垂棱线上，已知其侧面投影 1″、4″，利用从属性作出其正面投影 1′、4′，如图 3-42（b）所示。

② 判别可见性并连线。由于竖直三棱柱左、右铅垂棱面的正面投影可见，侧立三棱柱的前面两个侧垂棱面的正面投影也可见，故交线ⅠⅡ、ⅠⅥ、ⅢⅣ、ⅣⅤ的正面投影 1′2′、1′6′、3′4′、4′5′可见，画粗实线；由于侧立三棱柱的后面的侧垂棱面的正面投影不可见，交线ⅡⅢ、ⅤⅥ的正面投影 2′3′、5′6′不可见，画中粗虚线，如图 3-42（b）所示。

③ 整理立体棱线。将两立体上参与相交的棱线延长至相贯线顶点；位于立体内部不存在棱线，故不能画虚线，如图 3-42（b）所示。

在建筑工程中，若屋顶的各个坡面对水平面的倾角相等、屋檐等高的屋面，称为同坡屋面，见图 3-43。同坡屋面交线及其投影有以下规律：

① 屋檐线互相平行的两坡面必相交为水平屋脊线，其水平投影必平行于屋檐线的水平投影，且与两屋檐线的水平投影等距；见图 3-43（b），ab 平行于 cd、ef；gh 平行于 id、jf。

② 屋檐线相交的两坡面必相交成斜脊线或天沟线，其水平投影必为两屋檐线水平投影夹角的分角线。斜脊线位于凸墙角处，天沟线位于凹墙角处。如图 3-43（b）所示，ac、ae 等为斜脊线的水平投影，dg 为天沟线的水平投影。

③ 屋面上若有两条斜脊线或天沟线相交，则必有一条屋脊线通过该点。如图 3-43（b）中 a、b、g、h 各点。

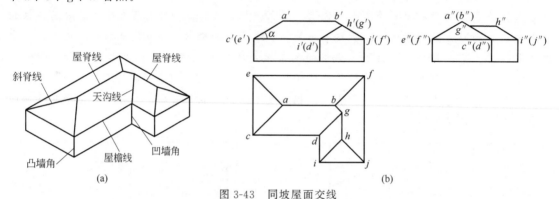

图 3-43 同坡屋面交线

例 3-30 已知图 3-44（a）所示的四坡顶屋面的平面形状及坡面的倾角 α，求屋面交线。

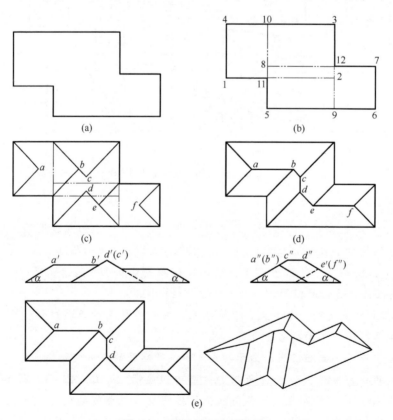

图 3-44 同坡屋面交线作图

　　分析：利用同坡屋面交线的投影特性，首先作出四坡顶屋面的水平投影，依据屋顶坡面倾角 α，作出坡顶屋面的正面投影和侧面投影。

　　作图步骤：

　　① 延长屋檐线的水平投影，使其成三个重叠的矩形 1-2-3-4、5-6-7-8、5-9-3-10，如图 3-44（b）。

　　② 画出斜脊线和天沟线的水平投影。分别过矩形各顶点作 45°方向分角线，交于 a、b、c、d、e、f，见图 3-44（c），凸角处是斜脊线，凹角处是天沟线。

　　③ 画出各屋脊线的水平投影，即连接 a、b、c、d、e、f，并擦除无墙角处的 45°线，因为这些部位实际无墙角，不存在屋面交线，见图 3-44（d）。

　　④ 根据屋顶坡面倾角 α 和投影作图规律，作出屋面的正面投影和侧面投影，见图 3-44（e）。

第四节　平面立体与曲面立体相交

一、平面立体与曲面立体相交的相贯线及其性质

平面立体与曲面立体相交的相贯线有以下性质：

① 相贯线是两立体表面的共有线，也是两立体表面的分界线。

② 一般情况下，相贯线是由几段平面曲线结合而成的空间曲折线。

如图 3-45 所示，相贯线上每段平面曲线都是平面立体的棱面与曲面立体的截交线，相邻两段平面曲线的连接点（也叫结合点）是平面立体的棱线与曲面立体的交点。因此，求平面立体与曲面立体的相贯线，就是求平面与曲面立体的截交线和棱线与曲面立体的交点。

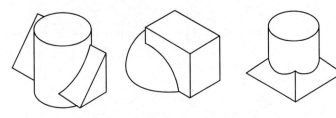

图 3-45　平面立体与曲面立体相贯

二、求平面立体与曲面立体相贯线的步骤

① 求出平面立体棱线与曲面立体的交点。

② 求出平面立体棱面与曲面立体的截交线。

③ 判别相贯线的可见性。判别的原则：在同一投影中只有两个可见表面的交线才可见，连实线；否则不可见，连虚线。

④ 补画棱线和外轮廓线的投影。

例 3-31　求四棱柱与圆锥相贯的正面投影和侧面投影，如图 3-46（a）所示。

分析：从立体图和水平投影可知，相贯线是由四棱柱的四个棱面与圆锥相交所产生的四段双曲线（前后两段较大，左右两段较小，前后、左右对称）组成的空间曲折线，四棱柱的

四条棱线与圆锥的四个交点是四段双曲线的结合点。

由于棱柱的水平投影有积聚性，因此，相贯线上的四段双曲线及四个结合点的水平投影都积聚在四棱柱的水平投影上，即相贯线的水平投影是已知的，而相贯线的 V、W 两投影需作图求出。正面投影上，前后两段双曲线重影，左右两段双曲线分别积聚在四棱柱左右两棱面的正面投影上；侧面投影上，左右两段双曲线重影，前后两段双曲线分别积聚在四棱柱前后两棱面的侧面投影上；作图时注意对称性。

作图步骤：

① 在相贯线的水平投影上，标出四个结合点的投影 1、3、5、7，并在四段双曲线的中点标出每段的最高点 2、4、6、8，这八个点是双曲线上的特殊点；在前后两段双曲线上还需确定四个一般点；

② 在锥表面上，用纬圆法求出结合点 Ⅰ、Ⅲ、Ⅴ、Ⅶ 及四个一般点的正面投影和侧面投影；

③ 用素线法求出四段交线上的最高点 Ⅱ、Ⅳ、Ⅵ、Ⅷ 点的正面投影和侧面投影；

④ 顺序连接点：正面投影上，连接 1′（3′）、8′（4′）、7′（5′）及中间的一般点；在侧面投影上，连接 3″（5″）、2″（6″）、1″（7″），四段双曲线的另外一个投影积聚在棱柱四个棱面上，如图 3-46（b）所示。

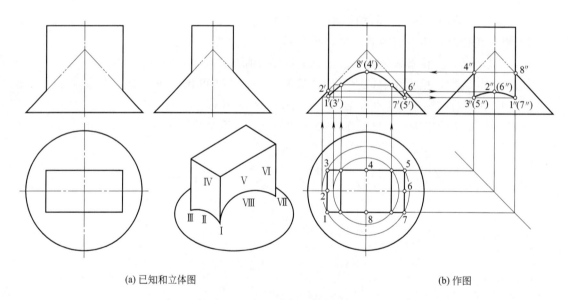

(a) 已知和立体图　　　　　　　　　　　(b) 作图

图 3-46　四棱柱与圆锥相贯

例 3-32　如图 3-47（a）所示，已知三棱柱与圆柱相交，求作相贯线的投影。

分析：如图 3-47（a）所示，由侧面投影可知，三棱柱的三个棱面均与圆柱面相交。在三棱柱上与圆柱轴线垂直的棱面，其交线为两段圆弧；与圆柱轴线平行的棱面，其交线为两直线段；与圆柱轴线斜交的棱面，其交线为两段椭圆弧。两立体为全贯型，相贯线左右对称于圆柱轴线，每条相贯线均由圆弧、直线段和椭圆弧组成，相贯线上的转折点为三棱柱上三条棱线与圆柱面的交点。由于圆柱面的水平投影具有积聚性，故所求相贯线的水平投影与圆柱面的积聚性投影重合；又由于三棱柱的三个棱面的侧面投影具有积聚性，故相贯线的侧面投影与三个棱面的侧面积聚性投影重合，因此，只要作出相贯线的正面投影。依次作出三个

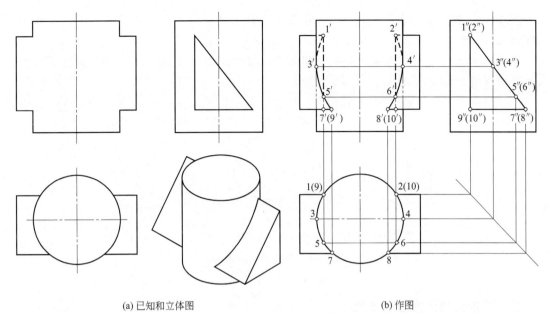

(a) 已知和立体图　　　　　　　　　　　　　(b) 作图

图 3-47　三棱柱与圆柱的相贯线

棱面与圆柱的截交线，即为所求三棱柱与圆柱的相贯线投影。

作图步骤：

① 作直线段的投影。如图 3-47 (b) 所示，直线段的侧面投影 $1''9''$、$2''10''$ 位于棱面的侧面积聚性投影上，也在圆柱面上，利用圆柱面的水平积聚性投影，作出其水平投影 1 (9)、2 (10)，然后作出正面投影 (1') (9')、(2') (10')。

② 作圆弧的投影。如图 3-47 (b) 所示，由于交线圆弧为水平圆弧，其正面投影 7' (9')、8' (10') 为水平方向直线段。

③ 作椭圆弧的投影。如图 3-47 (b) 所示，在椭圆弧的侧面投影上取短轴端点 $3''$ ($4''$)，此两点位于圆柱面最左、最右素线上，利用点的从属性作出其正面投影 3'、4'；在椭圆弧的侧面投影上，适当位置处取一般点 $5''$ ($6''$)，利用圆柱面上取点方法作出其正面投影 5'、6'。

④ 判别可见性并连线。两段直线段位于两个不可见的立体表面，用中粗虚线连接；两段圆弧位于前半圆柱面上的可见，后半圆柱面上的不可见，其正面投影重合，画实线；椭圆弧位于前半圆柱面上 3'5'7' 和 4'6'8' 可见，画粗实线，位于后半圆柱面上的 (1') 3'、(2') 4' 不可见，画中粗虚线。

⑤ 整理立体棱线和转向轮廓素线。三棱柱上三条棱线的正面投影延伸至表面相贯线上的顶点，应注意的是在圆柱内部不存在三棱柱棱线，故不能画虚线。同样在三棱柱内部也不存在圆柱正面转向轮廓素线，如图 3-47 (b) 所示。

第五节　两曲面立体相交

一、两曲面立体相交的相贯线及其性质

两曲面立体相交时，相贯线有以下性质：

① 相贯线是两立体表面的共有线，也是两立体表面的分界线，相贯线上的点是两曲面立体表面的共有点。

② 一般情况下，相贯线是封闭的空间曲线，如图 3-48（a）和（b），特殊情况下成为平面曲线或直线，如图 3-48（c）。

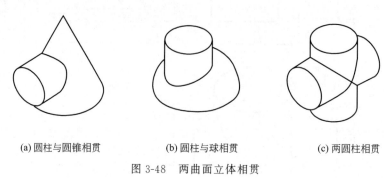

(a) 圆柱与圆锥相贯   (b) 圆柱与球相贯   (c) 两圆柱相贯

图 3-48　两曲面立体相贯

二、求相贯线的方法及步骤

求相贯线常用的方法有表面取点法和辅助平面法。

求相贯线时首先应进行空间及投影分析，分析两相交立体的几何形状、相对位置，弄清相贯线是空间曲线还是平面曲线或直线。当相贯线的投影是非圆曲线时，一般按如下步骤求相贯线：

① 求出能确定相贯线的投影范围的特殊点，这些点包括曲面立体投影轮廓线上的点和极限点，即最高、最低、最左、最右、最前、最后点；

② 在特殊点中间求作相贯线上若干个一般点；

③ 判别相贯线投影可见性后，用粗实线或虚线依次光滑连线。

可见性的判别原则：只有同时位于两立体可见表面的相贯线才可见。

1. 表面取点法

当相交的两曲面立体之一，有一个投影有积聚性，相贯线上的点可利用积聚性通过表面取点法求得。

例 3-33　如图 3-49（a）所示两圆柱交叉垂直，求其相贯线的投影。

分析：相贯线为一条闭合的空间曲线。其水平投影与圆柱面水平积聚性投影重合，侧面投影与半圆柱的侧面积聚性投影重合，所要求的是相贯线的正面投影。相贯线上的共有点可运用曲面取点法获得，首先求出相贯线上所有特殊点和一般点的投影，然后判别相贯线的可见性，并用光滑曲线连接各点，即为所求相贯线的投影。

作图步骤：

① 作相贯线上特殊点的投影。已知相贯线上最高点 E、F（也是半圆柱正面转向轮廓素线的点）、最前点 C、最后点 D、最左点 A、最右点 B 的水平投影和侧面投影，作出它们的正面投影 e'、f'、c'、d'、a'、b'，如图 3-49（b）所示。

② 作出相贯线上一般点的投影。在相贯线上适当位置处取一般点 Ⅰ、Ⅱ 的水平投影 1、2 和侧面投影 $1''$、$2''$，并作出其正面投影 $1'$、$2'$。

③ 判别可见性并连线。位于前半圆柱面上的相贯线 $a'1'c'2'b'$ 可见，画粗实线，位于后

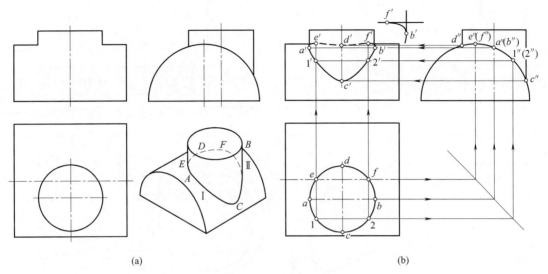

图 3-49　两圆柱相贯

半圆柱面上相贯线 $a'e'd'f'b'$ 不可见，画中粗虚线。

④ 整理圆柱面的正面轮廓素线。将两圆柱面的正面轮廓素线延长至相贯线，可见画实线，不可见则画中粗虚线，如图 3-49（b）所示。

例 3-34　如图 3-50（a）所示，已知圆锥上挖切圆柱槽，完成其水平投影和侧面投影。

分析： 如图 3-50（a）所示，圆锥上挖切圆柱槽，可看成是实体圆锥与虚体圆柱相贯，相贯线为一条闭合的空间曲线。由于圆柱轴线为正垂线，故相贯线的正面投影与圆柱面的正面积聚性投影重合，所要求解的是相贯线的水平投影和侧面投影。相贯线上的共有点可利用圆锥面上取点方法（素线法或纬圆法）获得。首先求出相贯线上所有特殊点和一般点的投影，然后判别相贯线的可见性，并用光滑曲线连接各点，即为所求相贯线的投影。

作图步骤：

① 求作相贯线上特殊点的投影：由于相贯体前后对称，故相贯线前后对称，为表述方便，故对前半相贯线上共有点进行编号。已知相贯线的正面投影，在其上取特殊点：最高点 $1'$、最低点 $5'$（也是最前点）、最左点 $6'$、最右点 $3'$（也是圆柱水平转向轮廓线上点）、圆锥侧面转向轮廓线上点 $2'$ 和 $4'$，利用圆锥面上取点方法（本例采用纬圆法）作出这些点的水平投影和侧面投影，如图 3-50（b）所示。

② 求作相贯线上一般点的投影：在相贯线正面投影上取一般点 e'、f'，利用纬圆法作出水平投影 e、f 和侧面投影 e''、f''，如图 3-50（b）所示。

③ 判别可见性并连线：由于圆锥面水平投影可见，故相贯线的水平投影可见，用粗实线连接各点。又由于圆柱为虚体，故相贯线的侧面投影也可见，用粗实线连接各点，如图 3-50（b）所示。

④ 整理圆柱、圆锥轮廓素线：圆柱面上最右水平转向轮廓素线不可见，画中粗虚线；圆柱槽上最低素线的侧面投影不可见，画中粗虚线。圆锥面上最前、最后素线被圆柱面截去中间部分，其侧面投影应擦除该部分锥面轮廓线。

2. 辅助平面法

辅助平面法就是假想用一个平面截切相交两立体，所得截交线的交点，就是相贯线上的

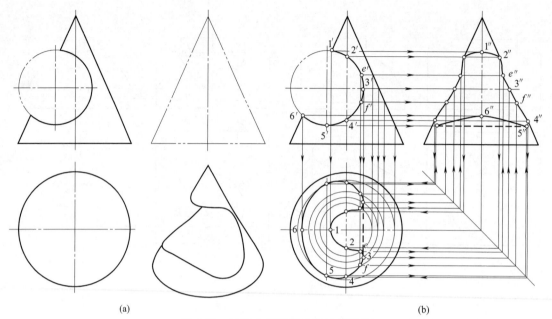

(a)　　　　　　　　(b)

图 3-50　圆锥上挖切圆柱槽的相贯线

点。在相交部分作出若干个辅助平面，求出相贯线上一系列点的投影，依次光滑连接，即得相贯线的投影。

　　为便于作图，应选择截两立体截交线的投影都是简单易画的直线或圆为辅助平面，一般选择特殊位置平面作为辅助平面，如图 3-51 所示。假想用一水平的辅助平面截切两回转体，辅助平面与球和圆锥的截交线各为一个纬圆，两个圆在水平投影中相交于Ⅰ、Ⅱ两点，如图 3-51（a）所示。辅助平面与圆柱和圆锥的截交线各为一个矩形和一个纬圆，其水平投影中相交于Ⅲ、Ⅳ两点，如图 3-51（b）所示。这些交点就是各自相贯线上的点。求出一系列这样的点连成曲线，即为两曲面立体的相贯线。

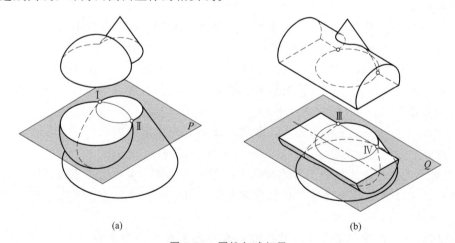

(a)　　　　　　　　(b)

图 3-51　圆锥与球相贯

　　例 3-35　求作球和圆锥相贯线的三面投影，如图 3-52（a）所示。

　　分析： 从图 3-52（a）可知，球的中心线与圆锥的轴线互相平行，有共同的前后对称面，相贯线是前后对称的一组封闭空间曲线。

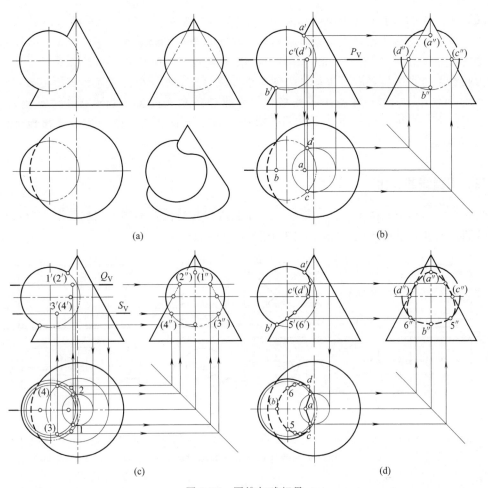

图 3-52 圆锥与球相贯

因为两立体投影没有积聚性，因此，相贯线就没有已知投影，所以不能用表面取点法求相贯线上的点，而用辅助平面法可求出相贯线上的点。由于相贯线前后对称，所以相贯线正面投影前后重影，为一段曲线；相贯线的水平投影为一闭合的曲线，在球面上半部分的一段曲线可见（画实线），球面下半部分的一段曲线不可见（画虚线）。

作图步骤：

① 求作相贯线上特殊点的投影。由于相贯体前后对称，圆锥和圆球的正面投影轮廓线的交点即为相贯线上最高点 a' 和最低点 b'，作出其水平投影 a、b 和侧面投影 a''、b''；圆球水平转向轮廓线上点 c'、d'，其水平投影 c、d 可利用辅助平面法作出。

辅助平面法求共有点 C、D：过球心作水平辅助平面 P，与圆球的交线为圆（即为圆球水平转向轮廓线），与圆锥的交线也是圆（半径等于辅助面 P 与圆锥正面轮廓素线的交点至轴线的距离），两交线圆水平投影的交点即为 c、d，其正面投影 c'、d' 位于截平面的正面积聚性投影上，其侧面投影 c''、d'' 可利用点的投影规律求得，如图 3-52（b）所示。

② 求作相贯线上一般点的投影。利用辅助平面法作出Ⅰ、Ⅱ、Ⅲ、Ⅳ的三面投影，如图 3-52（c）所示。

③ 判别可见性并连线。如图 3-52（d）所示，相贯线正面投影可见性：由于相贯线前后对称，前半相贯线可见，画实线；后半相贯线不可见，其投影与前半相贯线重合。相贯线的

水平投影可见性：位于上半球面的相贯线 cad 可见，画实线；位于下半球的相贯线 d(b)c 不可见，画虚线。相贯线侧面投影的可见性：位于左半球上相贯线 5″b″6″可见，位于右半球上相贯线 5″(c″)(a″)(d″)6″不可见，画虚线。其中球面上侧面转向轮廓线上点Ⅴ、Ⅵ，是通过作出相贯线的正面投影后，其与圆球竖向中心线的交点 5′、6′，求得其侧面投影 5″、6″。

④ 整理圆球、圆锥轮廓素线的投影。所有曲面轮廓素线画至相贯线，可见则画实线，不可见则画虚线，圆锥的底面是完整的，只需将被球遮挡的底圆轮廓画成虚线即可，如图 3-52（d）所示。

三、相贯线的变化

两曲面立体相交，由于它们的形状、大小和轴线相对位置不同，相贯线不仅形状和变化趋势不同，而且数量也不同，如图 3-53 和图 3-54 所示。

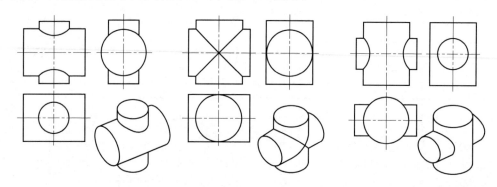

(a) 直立圆柱直径小于水平圆柱直径　　(b) 两圆柱直径相等　　(c) 直立圆柱直径大于水平圆柱直径

图 3-53　两圆柱尺寸变化时相贯线的变化

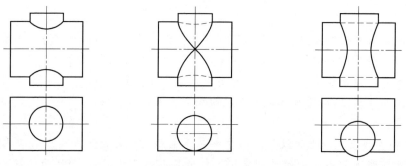

图 3-54　直立圆柱位置变化时相贯线的变化

四、相贯线的特殊情况

一般情况下，两曲面立体的相贯线是空间曲线，特殊情况下是平面曲线或直线。

① 两回转体共轴时，相贯线为垂直于轴线的圆。

如图 3-55（a）所示，是圆柱和球同轴；如图 3-55（b）所示，是圆锥台与球同轴，因为它们的轴线平行于正面，所以在正面投影中，相贯线圆的投影都是直线。

② 当相交两回转体表面共切于一球面时，其相贯线为椭圆。在两回转体轴线同时平行的投影面上，椭圆的投影积聚为直线。

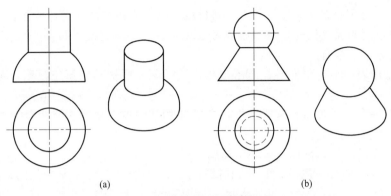

(a)　　　　　　　　　　　(b)

图 3-55　共轴的两回转体相贯

图 3-56（a）为正交两圆柱，直径相等，轴线垂直相交，同时外切于一个球面，其相贯线为大小相等的两个正垂椭圆，其正面投影积聚为两相交直线，水平投影积聚在竖直圆柱的投影轮廓圆上。图 3-56（b）是正交的圆锥与圆柱共切于一球面，相贯线为大小相等的两个正垂椭圆，其正面投影积聚为两相交直线，水平投影为两个椭圆。

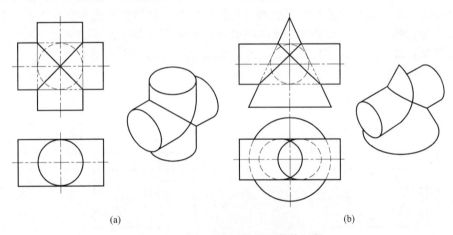

(a)　　　　　　　　　　　(b)

图 3-56　共切于球面的两回转体相贯

③ 两个轴线相互平行的圆柱相交，或两个共顶点的圆锥相交时，其相贯线为直线段，如图 3-57 所示。

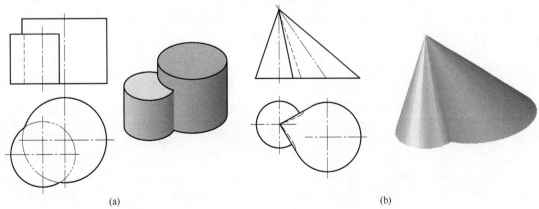

(a)　　　　　　　　　　　(b)

图 3-57　轴线平行的两圆柱及共顶点两圆锥的相贯线

　　由上看出，两平面立体的相贯线为空间折线；平面立体与曲面立体的相贯线为多段平面曲线组合而成；两曲面立体的相贯线通常为空间曲线，特殊情况下可为平面曲线或直线段。相贯线的作图方法通常有以下三种：

　　① 当两立体表面具有积聚性，即已知相贯线的两个投影，求第三投影，可利用投影关系直接求出；

　　② 当其中一个立体表面具有积聚性，即已知相贯线的一个投影，求其余两个投影，可利用立体表面取点、取线方法作出；

　　③ 两立体表面均无积聚性，可利用辅助平面法作出。

　　求解相贯线时，首先应进行空间分析和投影分析，明确已知什么，要求解的是什么，明确作图方法与作图步骤。当相贯线为空间曲线时，应作出相贯线上足够多的共有点（所有的特殊点和一般点），判别可见性并用光滑曲线连接，最后整理立体棱线或曲面转向轮廓素线。

　　例 3-36　如图 3-58（a）所示，求圆管与半圆管的相贯线。

　　分析作图：由立体图可知，圆管与半圆管为正交，外表面与外表面相交，内表面与内表面相交。外表面为两个直径相等的圆柱相交，相贯线为两条平面曲线半个椭圆，它的水平投影积聚在大圆上，侧面投影积聚在半个大圆上，正面投影应为两段直线。内表面的相贯线为两段空间曲线，水平投影积聚在小圆的两段圆弧上，侧面投影积聚在半个小圆上，正面投影应为曲线，没有积聚性，应按两曲面立体一般情况相交求得相贯线。

　　作图过程如图 3-58（b）所示，按上述分析及投影关系，分别求出内、外交线的投影，即为相贯线的投影。

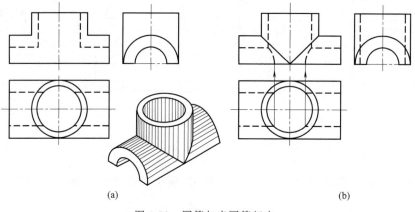

(a)　　　　　　　　　　　　　　　　　　(b)

图 3-58　圆管与半圆管相交

第四章

组合体

第一节　组合体的构成

由基本几何体经变换组合而成的形体称为组合体。从几何角度分析建筑形体可以看出：任何建筑形体都可以视为由若干基本几何体组合而成。如图 4-1 所示，上海外滩建筑群中的大部分建筑物都是由棱柱、棱锥、圆柱、圆锥和圆球等基本几何体组合而成。

图 4-1　上海外滩建筑群

一、组合体的三视图

在绘制工程图样时，将形体向投影面所作的正投影图亦称为视图。如图 4-2（a）所示，在三面投影体系中所得到的三面正投影图亦称为三视图。其中，正面投影称为主视图（正立面图）；水平投影称为俯视图（平面图）；侧面投影称为左视图（左侧立面图）。即为：

主视图（正立面图）——正面投影；

俯视图（平面图）——水平投影；

左视图（左侧立面图）——侧面投影。

工程图中，视图主要用于表达形体的空间形状，并不需要表达该形体与各投影面之间的距离。因此，如图 4-2（b）所示，在绘制组合体的三视图时没有必要绘出投影轴。为使三视图清晰整洁，也不必绘出各视图之间的投影连线。

如图 4-2（c）所示，三视图之间仍然符合三等规律。即：

主视图（正立面图）与俯视图（平面图）—— 长对正；

主视图（正立面图）与左视图（左侧立面图）——高平齐；

俯视图（平面图）与左视图（左侧立面图）——宽相等。

工程制图中，三等规律"长对正、高平齐、宽相等"是画图和读图必须遵循的最基本的投影规律。不仅整个组合体的三视图（三面投影）应符合三等规律，而且该组合体中各个局部结构的三视图（三面投影）也必须符合三等规律。

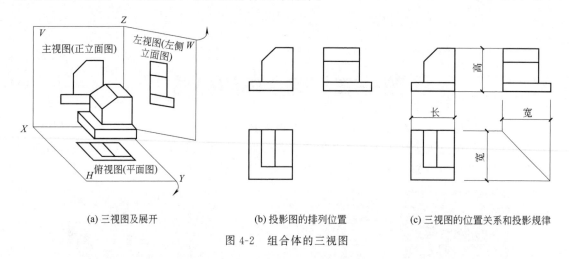

(a) 三视图及展开　　　　(b) 投影图的排列位置　　　　(c) 三视图的位置关系和投影规律

图 4-2　组合体的三视图

二、组合体的组成

组合体的组合方式主要为叠加式和切割式。

如图 4-3 所示，该叠加式组合体为一肋式杯形基础，其可以看成由四棱柱底板 I、中间四棱柱 II 和六个梯形肋板 IV 叠加而成，然后再在中间四棱柱中挖去一楔形块 III。该组合体的叠加方式主要有叠合、相交和共面。

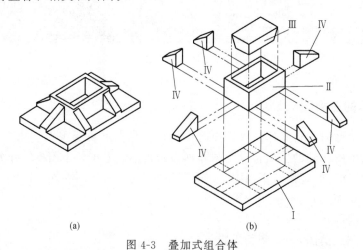

(a)　　　　　　　　　(b)

图 4-3　叠加式组合体

如图 4-4 所示，该形体为切割式组合体，该组合体可看成为由一个长方体经过四次挖切后所形成，在其左、右两侧分别挖切两块狭长的三棱柱 II；在其上方中部前、后方向挖切一个半圆柱体Ⅲ，形成前、后半圆形通槽；再在其上部左、右方向挖切两块四棱柱切块Ⅳ，形成矩形通槽。该组合体的切割方式主要有截切、开槽和穿孔。

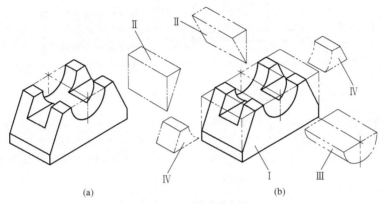

图 4-4 切割式组合体

分析组合体时经常使用形体分析法。所谓的形体分析法就是将一个复杂的组合体假想分解成若干个简单的基本几何体，并分析这些基本几何体之间的相对位置、组合方式以及各表面连接关系等。形体分析法的分析过程可以概括为"先分解，后综合；分解时确定局部，综合时考虑整体"。

三、组合体邻接表面的连接关系

基本几何体在相互叠加时，两个基本几何体之间的相对位置不同，其各表面的连接关系也不相同，主要存在四种邻接表面连接关系，即共面、不共面、相交和相切。在绘制组合体的视图时，应明确区分各邻接表面的连接关系。表 4-1 列举了简单组合体邻接表面的连接关系。

表 4-1　简单组合体邻接表面的连接关系

组合方式		组合体示例	形体分析	注意画法
叠加式	叠加	不共面有界线	两个四棱柱上下叠合，中间的水平面为结合面 两个四棱柱前后棱面、左右棱面均不共面	不共面的两个平面之间有界线
		共面无界线	两个四棱柱上下叠合，中间的水平面为结合面 两个四棱柱左右棱面不共面，而前后棱面共面	共面的两个平面之间无界线
	相交	相交有交线	两直径不等的大、小圆柱垂直相交，表面有相贯线	两立体相贯，则应画出其表面交线（相贯线）

续表

组合方式		组合体示例	形体分析	注意画法
叠加式	相切	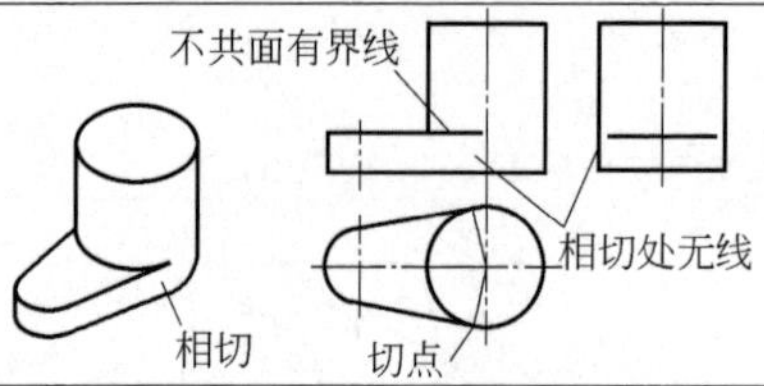 不共面有界线　相切处无线　相切　切点	底板的前后立面与圆柱相切 注意主视图和左视图中底板上表面的投影宽度应画至切点处	圆柱与底板不共面，则有界线；平面与圆柱面相切，则不画切线
切割式	截切	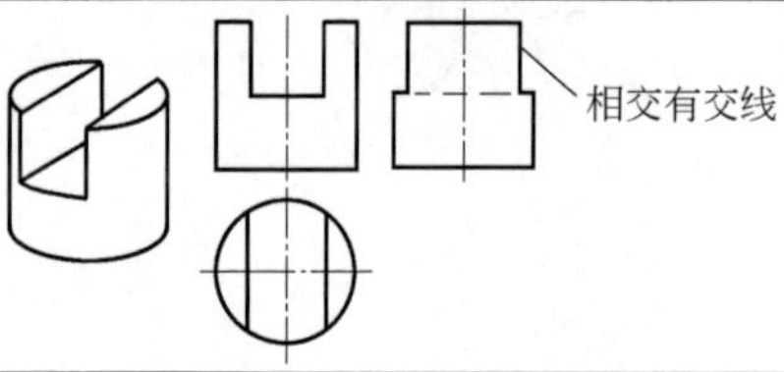 相交有交线	在圆柱体上由两个侧平面和一个水平面挖切成矩形槽，表面有截交线	平面与立体相交，应画出其表面交线（截交线）
	穿孔	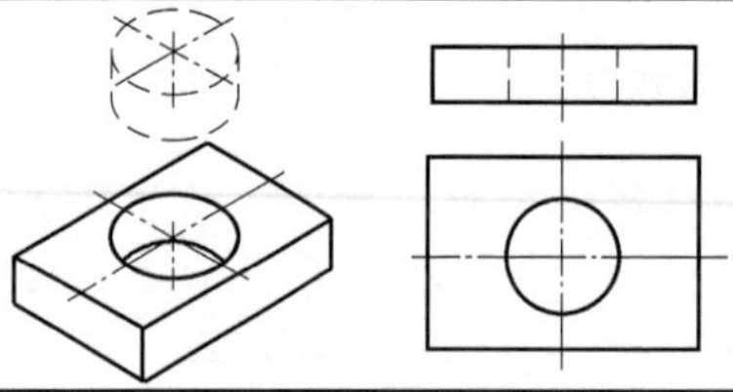	在长方形底板正中挖去一个圆柱后，形成一个圆孔	圆孔不可见画成虚线

第二节　组合体的读图

一、组合体读图的要点

读图是重要环节，读图的过程，即依据正投影法原理，通过视图想象出组合体空间结构形状的过程。也是培养、提升空间想象力和空间思维能力的过程。

1. 几个视图相互联系进行构思

通常只通过一个视图并不能唯一确定复杂组合体的空间形状，如图 4-5（a）所示，仅给出组合体的主视图（正立面图），充分发挥想象即可构思出多个不同形状特点的组合体与之对应。如图 4-5（b）~（f）所示，根据相同主视图（正立面图），构思出五种不同形状特点的组合体。

如图 4-6（a）所示，给出组合体的主视图和俯视图（正立面图和平面图），来构思不同形状特点的组合体。如图 4-6(b)~(d) 所示，通过想象构思出来的三种组合体，都具有相同的主视图和俯视图（正立面图和平面图）。由此可见，已知两个视图也不能唯一确定该组合体的空间形状。

综上所述，读图时应依据正投影法，通过多个视图进行分析、想象，才能构思出组合体的空间形状。如图 4-7 所示，给出组合体的三视图，来构思该组合体的空间形状。图 4-7（a）为组合体的三视图；如图 4-7（b）所示，根据主视图（正立面图），能够想象出该组合体为一个 L 形的形体；如图 4-7（c）所示，根据俯视图（平面图），能够确定该组合体为前、后对称的形体，且该组合体左侧部分中间开了一个长方形通槽，其左前角和左后角各有一个 45°的倒角；如图 4-7（d）所示，根据左视图（左侧立面图），能够确定该组合体右侧为一个顶部为半圆形的立板，其中间开了一个圆柱形通孔。经过上述分析和想象，最终完整地构思出该组合体的空间形状。

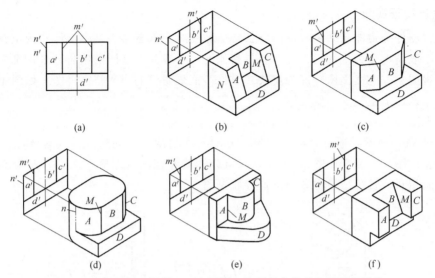

图 4-5 根据相同主视图（正立面图）构思组合体的各种可能形状

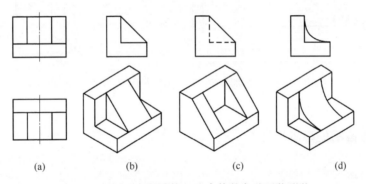

图 4-6 根据两个视图构思组合体的各种可能形状

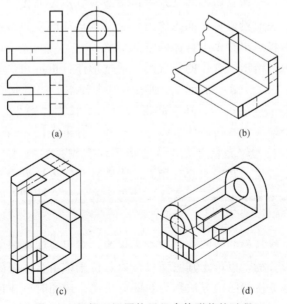

图 4-7 根据三视图构思组合体形状的过程

2. 找出特征视图

特征视图即为最能反映组合体的形状特征和其组合部分中各基本形体间的位置特征的那个视图，一般情况多为主视图，也可能是其他的一个或几个视图的组合。如图 4-8 所示，组合体的左视图（左侧立面图）即为反映其形状特征最明显的形状特征视图。如图 4-8（a）所示，给出组合体的主视图和俯视图（正立面图和平面图），来构思该组合体的空间形状。只通过其主视图和俯视图（正立面图和平面图），不能确定 A、B 两部分的凸、凹情况。如图 4-8（b）和（c）所示，通过分析、想象，分别构思出两个不同特点的组合体，分别对应两个不同的左视图（左侧立面图）。因此，该组合体的左视图（左侧立面图）即为反映其各组合部分之间相对位置特征最明显的位置特征视图。

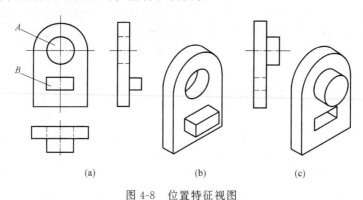

(a)　　　　　　　　　(b)　　　　　　　　　(c)

图 4-8　位置特征视图

二、组合体读图的基本方法

1. 形体分析法

形体分析法为最基本的读图方法。形体分析的过程为：首先从最能反映组合体形状特征的主视图着手，分析该组合体是由哪些基本形体组成及其组成形式；然后依据三等规律，逐一找出每个基本形体的三面投影，从而想象出各个基本形体的空间形状以及各基本形体之间的相对位置关系，最后构思出整个组合体的空间形状。

如图 4-9（a）所示，给出组合体的三视图。通过形体分析可知，该组合体由三个基本形体组合而成，如图 4-9（b）~（d）所示，分别表示三个基本形体组成该组合体的读图分析过程。图 4-9（b）为底板部分的投影，其空间形状为一个长方体薄板；图 4-9（c）为在长方体底板上方叠加了一个端面为八边形的形体，其中间开有半圆柱和四棱柱组合而成的左、右通孔；图 4-9（d）为在长方体底板上方、八边形形体右侧叠加的另一个形体，其空间形状为端面是直角梯形的四棱柱，其中间开有相同的半圆柱和四棱柱组合而成的左、右通孔；如图 4-9（e）所示，将三个基本形体综合考虑，构思出整个组合体的空间形状。

2. 线面分析法

线面分析法为根据线与面的空间性质和投影规律，对组合体视图中的每一条线段和每一个封闭线框都进行投影分析，以确定其三面投影以及位于该组合体表面的空间位置情况，这种逐线逐面进行组合体分析读图的方法称为线面分析法。读图时，在运用形体分析法的基础上，对于组合体的复杂局部，常常需要结合线面分析法来辅助读图。

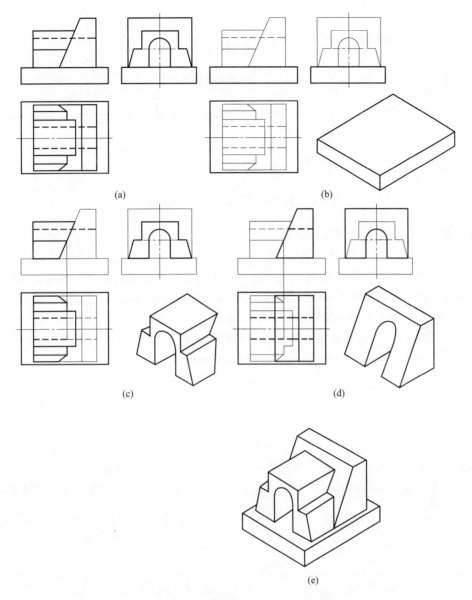

图 4-9　组合体的读图方法——形体分析法

(1) 组合体视图中线段的含义

① 一条线段（圆弧）可以表示为平面或曲面的积聚性投影。如图 4-10 所示，底部正六棱柱的六个侧棱面均垂直于 H 面，其水平投影均积聚为直线段；正六棱柱的上下底面为水平面，其正面投影均积聚为水平直线段。中间圆柱体的圆柱面垂直于 H 面，其水平投影积聚为圆。

② 一条线段可以表示为两个表面交线的投影。如图 4-10 所示，正六棱柱各侧棱面的交线（棱线）为铅垂线，其正面投影为直线段，反映该正六棱柱的高度；顶部圆台的圆锥面与圆柱面的表面交线为圆，其水平投影反映该圆的实形，其正面投影积聚为水平直线段。

③ 一条线段可以表示为曲面立体（回转体）转向轮廓线的投影。如图 4-10 所示，圆柱面、圆锥面转向轮廓线的正面投影均为直线段。

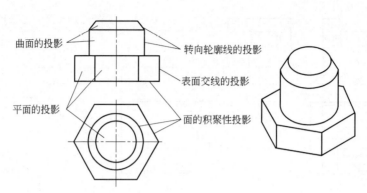

图 4-10　投影图中线段、封闭线框的含义

（2）组合体视图中封闭线框的含义

① 一个封闭的线框可以表示为平面的投影。如图 4-10 所示，正六棱柱其左、右四个侧棱面均为铅垂面，其正面投影分别积聚为两个等大的矩形，具有类似性。而前、后两个侧棱面为正平面，其正面投影积聚为一个矩形，且反映前、后两个侧棱面的实形。顶部圆台的上底面为水平面，其水平投影为圆形，反映其上底面的实形。

② 一个封闭的线框可以表示为曲面（回转面）的投影。如图 4-10 所示，中间圆柱面的正面投影为矩形，顶部圆台其圆锥面的正面投影为梯形。

③ 一个封闭的线框可以表示为孔、洞的投影。如图 4-8（a）所示，A、B 部分的凸、凹情况，通过如图 4-8（b）和（c）所示的分析过程可以看出，其分别对应为四棱柱孔和圆柱孔。

例 4-1　如图 4-11（a）所示，已知组合体的主、俯视图，要求补画其左视图。

分析：首先使用形体分析法，根据已知的主、俯视图分析出该组合体为上、下两个基本形体叠加组合而成，下部形体为一个长方体被一个正垂面切去其左上角，再被一个铅垂面切

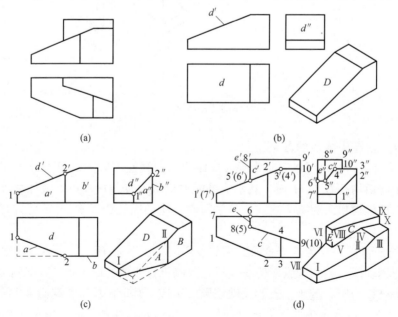

图 4-11　组合体补画视图的分析方法——分析各表面的交线

去其左前角，而上部形体为底面是直角梯形的四棱柱，且该上、下两部分形体的后立面与右侧立面共面。然后依据三等规律，分别确定其在主、俯视图上的投影，从而分析、想象两个基本形体的空间形状，并进一步结合线面分析法确定两基本形体之间的相对位置关系，最后构思出整个组合体的空间形状。

作图步骤：

① 如图 4-11（b）所示，下部形体为一个长方体被正垂面 D 切去其左上角，补画出其左视图。

② 如图 4-11（c）所示，该下部形体再被铅垂面 A 切去其左前角，铅垂面 A 与正垂面 D 的交线为 Ⅰ Ⅱ，确定该交线的正面投影 $1'2'$ 和水平投影 12，依据三等规律，在左视图上确定该交线的侧面投影 $1''2''$。此处特别注意，A、D 面倾斜于投影面的两个投影均为缩小的类似形。

③ 如图 4-11（d）所示，上部形体为底面是直角梯形的四棱柱，且该上、下两部分形体的后立面与右侧立面共面。该上部形体的左侧立面 E 为侧平面，其侧面投影 e'' 为矩形实形，侧平面 E 与正垂面 D 的交线为正垂线 Ⅴ Ⅵ，依据三等规律，在左视图上确定该交线的侧面投影 $5''6''$。该上部形体的前立面为铅垂面 C，铅垂面 C 与正垂面 D 的交线为 Ⅳ Ⅴ，根据该交线的正面投影 $4'5'$ 和水平投影 45 即可确定其侧面投影 $4''5''$。必须注意正垂面 D 的侧面投影 $1''2''3''4''5''6''7''$ 和水平投影 1234567 均为缩小的类似形。同理，铅垂面 C 的正面投影和侧面投影也均为缩小的类似形，依据三等规律，确定其侧面投影 $4''5''8''9''10''$，即完成该组合体的左视图。

（3）分析组合体各表面的形状

当平面与投影面平行时，其在该投影面上的投影反映实形；当平面与投影面倾斜时，其在该投影面上的投影必为一个缩小的类似形。如图 4-12 所示，四个组合体中阴影平面的投影均反映该相似特性。如图 4-12（a）所示，该组合体中有一个凹形十边形正垂面，其正面

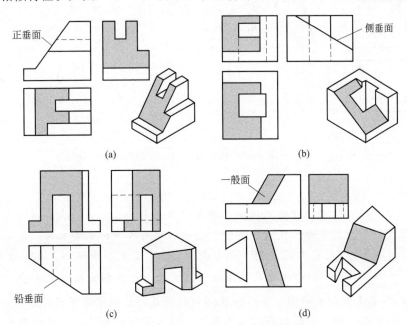

图 4-12　倾斜面的投影为其缩小的类似形

投影积聚为直线，水平投影和侧面投影均为与空间实形类似的十边形。如图 4-12（b）所示，该组合体中有一个凹形八边形侧垂面，其侧面投影积聚为直线，水平投影和正面投影均为与空间实形类似的八边形。如图 4-12（c）所示，该组合体中有一个凹形十边形铅垂面，其水平投影积聚为直线，正面投影和侧面投影均为与空间实形类似的十边形。如图 4-12（d）所示，该组合体中有一个平行四边形的一般位置平面，其在三视图中的投影均为与其空间实形类似的平行四边形。

下面举例说明该分析方法在读图中的应用。

例 4-2 如图 4-13（a）所示，已知组合体的主、左视图，要求补画其俯视图。

分析： 首先使用形体分析法，根据给出的主、左视图分析出该组合体为一长方体的前、后、左、右均被倾斜地切去四角后，再在其上部左、右两侧各挖去一角而形成，然后依据三等规律，并进一步结合线面分析法分析、想象出该组合体各表面的空间形状及其相对位置关系，最后构思出整个组合体的空间形状。

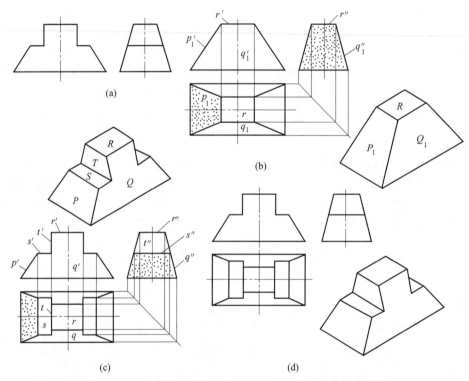

图 4-13 组合体补画视图的分析方法——分析各表面的形状

作图步骤：

① 如图 4-13（b）所示，分析出该组合体为一长方体的前、后、左、右均被倾斜地切去四角。补画俯视图时，应先画出其外轮廓矩形，再画出其各倾斜表面之间的交线的投影，如正垂面 P_1 和侧垂面 Q_1 的交线的投影。正垂面 P_1 的空间实形为梯形，其水平投影和侧面投影均为梯形。侧垂面 Q_1 的空间实形也为梯形，其水平投影和正面投影也均为梯形。水平面 R 为矩形，其水平投影为实形，其正面投影和侧面投影均积聚为直线段。

② 如图 4-13（c）所示，该组合体的上部左、右两侧分别用对称的水平面 S 和侧平面 T 各挖去一角。此时正垂面 P 的水平投影和侧面投影应为其空间实形的类似形；侧垂面 Q 的

水平投影和正面投影应为其空间实形的类似形。依据三等规律，作出正垂面 P 和侧垂面 Q 的水平投影。S 面为水平面，其水平投影为矩形实形，其正面投影和侧面投影均积聚为直线段。T 面为侧平面，其侧面投影为梯形实形，其正面投影和水平投影均积聚为直线段。

③ 图 4-13 (d) 为最后完成的组合体三视图，本例主要通过分析当组合体的表面为投影面的垂直面时，其倾斜于投影面的两个投影均为缩小的类似形，从而构思出组合体的空间形状。

(4) 分析组合体各表面的相对位置关系

组合体视图上任何相邻的封闭线框，必处于其表面相交或前、后不同位置的两个面的投影。该两个面的相对位置究竟如何，应分别根据其三个视图的相对位置关系来分析。现仍以图 4-5 (b) 和 (f) 为例，图 4-14 为其分析方法。如图 4-14 (a) 所示，首先比较面 A、B、C 和面 D，由于俯视图中均为粗实线，故只可能是 D 面凸出在前，A、B、C 面凹进在后。然后再比较面 A、C 和面 B，由于其左视图上出现虚线，从主、俯视图来看，只可能 A、C 面在前，B 面在后。又因为其左视图中，与其等高处分别对应一条垂直虚线和一条倾斜粗实线，故 A、C 面为侧垂面，B 面为正平面。弄清楚各表面的前后位置关系，即可想象出该组合体的空间形状。如图 4-14 (b) 所示，由于俯视图的左、右两侧出现虚线，而中间为粗实线，故可断定 A、C 面相对 D 面凸出在前，B 面处于 D 面的后部。又因为左视图中出现一条斜虚线，故可知凹进的 B 面是一侧垂面，其与 D 面相交。下面举例说明该分析方法在读图中的应用。

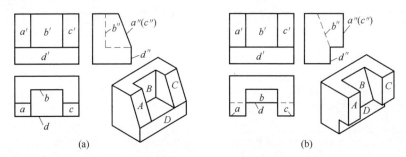

图 4-14 分析组合体各表面的相对位置关系

例 4-3 如图 4-15 (a) 所示，已知组合体的主、俯视图，要求补画其左视图。

分析： 首先使用形体分析法，根据已知的主、俯视图分析出该组合体是由三个基本形体叠加组合而成，再挖去一个圆柱形通孔；然后依据三等规律，分别找出每个基本形体在主、俯视图上的投影，从而想象出各个基本形体的空间形状。同时，应进一步结合线面分析法确定各基本形体之间的相对位置关系，最后构思出整个组合体的空间形状。

作图步骤：

① 如图 4-15 (b) 所示，该组合体底部为一个长方体，通过分析面 A 和面 B 的相对位置，可知 B 面在前，A 面在后，故该底部形体为一个凹形长方体。补出该长方体的左视图，凹进部分用中粗虚线表示。

② 如图 4-15 (c) 所示，由主视图上的 c 面正面投影 c' 可知在底部长方体的前端中部还有一个凸出的四棱柱，需在左视图上补出该四棱柱的侧面投影。

③ 如图 4-15 (d) 所示，在底部长方体上方与其后立面平齐处叠加了一个被挖去圆柱形通孔的立板，因图中引出线所指处没有任何形体的轮廓线，可知该立板的前立面与上述的 A 面共面。补齐该立板的左视图，即完成整个组合体的左视图。

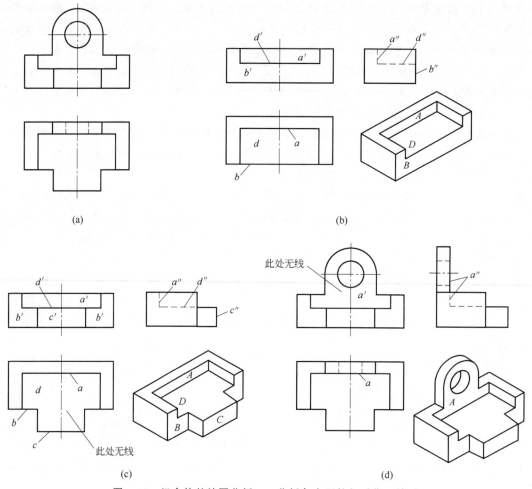

图 4-15   组合体的补图分析——分析各表面的相对位置关系

三、组合体读图步骤小结

根据上述读图实例，即可总结组合体读图的具体步骤如下：

① 对组合体进行形体分析   根据组合体的已知视图，初步了解该组合体的基本空间形状。通常先从最能反映该组合体形状特征的主视图着手，利用形体分析法分析该组合体由哪些基本形体组成及其组合形式。然后依据三等规律，逐一确定每个基本形体的三视图，进一步分析、想象各个基本形体的空间形状及其相对位置关系。

② 对组合体进行线面分析   对于复杂的组合体或组合体中的复杂局部，在形体分析法的基础上应进一步使用线面分析法，对该部分形体逐线逐面（每一条线段、每一个封闭线框）进行三面投影对照分析，从而确定其三面投影及其空间相对位置，进一步明确该组合体复杂局部的空间形状。

③ 综合考虑整体构思组合体的空间形状   综合分析、想象各个基本形体的空间形状和相对位置关系，整体构思该组合体的空间形状。

例 4-4   如图 4-16（a）所示，已知组合体的主、左视图，要求补画其俯视图。

分析：首先使用形体分析法，根据已知的主、左视图分析出该组合体为上、下两部分形

图 4-16　组合体的读图步骤

体叠加组合而成。如图 4-16（b）所示，下部形体为一个长方体底板，在该底板的底部开有矩形断面的前、后通槽；上部形体为一个七棱柱，其前、后立面分别被两个侧垂面各切去一角。然后依据三等规律，并进一步使用线面分析法，确定上、下两部分形体的空间形状及其相对位置关系，最后构思出整个组合体的空间形状。

作图步骤：

①　形体分析：如图 4-16（a）所示，已知该组合体的主、左两视图中均有两个封闭线框，其两面投影分别相互对应，即可初步判断该组合体为上、下两部分形体叠加组合而成。如图 4-16（b）所示，下部形体为一个长方体底板，该底板的底部开有矩形断面的前、后通槽；上部形体为一个七棱柱，其前、后立面分别被两个侧垂面各切去一角。如图 4-16（c）所示，先画出下部形体的俯视图。

② 线面分析：该组合体的上部形体部分相对比较复杂，应进一步使用线面分析法，对上部形体逐线逐面（每一条线段、每一个封闭线框）进行三面投影对照分析。上部形体共由9个平面所围成，分别是3个矩形水平面，2个梯形正垂面，2个七边形侧垂面和2个梯形侧平面。如图 4-16 (d)~(f) 所示，逐一画出该9个平面的水平投影，作图时应注意四个投影面的垂直面其倾斜于投影面的两个投影均为缩小的类似形。如图 4-16 (g) 所示，完成上部形体的俯视图。

③ 综合考虑整体构思：综合分析、想象上、下两部分形体的空间形状和相对位置关系，整体构思该组合体的空间形状。如图 4-16 (h) 所示，完成该组合体的俯视图。

在整个组合体读图的过程中，一般以形体分析法为主，进一步结合线面分析法，边分析、边想象、边作图，即可快速、有效地读懂组合体的视图。

第五章

轴测投影

多面正投影图通常能较完整、确切地表达出形体各部分的形状，且绘图方便，所以它是工程上常用的图样，如图 5-1（a）所示。但是这种图样缺乏立体感，必须有一定读图能力的人才能看懂。为了帮助看图，工程上还采用轴测投影图，如图 5-1（b）所示。轴测投影图能在一个投影上同时反映物体的正面、顶面和侧面的形状，立体感强，直观性好。但轴测投影图也有缺陷，它不能确切地表达形体的实际形状与大小，比如形体上原来的长方形平面，在轴测投影图上变形成平行四边形，圆变形成椭圆，且作图复杂，因而轴测投影图在工程上仅用来作为辅助图样。

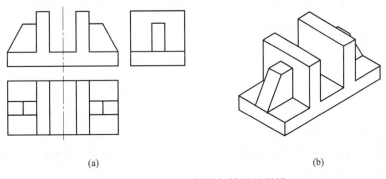

（a）   （b）

图 5-1　多面正投影图与轴测投影图

第一节　基 本 知 识

一、轴测投影的形成

将物体和确定该物体位置的直角坐标系，按投影方向 S 用平行投影法投影到某一选定的投影面 P 上得到的投影图称为轴测投影图，简称轴测图；该投影面 P 称为轴测投影面。通常轴测图有以下两种基本形成方法，如图 5-2 所示。

① 投影方向 S_Z 与轴测投影面 P 垂直，将物体倾斜放置，使物体上的三个坐标面和 P 面都斜交，这样所得的投影图称为正轴测投影图。

② 投影方向 S_X 与轴测投影面 P 倾斜，这样所得的投影图称为斜轴测投影图。把正立投影面 V 当作轴测投影面 P，所得斜轴测投影叫正面斜轴测投影；把水平投影面 H 当作轴测投影面 P，所得斜轴测投影叫水平斜轴测投影。

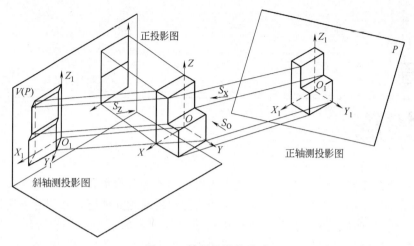

图 5-2   轴测投影的形成

二、轴测轴、轴间角和轴向变形系数

① 轴测轴：空间直角坐标轴 OX、OY、OZ 在轴测投影面 P 上的投影 O_1X_1、O_1Y_1、O_1Z_1 称为轴测投影轴，简称轴测轴。

② 轴间角：轴测轴之间的夹角 $\angle X_1O_1Y_1$、$\angle X_1O_1Z_1$ 和 $\angle Y_1O_1Z_1$ 称为轴间角。三个轴间角之和为 $360°$。

③ 轴向变形系数：也叫轴向伸缩系数。轴测轴上单位长度与相应坐标轴上单位长度之比称为轴向变形系数，分别用 p、q、r 表示。即 $p = O_1X_1/OX$、$q = O_1Y_1/OY$、$r = O_1Z_1/OZ$，则 p、q、r 分别称为 X、Y、Z 轴的轴向变形系数。

轴测轴、轴间角及轴向变形系数是绘制轴测图时的重要参数，不同类型的轴测图其轴间角及轴向变形系数是不同的。

三、轴测投影的投影特性

因为轴测投影仍然是平行投影，所以它必然具有平行投影的投影特性。即：

① 平行性：形体上互相平行的直线，其轴测投影仍平行。

② 定比性：形体上与轴平行的线段，其轴测投影平行于相应的轴测轴，其轴向变形系数与相应轴测轴的轴向变形系数相等。因此，画轴测图时，形体上凡平行于坐标轴的线段，都可按其原长度乘以相应的轴向变形系数得到轴测长度，这就是轴测图"轴测"二字的含义。

四、轴测图的分类

已如前述，根据投影方向和轴测投影面的相对关系，轴测投影图可分为：正轴测投影图和斜轴测投影图。这两类轴测投影，根据轴向变形系数的不同，又可分为三种：

① 当 $p=q=r$，称为正（或斜）等轴测投影，简称为正（或斜）等测。

② 当 $p=r\neq q$，或 $p=q\neq r$ 或 $q=r\neq p$，称为正（或斜）二等轴测投影，简称为正（或斜）二测。

③ 当 $p \neq q \neq r$，称为正（或斜）三轴测投影，简称为正（或斜）三测。

工程中最常用的是正等轴测图（简称正等测）和斜二等轴测图（简称斜二测）。

第二节　正轴测投影

一、轴间角与轴向伸缩系数

正轴测投影图是用正投影法绘制的轴测图。此时物体的三个直角坐标面都倾斜于轴测投影面。倾斜的程度不同，其轴测轴的轴间角和轴向伸缩系数亦不同。根据三个轴向伸缩系数是否相等，正轴测投影图可分为：正等测、正二测、正三测。工程实践中常采用正等测和正二测。

1. 正等测

根据理论分析（证明从略），正等测的轴间角 $\angle X_1 O_1 Y_1 = \angle X_1 O_1 Z_1 = \angle Y_1 O_1 Z_1 = 120°$。作图时，一般使 $O_1 Z_1$ 轴处于铅垂位置，则 $O_1 X_1$ 和 $O_1 Y_1$ 轴与水平线成 $30°$，可利用 $30°$ 三角板方便地作出，如图 5-3（a）所示。正等测的轴向变形系数 $p = q = r \approx 0.82$。但在实际作图时，按上述轴向变形系数计算尺寸却是相当麻烦。由于绘制轴测图的主要目的是为了表达物体的直观形状，故为了作图方便起见，常采用一组轴向的简化变形系数，在正等测中，取 $p = q = r = 1$，作图时就可以将视图上的尺寸直接度量到相应的 $O_1 X_1$、$O_1 Y_1$ 和 $O_1 Z_1$ 轴上。如图 5-4（a）所示长方体的长、宽和高分别为 a、b 和 h，按轴向的简化变形系数作出的正等测，如图 5-4（b）所示。它与实际变形系数相比较，其形状不变，仅是图形按一定比例放大，图上线段的放大倍数为 $1/0.82 \approx 1.22$。

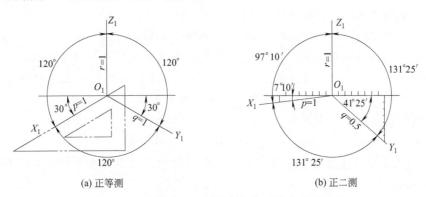

(a) 正等测　　　　　　　　　　　(b) 正二测

图 5-3　正等测和正二测的轴间角及轴向变形系数

2. 正二测

正二测的轴间角 $\angle X_1 O_1 Y_1 = \angle Y_1 O_1 Z_1 = 131°25'$，$\angle X_1 O_1 Z_1 = 97°10'$。作图时，一般使 $O_1 Z_1$ 轴处于铅垂位置，则 $O_1 X_1$ 轴与水平线成 $7°10'$，$O_1 Y_1$ 轴与水平线成 $41°25'$，由于 $\mathrm{tg}7°10' \approx 1/8$，$\mathrm{tg}41°25' \approx 7/8$，因此可利用此比例作出正二测的轴测轴，如图 5-3（b）所示。正二测的轴向变形系数 $p = r \approx 0.94$，$q \approx 0.47$，为作图方便，取轴向的简化变形系数 $p = r = 1$，$q = 0.5$，这样作出长方体的正二测，如图 5-4（c）所示，图上线段的放大倍数为 $1/0.94 = 0.5/0.47 \approx 1.06$。

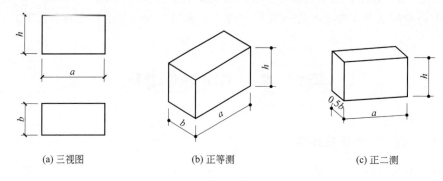

(a) 三视图　　　　　　　(b) 正等测　　　　　　　(c) 正二测

图 5-4　长方体的正等测和正二测

二、 平面体正轴测图的画法

1. 正等轴测图的画法

画轴测图的基本方法是坐标法，即根据形体各顶点的坐标值定出其在轴测投影中的位置，画出轴测图的作图方法称为坐标法。

但在实际作图时，还应根据物体的形状特点不同，结合端面法（拉伸法）、切割法、组合法（叠加法）等，灵活采用不同的作图步骤。下面举例说明不同形状特点的平面立体轴测图的几种具体作法。

（1）坐标法

绘制正等轴测图一般将 O_1Z_1 轴画成铅垂，另外两个方向按物体所要表达的内容和形体特征选择，所绘图样尽可能将物体要表达的部分清晰表达出来。

例 5-1　作出如图 5-5（a）所示正五棱柱的正等轴测图。

分析：由于作形体的轴测图时，习惯上是不画出其虚线的，如图 5-5（g）所示，因此作正五棱柱的轴测图时，为了减少不必要的作图线，宜选择五棱柱的上底面作为 XOY 面，如图 5-5（a）所示。绘制基本体的轴测图，主要是找出各顶点的轴测坐标即可。因为轴测图不画虚线，所以坐标原点的选择就尤为重要。

作图步骤：

① 在投影图上定出坐标轴和原点。坐标原点 O 取在五棱柱上底面，并在投影图中标出上底面各顶点，如图 5-5（a）所示。

② 画轴测轴，注意轴间角，轴测轴 O_1Z_1 向下，如图 5-5（b）所示。

③ 作出五棱柱上底面轴测图，如图 5-5（c）所示。

④ 在 O_1Z_1 轴上截取五棱柱高，如图 5-5（d）所示。

⑤ 作出五棱柱下底面轴测图，如图 5-5（e）所示。

⑥ 完成五棱柱的轴测图，如图 5-5（f）所示。

⑦ 描深需要轮廓线，完成正五棱柱的正等轴测图，如图 5-5（g）所示。（作图线如果太多太乱，可以适当擦去多余的作图线，否则保留作图线即可。）

注意：在正等测轴测图中不与轴测轴平行的直线不能按 1 : 1 量取，应先根据坐标定出两个端点，再连接而成。

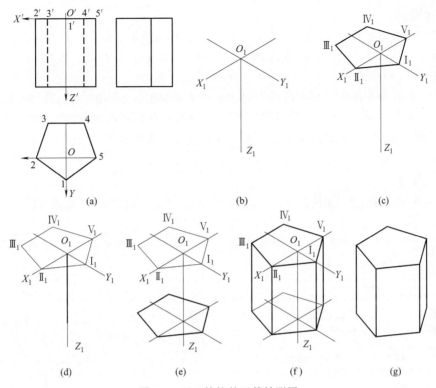

图 5-5　正五棱柱的正等轴测图

（2）端面法（拉伸法）

此种方法在计算机建模时显得尤为方便。其作图方法是先作出端面的投影，再根据其长、宽或高的尺寸完成作图。

例 5-2　绘制如图 5-6（a）所示形体的正等轴测图。

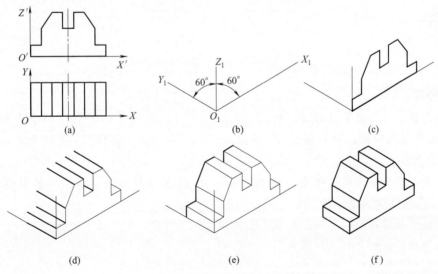

图 5-6　用端面法绘制形体的正等轴测图

分析：此形体可以看成是由一个十四边形的端面（正面）经过拉伸而成。故其正等轴测图可以先作出端面，再过端面各顶点给出宽度（Y 轴方向的平行线）即可。

作图步骤：

① 在投影图上定出坐标轴和原点。坐标原点 O 取在形体左前角，如图 5-6（a）所示。

② 画轴测轴，注意轴间角。轴测轴 O_1Z_1 向上，O_1X_1 和 O_1Y_1 与 O_1Z_1 反方向各成 $60°$，如图 5-6（b）所示。

③ 从形体左前角开始，画出端面十四边形的正等轴测图，如图 5-6（c）所示。

④ 过端面各顶点沿 Y（宽度）画平行线，注意被遮住的轮廓不画，如图 5-6（d）所示。

⑤ 画出后端面十四边形的正等轴测图，注意被遮住的轮廓不画，如图 5-6（e）所示。

⑥ 描深需要轮廓线，整理成图，如图 5-6（f）所示。

(3) 切割法

切割法是画轴测图最常用的方法，用切割法绘制轴测图一般应遵循先整体后局部的原则。

例 5-3 绘制如图 5-7（a）所示形体的正等轴测图。

分析： 该形体可视为由完整长方体经挖切而形成。画轴测图时，可先画出完整的形体（原形），再逐步挖切。

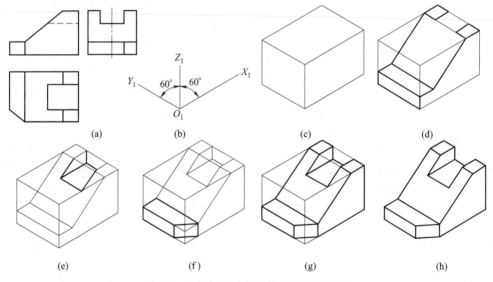

图 5-7 用切割法绘制形体的正等轴测图

作图步骤：

① 画出长方体的正等轴测图，如图 5-7（c）所示。注意坐标原点 O 取在形体左前角，画轴测轴时注意轴间角，轴测轴 O_1Z_1 向上，O_1X_1 和 O_1Y_1 与 O_1Z_1 反方向各成 $60°$，如图 5-7（b）所示。

② 由上下水平面的尺寸确定切去的正垂面（一定要沿轴向量取尺寸来确定正垂面的位置）如图 5-7（d）所示。

③ 挖切中间的方槽，注意平行性，如图 5-7（e）所示。

④ 挖切左前方一个角，如图 5-7（f）所示。

⑤ 描深需要轮廓线，如图 5-7（g）所示。

⑥ 整理成图，如图 5-7（h）所示。

(4) 组合法（叠加法）

组合法又称为叠加法，绘图时首先应对形体的构成进行分析，明确它的形状。一般从较大的形体入手，根据各部分之间的关系，逐步画出。

　　例 5-4　作出如图 5-8（a）所示形体的正等轴测图。

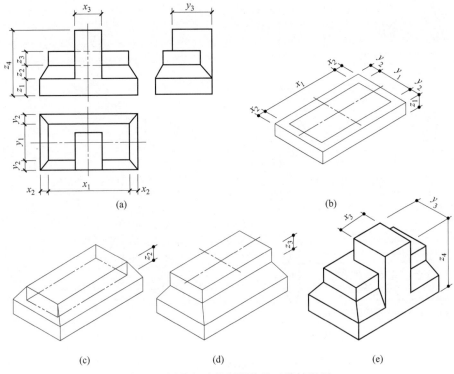

图 5-8　用叠加法绘制形体的正等轴测图

　　分析：画组合体的轴测图，首先应对组合体的构成进行分析，明确它的形状。从较大的形体入手，根据各部分之间的关系，逐步画出。如图 5-8（a）所示的形体可以看成若干基本体叠加，绘图时可以分别绘出基本体的轴测图，叠加时注意各基本体之间的相对位置关系。

　　作图步骤：

　　① 从形体左前角开始，画出底板及四棱台上底面，如图 5-8（b）所示。

　　② 画全四棱台，如图 5-8（c）所示。

　　③ 画四棱柱，如图 5-8（d）所示。

　　④ 画中间四棱柱，整理成图，如图 5-8（e）所示。

　　对于由几个基本体叠加而成的组合体，宜在形体分析的基础上，将各基本体逐个画出，最后完成整个形体的轴测图，此种方法称为叠加法。

　　2. 正二轴测图的画法

　　例 5-5　作出图 5-9（a）所示截头三棱锥的正二轴测图。

　　分析：根据截头三棱锥的形状特点，宜选择其底面作为 XOY 面，顶点 C 为坐标原点 O，采用坐标法作出三棱锥及截断面上各顶点的轴测投影，然后连接各顶点，这样作图较为方便。

　　作图步骤：

　　① 在投影图上定出坐标轴和原点。取顶点 C 为原点 O，并标出截断面上各顶点 1、2、3，如图 5-9（a）所示。

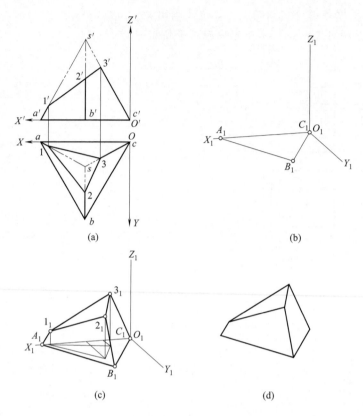

图 5-9　截头三棱锥的正二测

② 画轴测轴，则原点 O_1 就是点 C 的轴测投影 C_1；按尺寸作出 A 点的轴测投影 A_1；按坐标值作出 B 点的轴测投影 B_1，连接各顶点，完成三棱锥底面的轴测投影，如图 5-9（b）所示。

③ 按坐标值作出截断面上各顶点 1、2、3 的轴测投影 1_1、2_1、3_1，连接各顶点，完成三棱锥截断面和各棱线的轴测投影，如图 5-9（c）所示。

④ 最后擦去多余的作图线并描深，完成截头三棱锥的正二测，如图 5-9（d）所示。

三、 圆的正等轴测图

1. 圆的正轴测投影的性质

在一般情况下，圆的轴测投影为椭圆。根据理论分析（证明从略）坐标面（或其平行面）上圆的轴测投影（椭圆）的长轴方向与该坐标面垂直的轴测轴垂直；短轴方向与该轴测轴平行，如图 5-10 所示。

在正等轴测图中，椭圆的长轴为圆的直径 d，短轴为 $0.58d$。如按简化变形系数作图，其长、短轴长度均放大 1.22 倍，即长轴长度等于 $1.22d$，短轴长度等于 $0.7d$，如图 5-10 所示。

2. 圆的正等轴测投影（椭圆）的画法

（1） 一般画法——弦线法

对与处在一般位置平面或坐标面（或其平行面）上的圆，都可以用弦线法作出圆上一系

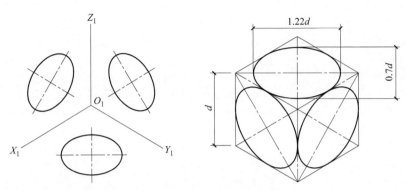

图 5-10　坐标面上圆的正等测

列点的轴测投影，然后光滑地连接起来，即得到圆的轴测投影。如图 5-11（a）所示为一水平面上的圆，其正等轴测投影的作图步骤如下：

① 首先画出 X_1、Y_1 轴，并在其上按直径大小直接定出 1_1、2_1、3_1、4_1 点，如图 5-11（b）所示。

② 过 OY 轴上的 A、B 等点作一系列平行 OX 轴的平行弦，如图 5-11（a）所示，然后按坐标值相应地作出这些平行弦长的轴测投影，即求得椭圆上的 5_1、6_1、7_1、8_1 等点，如图 5-11（b）所示。

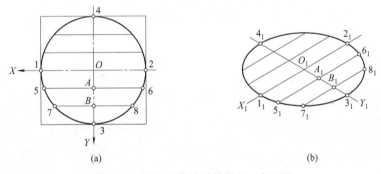

图 5-11　圆的正等轴测投影的一般画法

③ 光滑地连接 1_1、2_1、3_1、4_1、5_1、6_1、7_1、8_1 等各点，即为该圆的轴测投影（椭圆）。

（2）近似画法——四心圆法

为了简化作图，通常采用椭圆的近似画法——四心圆法。如图 5-12 所示，表示直径为 d 的圆在正等测中 $X_1O_1Y_1$ 面上椭圆的画法；$X_1O_1Z_1$ 和 $Y_1O_1Z_1$ 面上椭圆，仅长、短轴的方向不同，其画法与在 $X_1O_1Y_1$ 面上的椭圆画法相同。

① 做圆的外切正方形 $ABCD$ 与圆相切于 1、2、3、4 四个切点，如图 5-12（a）所示。

② 画轴测轴，按直径 d 作出四个切点的轴测投影 1_1、2_1、3_1、4_1，并过其分别作 X_1 轴与 Y_1 轴的平行线。所形成的菱形的对角线即为长、短轴的位置，如图 5-12（b）所示。

③ 连接 $D_1 1_1$ 和 $B_1 2_1$，并与菱形对角线 A_1C_1 分别交与 E_1、F_1 两点，则 B_1、D_1、E_1、F_1 为四个圆心，如图 5-12（c）所示。

④ 分别以 B_1、D_1 为圆心，以 $B_1 2_1$、$D_1 1_1$ 为半径作圆弧，如图 5-12（d）所示。

⑤ 再分别以 E_1、F_1 为圆心，以 $E_1 1_1$、$F_1 2_1$ 为半径作圆弧，即得到近似椭圆，如图

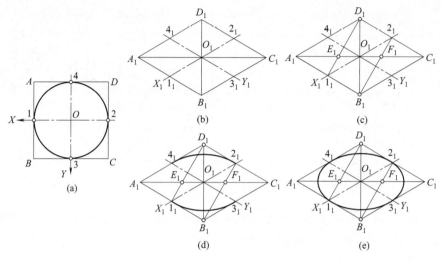

图 5-12　圆的正等测的近似画法

5-12（e）所示。

上述四心圆法可以演变为切点垂线法，用这种方法画圆弧的正等测更为简单。

如图 5-13（a）所示中的圆角部分，作图时用切点垂线法，如图 5-13（b）所示，其步骤如下：

① 在角上分别沿轴向取一段长度等于半径 R 的线段，得 A、A 和 B、B 点，过 A、B 点作相应边的垂线分别交于 O_1 及 O_2 点。

② 以 O_1 及 O_2 为圆心，以 O_1A 及 O_2B 为半径作弧，即为顶面上圆角的轴测图。

③ 分别将 O_1 和 O_2 点垂直下移，取 O_3、O_4 点，使 $O_1O_3 = O_2O_4 = h$（物体厚度）。以 O_3 及 O_4 为圆心，作底面上圆角的轴测投影，再作上、下圆弧的公切线，即完成作图。

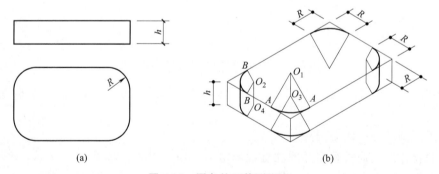

图 5-13　圆角的正等测画法

四、 曲面立体的正等测画法

掌握了圆的正轴测投影画法后，就不难画出回转曲面立体的正轴测图，如图 5-14 所示。图 5-14（a）和（b）为圆柱和圆锥台的正等轴测图，作图时分别作出其顶面和底面的椭圆，再作其公切线即可。图 5-14（c）为上端被切平的球，由于按简化变形系数作图，因此取 $1.22d$（d 为球的实际直径）为直径先作出球的外形轮廓，然后作出切平后截交线（圆）的轴测投影即可。图 5-14（d）为任意回转体，可将其轴线分为若干份，以各分点为中心，作

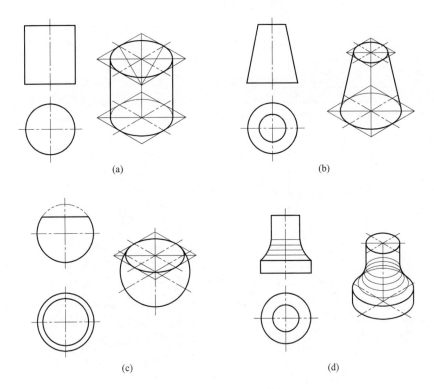

(a) (b)

(c) (d)

图 5-14 几种回转曲面立体的轴测图

出回转体的一系列纬圆，再对应地作出这些纬圆的轴测投影，然后作出它们的包络线即可。

下面举例说明不同形状特点的曲面立体轴测图的几种具体作法。

例 5-6 作出如图 5-15（a）所示组合体的正等测。

分析：通过形体分析，可知组合体是由底板、立板和三角形肋板三部分叠加而成的。底板前端一侧为 1/4 圆角，且底板中间有一个圆柱孔；立板底面与底板等长，上面开有圆柱孔。画这类组合体的轴测投影时，宜采用组合法（叠加法），将其分解为多个基本体，按其相对位置逐一画出它们的轴测图，最后得组合体轴测图。

作图步骤：

① 在投影图上定出坐标轴和原点。取三板交点为原点 O，如图 5-15（a）所示。

② 画轴测轴，按底板、立板和三角形肋板的尺寸作出其轴测投影，用切点垂线法画出底板上 1/4 圆角的轴测投影，如图 5-15（b）所示。

③ 按近似画法作出底板和立板上圆的轴测投影，如图 5-15（c）所示。

④ 最后擦去多余的作图线并描深，完成组合体的正等测，如图 5-15（d）所示。

例 5-7 作出如图 5-16（a）所示两相交圆柱的正等测。

分析：作两相交圆柱的轴测图时，相贯线的画法是难点。可利用描点法绘制，即利用辅助平面法的作图原理，在轴测图上直接作辅助平面，从而求得相贯线上各点的轴测投影。显然，点取的越多作出的图形越准确。本图选择大圆柱的底面圆作为 XOY 面，圆心为坐标原点 O。

作图步骤：

① 在投影图上定出坐标轴和原点。取大圆柱的底面圆心为原点 O，如图 5-16（a）所示。

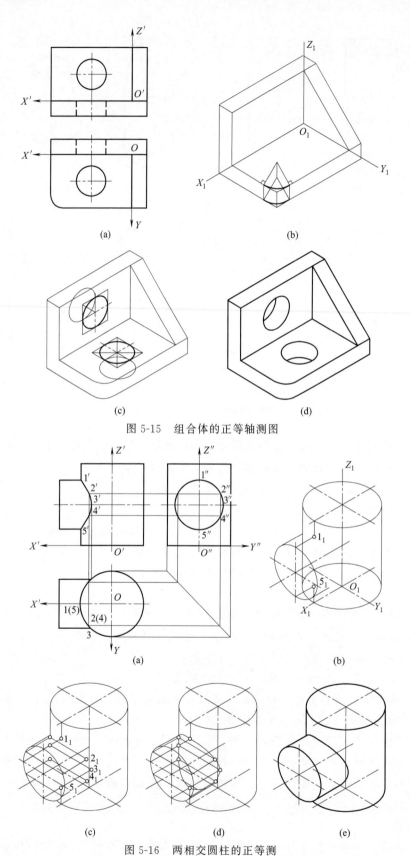

图 5-15　组合体的正等轴测图

图 5-16　两相交圆柱的正等测

② 画轴测轴，作出两圆柱的轴测投影，如图 5-16（b）所示。

③ 用辅助平面法作出相贯线上各点的轴测投影，如图 5-16（c）所示。

④ 依次光滑连接各点，即得到相贯线的轴测投影，如图 5-16（d）所示。

⑤ 最后擦去多余的作图线并描深，完成两相交圆柱的正等测，如图 5-16（e）所示。

第三节　斜轴测投影

工程上常用的斜轴测投影是斜二测，它画法简单，立体感好。

一、斜二测的轴间角和轴向变形系数

1. 正面斜二测

从图 5-17（a）可看出，在斜轴测投影中通常将物体放正，即使物体上某一坐标面平行于轴测投影面 P，投射方向 S 倾斜于 P 面，因而该坐标面或其平行面上的任何图形在 P 面上的投影总是反映实形。若将正立投影面 V 作为轴测投影面 P，使物体 XOZ 坐标面平行于 P 面放正，此时得到的投影就称为正面斜轴测投影，常用的一种是正面斜二等轴测投影，简称正面斜二测。因为 XOZ 坐标面平行于投影面 P，所以轴间角 $\angle X_1 O_1 Z_1 = 90°$，X 轴和 Z 轴的轴向变形系数 $p = r = 1$。轴测轴 $O_1 Y_1$ 的方向和轴向变形系数与投射方向 S 有关，为了作图方便，取轴间角 $\angle X_1 O_1 Y_1 = \angle Y_1 O_1 Z_1 = 135°$，$q = 0.5$。作图时，一般使 $O_1 Z_1$ 轴处于铅垂位置，则 $O_1 X_1$ 轴为水平线，$O_1 Y_1$ 轴与水平线成 45°，可利用 45°三角板方便地作出，如图 5-17（b）所示。

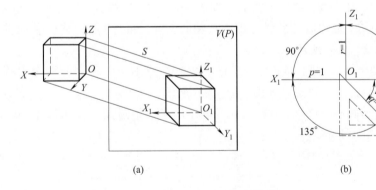

(a)　　　　　　　　　　　　　(b)

图 5-17　正面斜二测投影

2. 水平斜二测

将水平投影面 H 作为轴测投影面 P，使物体 XOY 坐标面平行于 P 面，此时得到的投影就称为水平斜轴测投影，如图 5-18（a）所示。常用的一种是水平斜二等轴测投影，简称水平斜二测。因为 XOY 坐标面平行于投影面 P，所以轴间角 $\angle X_1 O_1 Y_1 = 90°$，X 轴和 Y 轴的轴向变形系数 $p = q = 1$。为了作图方便，取轴间角 $\angle X_1 O_1 Z_1 = 120°$，$\angle Y_1 O_1 Z_1 = 150°$，$r = 0.5$。作图时，习惯上使 $O_1 Z_1$ 轴处于铅垂位置，则 $O_1 X_1$ 轴与水平线成 30°，而 $O_1 X_1$ 轴和 $O_1 Y_1$ 轴成 90°，可利用 30°三角板方便地作出，如图 5-18（b）所示。

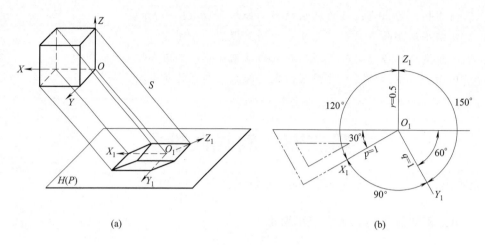

图 5-18　水平斜二测投影

二、圆的斜二测

由于 XOZ 面（或其平行面）的轴测投影反映实形，因此 XOZ 面上的圆的轴测投影仍为圆，其直径与实际的圆相同。在 XOY、YOZ 面（或其平行面）上的圆的轴测投影为椭圆，这些椭圆可采用前面介绍过的一般画法作出，也可采用近似画法。图 5-19 表示在 XOY 面上直径为 d 的圆在斜二测中椭圆的近似画法，$Y_1 O_1 Z_1$ 面上的椭圆，仅长、短轴的方向不同，其他画法与之相同。

① 画轴测轴，在 X_1 轴上按直径 d 量取点 A_1、C_1，在 Y_1 轴上按 $0.5d$ 量取点 B_1、D_1，并过其分别作 X_1 轴与 Y_1 轴的平行线，如图 5-19（a）所示。

② 过 O_1 点作与 X_1 轴约成 7°斜线，即为长轴的位置；再过 O_1 点作长轴的垂线，即为短轴的位置，如图 5-19（b）所示。

③ 取 $O_1 1 = O_1 3 = d$，分别以 1、3 为圆心，以 $3A_1$ 或 $1C_1$ 为半径作两个大圆弧；连接 $3A_1$ 和 $1C_1$ 与长轴交与 2、4 两点，如图 5-19（c）所示。

④ 分别以 2、4 为圆心，以 $2A_1$ 或 $4C_1$ 为半径作两个小圆弧与大圆弧相切，即得到近似椭圆，如图 5-19（d）所示。

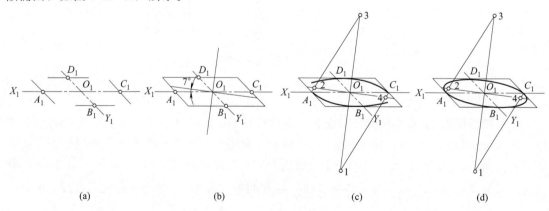

图 5-19　斜二测中 XOY 面上圆的近似画法

三、斜二测的画法

画图之前，首先要根据物体的形状特点选定斜二测的种类，通常情况下选用正面斜二测，只有画一些建筑物的鸟瞰图时才选用水平斜二测，工程上常用来绘制一个区域的总平面布置或绘制一幢建筑物的水平剖面。

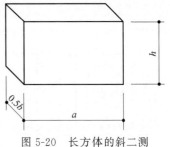

作斜二测时，只要采用上述轴间角和轴向变形系数，其作图步骤和正等测、正二测完全相同，长方体的斜二测如图5-20所示。

在斜二测中，由于 XOZ 面（或其平行面）的轴测投影仍反映实形，因此应把物体形状较为复杂的一面作为正面，

图 5-20　长方体的斜二测

尤其具有较多圆或圆弧连接时，此时采用斜二测作图就非常方便。

例 5-8　作出如图 5-21（a）所示空心砖的斜二测。

分析：因为空心砖的正面形状比较复杂，因此选用正面斜二测作图最为简便。选择空心砖的前表面作为 XOZ 面，前表面左下顶点为坐标原点 O。

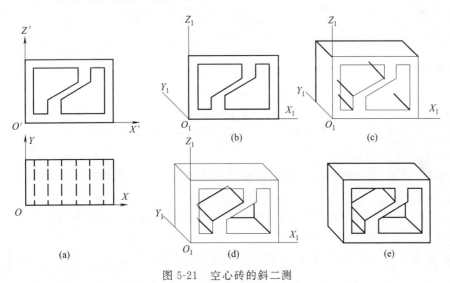

图 5-21　空心砖的斜二测

作图步骤：

① 在投影图上定出坐标轴和原点。取前表面左下顶点为原点 O，如图 5-21（a）所示。

② 画轴测轴并作空心砖前表面的正面斜轴测投影（即为 V 面投影实形），如图 5-21（b）所示。

③ 过前表面上各角点作 O_1Y_1 轴平行线（即形体宽度线，不可见不画），在其上取空心砖厚度的一半，如图 5-21（c）所示。

④ 作出镂空部分的轴测投影，即画出空心砖后表面的可见轮廓线，如图 5-21（d）所示。

⑤ 最后擦去多余的作图线并描深，完成空心砖的正面斜二测，如图 5-21（e）所示。

例 5-9　作出如图 5-22（a）所示拱门的斜二测。

分析：因为拱门的正面有圆，因此选用正面斜二测作图最为简便。拱门是由地台、门身和

顶板三部分组成的，宜采用组合法（叠加法），按其相对位置逐一画出它们的轴测图，最后得到拱门整体的轴测图。选择拱门的前表面作为 XOZ 面，前表面圆心为坐标原点 O。

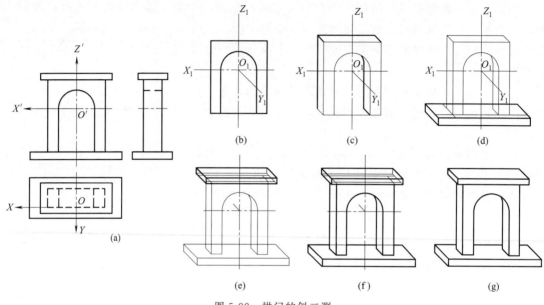

图 5-22　拱门的斜二测

作图步骤：

① 在投影图上定出坐标轴和原点。取前表面圆心为原点 O，如图 5-22（a）所示。

② 画轴测轴，作出门身的正面投影实形，如图 5-22（b）所示。

③ 过门身各顶点作出后表面投影，厚度沿 Y_1 反方向取，注意画出从门洞中能够看到的后边缘，如图 5-22（c）所示。

④ 作地台的斜轴测投影，厚度分别沿门身下表面 Y_1 反正两方向取，如图 5-22（d）所示。

⑤ 作顶板的斜轴测投影。作图时必须注意形体的相对位置，厚度分别沿门身上表面 Y_1 反正两方向取，如图 5-22（e）所示。

⑥ 最后擦去多余的作图线并描深，完成拱门的正面斜二测，如图 5-22（f）和（g）所示。

例 5-10　作出如图 5-23（a）所示某区域总平面图的水平斜二测。

分析：水平斜轴测图常用于建筑总平面布置，这种轴测图也称为鸟瞰图。画图时先将水平投影向右旋转 $30°$，然后按建筑物的高度或高度的 $1/2$，画出每个建筑物。就成了该建筑群的鸟瞰图。本例选择地面为 XOY 面，建筑一角为坐标原点 O。

作图步骤：

① 在投影图上定出坐标轴和原点。取建筑一角为原点 O，如图 5-23（a）所示。

② 画轴测轴，使 O_1Z_1 轴为竖直方向，O_1X_1 轴与水平方向成 $30°$，O_1X_1 轴与 O_1Y_1 轴成 $90°$。根据水平投影作出各建筑物底面的轴测投影（与水平投影图的形状、大小及位置均相同）。沿 Z_1 轴方向，过各角点作建筑图可见棱线的轴测投影，并取各建筑物高度的一半，再画出各建筑物顶面的轮廓线，如图 5-23（b）所示。

③ 最后擦去多余的作图线并描深，完成总平面的水平斜二测，如图 5-23（b）所示。

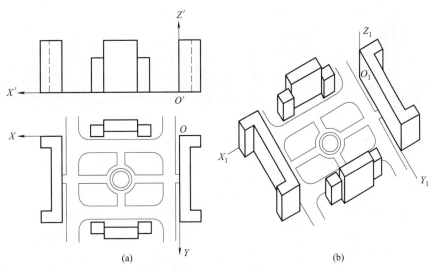

图 5-23　区域总平面图的水平斜二测

第四节　轴测投影图的选择

前面介绍了正等测、正二测和斜二测这三种轴测图。在考虑选用哪一种轴测图来表达物体时，既要使立体感强，度量性好，又要作图简便，下面就把这三种轴测图作一比较。

1. 直观性

一般正轴测投影比斜轴测投影立体感好，特别是正二测，比较符合人们观察物体所看到的真实效果，因此采用正二测作图时立体感更强。

2. 度量性

正等测在三个轴测轴方向都能直接度量，而正二测和斜二测只能在两个轴测轴方向上直接度量，在另一个方向必须经过换算。

3. 操作性

当物体在一个坐标面及其平行面上有较多的圆或圆弧，且在其他平面上图形较简单时，采用斜二测作图最容易。而对于在三个坐标面及其平行面上均有圆或圆弧的物体，采用正等测较为方便，正二测则最为烦琐。

究竟如何选用，还应考虑物体的具体结构而定。如图 5-24 所示的三种轴测图，由于物体上开有圆柱孔，如采用正等测，圆柱孔大部分被遮挡住不能表达清楚，而正二测和斜二测没有上述缺点，直观性较好。另考虑该物体基本上是平面立体，采用正二测并不会使作图过程过于复杂，因此采用正二测来表达是比较适合的。

另如图 5-25 所示的三种轴测图，若采用正等测，则物体上很多平面的轴测投影都积聚成直线，就削弱了立体感，直观性很差。而正二测和斜二测就避免了这一缺点，且正二测最自然，因此采用正二测来表达是比较适合的。

又如图 5-26 所示的三种轴测图，由于物体在三个与坐标面平行的平面上都有圆，采用正等测来表达最自然，且正等测在不同坐标面上圆的轴测画法是相同的，所以作图也较简

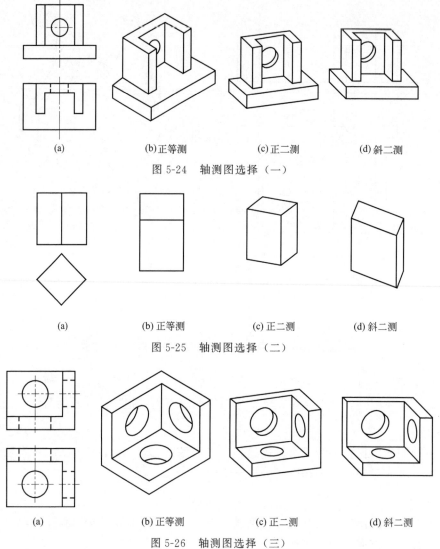

(a)　　　　　　(b)正等测　　　　　(c)正二测　　　　　(d)斜二测

图 5-24　轴测图选择（一）

(a)　　　　　　(b)正等测　　　　　(c)正二测　　　　　(d)斜二测

图 5-25　轴测图选择（二）

(a)　　　　　　(b)正等测　　　　　(c)正二测　　　　　(d)斜二测

图 5-26　轴测图选择（三）

便。因此选择用正等测表达较为合适。

再如图 5-27 所示的三种轴测图，从直观性看，三种轴测图的差别不大。但物体的正面形状较复杂，用斜二测作图最简便，故选用斜二测表达更为合适。

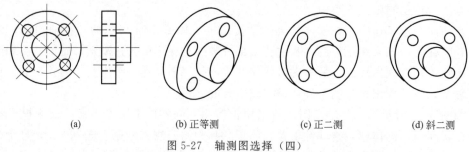

(a)　　　　　　(b)正等测　　　　　(c)正二测　　　　　(d)斜二测

图 5-27　轴测图选择（四）

总之，在选用哪一种轴测图来表达物体时，要根据物体的结构特点，综合分析上述各方面因素，才能获得较满意的结果。

第六章

标高投影

　　建筑物是建在地面上或地面下的。因此，地面的形状对建筑群的布置、建筑物的施工、各类建筑设施的安装等都有较大的影响。一般来讲，地面形状比较复杂，高低不平，没有一定规律。而且，地面的高度和地面的长度、宽度比较起来一般显得很小。如果用前面介绍的各种图示方法表示地面形状，则难以表达清楚，而标高投影可以解决此问题。标高投影属于单面正投影，标高投影图实际上就是标出高度的水平投影图。因此标高投影具有正投影的一些特性。

第一节　点、直线和平面的标高投影

一、点的标高投影

　　如图 6-1（a）所示，设水平投影面 H 为基准面，其高度为零，点 A 在 H 面上方 4m，点 B 在 H 面上，点 C 在 H 面下方 3m。若在 A、B、C 三点水平投影 a、b、c 的右下角标明其高度值 4、0、-3（a_4、b_0、c_{-3}），就可得到 A、B、C 三点的标高投影图，见图 6-1（b）。高度数值称为标高或高程，单位为米（m）。高于 H 面的点标高为正值；低于 H 面的点标高为负值，在数字前加 "$-$" 号；在 H 面上的点标高值为零。图中应画出由一粗一细平行双线所表示的比例尺。

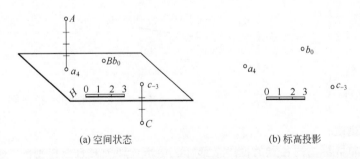

(a) 空间状态　　　　　　　　　　(b) 标高投影

图 6-1　点的标高投影

　　由于水平投影给出了 X、Y 坐标，标高给出了 Z 坐标，因而根据一点的标高投影，就可以唯一确定点的空间位置。例如，由点 a_4 作垂直于 H 面的投射线，向上量 4m，即可得到点 A。

二、直线的标高投影

1. 直线的标高投影表示法

直线的位置是由直线上两点或直线上一点以及该直线的方向确定。因此，直线的标高投影有两种表示法。

① 直线的水平投影加注直线上两点的标高，见图 6-2（b）。一般位置直线 AB、铅垂线 CD 和水平线 EF，它们的标高投影分别为 a_5b_2、c_5d_2 和 e_3f_3。

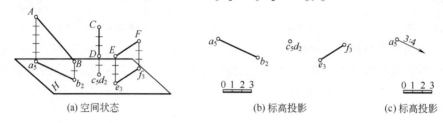

(a) 空间状态　　　　　　　　　(b) 标高投影　　　　　　　　　(c) 标高投影

图 6-2　直线的标高投影

② 直线上一个点的标高投影加注直线的坡度和方向，见图 6-2（c），图中箭头指向下坡，3∶4 表示直线的坡度。

水平线也可由其水平投影加注一个标高来表示，见图 6-3。由于水平线上各点的标高相等，因而只标出一个标高值，该线称为等高线。

2. 直线的实长、倾角、刻度、坡度和平距

（1）直线的实长、倾角

在标高投影中求直线的实长可采用正投影中的直角三角形法。如图 6-4 所示，以直线标高投影 a_6b_2 为一直角边，以 A、B 两端点的标高差（$6-2=4$）为另一直角边，用给定的比例尺作出直角三角形后，斜边即为直线的实长。斜边与标高投影的夹角等于直线 AB 与投影面 H 的夹角 α。

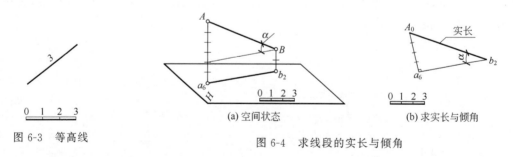

图 6-3　等高线

(a) 空间状态　　　　　　　(b) 求实长与倾角

图 6-4　求线段的实长与倾角

（2）直线的刻度

将直线上有整数标高的各点的投影全部标注出来，即为对直线作刻度。如给线段 $a_{2.5}b_6$ 作刻度，见图 6-5。需要在该线段上找到标高为 3、4、5 的三个整数标高点的投影。可在表示实长的三角形上，作出标高为 3、4、5 的直线平行于 $a_{2.5}b_6$，由它们与斜边 $a_{2.5}B_0$ 的交点，向 $a_{2.5}b_6$ 作垂线，垂足即为刻度 3、4、5。

（3）直线的坡度和平距

在标高投影中用直线的坡度和平距表示直线的倾斜程度。

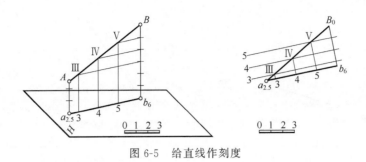

图 6-5 给直线作刻度

直线上任意两点的高度差 ΔH 与其水平距离 L 之比称为该直线的坡度。也相当于两点间的水平距离为 1 单位长度（m）时的高度差 Δh。坡度符号用 i 表示，即

$$i=\Delta H/L=\Delta h/1=\tan\alpha$$

如图 6-6 中，直线 AB 的高度差 $\Delta H=6-3=3$（m），用比例尺量得其水平距离 $L=6\text{m}$，所以该直线的坡度

$$i=\Delta H/L=3/6=1/2=1:2$$

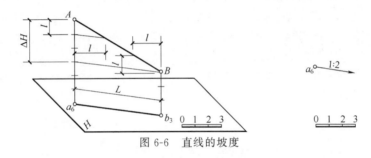

图 6-6 直线的坡度

当两点间的高差为 1 个单位长度（m）时的水平距离称为平距，用符号 I 表示，即

$$I=L/\Delta H=1/i=\cot\alpha=1/\tan\alpha$$

由此可见，平距和坡度互为倒数。故直线的坡度越大，平距越小；反之，直线的坡度越小，平距越大。

例 6-1 如图 6-7 所示，已知直线 AB 的标高投影 $a_{3.2}b_{6.8}$ 和直线上一点 C 的水平投影 c，求直线上各整数标高点及 C 的标高。

作图步骤：

① 平行于 $a_{3.2}b_{6.8}$ 作五条等距（间距按比例尺）的平行线；

② 由点 $a_{3.2}b_{6.8}$ 作直线垂直于 $a_{3.2}b_{6.8}$；

③ 在其垂线上分别按其标高数字 3.2 和 6.8 定出 A、B 两点，连 AB 即为实长；

④ AB 与各平行线的交点 Ⅳ、Ⅴ、Ⅵ 即为直线 AB 的整数标高点，由此可定出各整数标高点的投影 4、5、6；

⑤ 由 c 作 $a_{3.2}b_{6.8}$ 的垂线，与 AB 交于 C 点，就可以由长度 cC 定出 C 点的标高为 4.5m。

三、平面的标高投影

1. 平面上的等高线和最大坡度线

等高线是平面上具有相等高程点的连线。平面上所有的水平线都是平面上的等高线，也

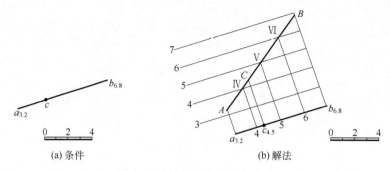

(a) 条件　　　　　　(b) 解法

图 6-7　求直线上各整数标高点

可看成是水平面与该平面的交线。平面与水平面 H 的交线是高度为零的等高线。在实际工程应用中，常取整数标高的等高线。如图 6-8（a）中 0、1、2、…表示平面上的等高线；图 6-8（b）中 0、1、2、…表示平面上等高线的标高投影。等高线用细实线表示。

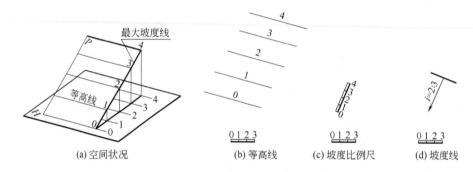

(a) 空间状况　　　(b) 等高线　　　(c) 坡度比例尺　　　(d) 坡度线

图 6-8　平面的标高投影

等高线有以下特性。

① 等高线是相互平行的直线；

② 等高线高差相等，水平间距也相等。

图中相邻等高线的高差为 1m，其水平间距就是平距。

最大坡度线就是平面上对 H 面的最大斜度线，平面上凡是与水平线垂直的直线都是平面的最大坡度线。根据直角投影定理，它们的水平投影相互垂直，见图 6-8（d）。最大坡度线的坡度就是该平面的坡度。

平面上带有刻度的最大坡度线的标高投影，称为平面的坡度比例尺，用平行的一粗一细双线表示。见图 6-8（c），P 平面的坡度比例尺用字母 P_i 表示。

2. 平面的表示法

平面的标高投影，可用几何元素的标高投影表示。即不在同一直线上的三点；一直线和直线外一点；相交两直线；平行两直线；任意一平面图形。

平面的标高投影，还可用下列形式表示。

① 用一组等高线表示平面：见图 6-8（b），一组等高线的标高数字的字头应朝向高处。

② 用坡度比例尺表示平面：见图 6-8（c），过坡度比例尺上的各整数标高点作它的垂线，就是平面上相应高程的等高线，由此来决定平面的位置。

③ 用平面上任意一条等高线和一条最大坡度线表示平面：见图 6-8（d），最大坡度线用

注有坡度 i 和带有下降方向箭头的细实线表示。

④ 用平面上任意一条一般位置直线和该平面的坡度表示平面：见图 6-9（a），由于平面下降的方向是大致方向，故坡度方向线用虚线表示。

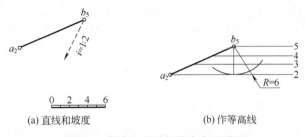

(a) 直线和坡度　　　　　　　(b) 作等高线

图 6-9　直线和平面的坡度表示平面

图 6-9（b）所示为根据上述两条件作出等高线的方法：过 a_2、b_5 分别有一条标高为 2、5 的等高线，它们之间的水平距离 L 应为

$$L = \Delta H / i = (5-2)/(1/2) = 3 \times 2 = 6$$

以 b_5 为圆心、$L = 6$ 为半径（按比例尺量取）画弧，过 a_2 作圆弧切线就得到标高为 2 的等高线。过 b_5 作平行线得到标高为 5 的等高线。将两等高线间距离三等分，并过等分点作平行线，得到 3、4 两条等高线。

⑤ 水平面的表示法：水平面用一个完全涂黑的三角形加注标高来表示。

3. 求两平面的交线

在标高投影中，求两平面的交线通常采用水平面作辅助平面。见图 6-10（a），用两个标高为 5 和 8 的水平面作辅助平面，与 P、Q 两面相交，其交线是标高为 5 和 8 的两对等高线，这两对等高线的交点 M、N 是 P、Q 两平面的公共点，连接 M、N 即为所求交线。

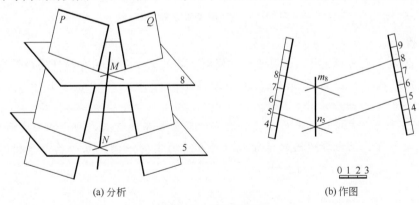

(a) 分析　　　　　　　　　　(b) 作图

图 6-10　两平面相交

例 6-2　已知两个平面的标高投影。其中一个由坡度比例尺 a_0b_4 表示，另一个由等高线 3 和坡度线表示，坡度为 1：2。求两平面交线的标高投影，见图 6-11。

分析：求两平面的交线，关键是作出两个平面上标高相同的两对等高线。在此取两组标高为 0 和 3 的等高线。

作图步骤：

① 在由坡度比例尺表示的平面上，由刻度 0 和 3，作坡度比例尺的垂线，可得出等高线 0 和 3；

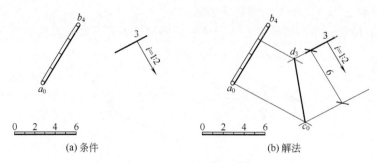

(a) 条件　　　　　　　　　　(b) 解法

图 6-11　求两平面的交线

② 在由等高线 3 和坡度线表示的平面上，平距 $L = 1/i = 2$，则等高线 3 与 0 间距为 $3 \times 2 = 6$，根据比例尺，可作出标高为 0 的等高线；

③ 两对等高线分别交于 $c_0 d_3$，连 $c_0 d_3$ 即为所求。

在建筑工程中，把建筑物相邻两坡面的交线称为坡面交线，坡面与地面的交线称为坡脚线（填方）或开挖线（挖方）。

例 6-3　已知坑底的标高为 $-4 \mathrm{m}$，坑底的大小和各坡面的坡度见图 6-12（a），地面标高为 0，求作开挖线和坡面交线。

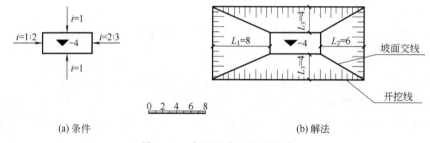

(a) 条件　　　　　　　　　　(b) 解法

图 6-12　求开挖线和坡面交线

作图步骤：

① 求开挖线：地面标高为 0，因此开挖线就是各坡面上高程为 0 的等高线，它们分别与坑底的相应底边线平行，高差为 4m，水平距离 $L_1 = 2 \times 4 = 8$（m），$L_2 = (3/2) \times 4 = 6$（m），$L_3 = 1 \times 4 = 4$（m）；

② 求坡面交线：连接相邻两坡面高程相同的两条等高线交点，即为四条坡面交线；

③ 将结果加深，画出各坡面的示坡线（画在坡面高的一侧，且一长一短相同间隔的细线，方向垂直等高线），见图 6-12（b）。

第二节　曲面的标高投影

工程上常见的曲面有锥面、同坡曲面和地形面等。曲面的标高投影，是由曲面上一组等高线表示的。这组等高线就是一组水平面与曲面的交线。

一、圆锥曲面

如图 6-13 所示，正圆锥的等高线都是水平圆，它们的水平投影是大小不同的同心圆。

把这些同心圆分别标出它们的高程，就是正圆锥面的标高投影。当圆锥正立时，标高向圆心递升；当圆锥倒立时，标高向圆心递减。正置的斜圆锥，如图 6-14 所示，由于该锥面的左侧坡度大，右侧坡度小，故等高线间距距离左侧密，右侧稀，因而等高线为一些不同心的圆。

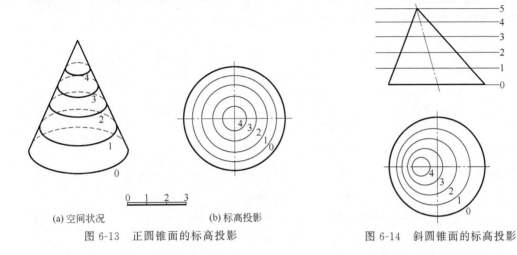

(a) 空间状况 (b) 标高投影

图 6-13 正圆锥面的标高投影

图 6-14 斜圆锥面的标高投影

二、同坡曲面

各处坡度均相等的曲面，称为同坡曲面，正圆锥面属于同坡曲面。如图 6-15（a）所示，一个正圆锥的锥顶沿着曲导线 $A_1B_2C_3$ 移动，各位置圆锥的包络面即为同坡曲面。同坡曲面的坡度线就是同坡曲面与圆锥相切的素线。因此，同坡曲面的坡度处处相等。

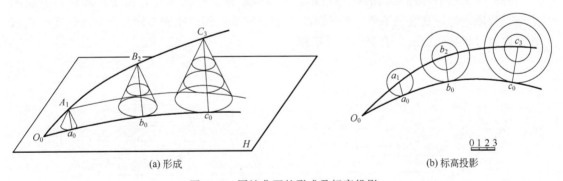

(a) 形成 (b) 标高投影

图 6-15 同坡曲面的形成及标高投影

如图 6-15（b）所示，已知空间曲导线的标高投影及同坡曲面的坡度，分别以 a_1、b_2、c_3 为圆心，用平距为半径差作出各圆锥面上同心圆形状的等高线，作等高线的包络切线，即为同坡曲面上的等高线。

同坡曲面常见于弯曲路面的边坡，它与平直路面的边坡相交，就是同坡曲面与平面相交。

例 6-4 图 6-16（a）所示为一弯曲倾斜引道与干道相连，若干道顶面的标高为 4m，地面标高为 0，弯曲引道由地面逐渐升高与干道相连。各边坡的坡度如图 6-16（a）所示，求各坡面等高线与坡面的交线。

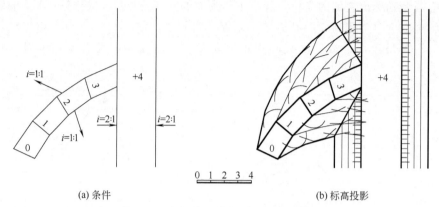

(a) 条件　　　　　　　　　　　　　　(b) 标高投影

图 6-16　求各坡面等高线与坡面的交线

作图步骤：

① 引道两边的边坡是同坡曲面，其平距为 $L=1$ 单位。引道的两条路边即为同坡曲面的导线，在导线上取整数标高点 1、2、3、4（平均分割导线），作为锥顶的位置。

② 以 1、2、3、4 为圆心，分别以 $R=1$、2、3、4 为半径画同心圆，即为各正圆锥的等高线。

③ 作出各正圆锥上同面等高线的包络线，就是同坡曲面上的等高线。

④ 干道的边坡坡度为 2∶1，则平距为 1/2，作出等高线。

⑤ 连接同坡曲面与干道坡面相同等高线的交点，即为两坡面的交线。

三、地形图

用等高线表示地形面形状的标高投影，称为地形图。见图 6-17，由于地形面是不规则的曲面，所以它的等高线是不规则的曲线。它们的间隔不同，疏密不同。等高线越密，表示地势越陡峭；等高线越疏，表明地势越平坦。

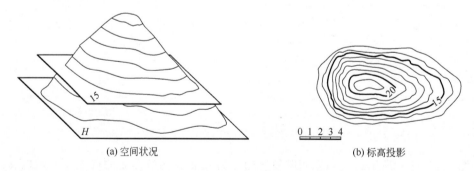

(a) 空间状况　　　　　　　　　　　(b) 标高投影

图 6-17　地形图

为便于看图，地形图等高线一般每隔四条有一条画成粗实线，并标注其标高，这样的粗实线称计曲线。

例 6-5　已知管线两端的高程分别为 19.5m 和 20.5m，见图 6-18。求管线 AB 与地形面的交点。

分析：求直线与地面的交点，一般都是包含直线作铅垂面，作出铅垂面与地形面的交线，即断面的轮廓线，再求直线与断面轮廓线的交点，就是直线与地形面的交点。

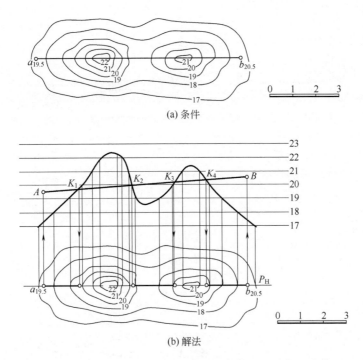

(a) 条件

(b) 解法

图 6-18 求管线与地形图的交点

作图步骤:

① 在地形图上方作间距为 1 单位的平行线,且平行于 $a_{19.5}b_{20.5}$,标出各线的高程。

② 在地形图上过管线 AB 作铅垂面 P。

③ 求断面图（P 面与地形面的截交线）：自 P_H 线与等高线相交的各地面点分别向上引垂线,并根据其标高找到它们在标高线上的相应位置,再把标高线上的各点连成曲线,即得地形断面图。

④ 根据标高投影 $a_{19.5}b_{20.5}$,在断面图上作出直线 AB。

⑤ 找出直线 AB 与地面线的交点 K_1、K_2、K_3、K_4。由此可在地形图中得到交点的标高投影。

例 6-6 如图 6-19 所示,路面标高为 62,挖方坡度 $i=1$,填方坡度 $i=2:3$,求挖方、填方的边界线。

分析: 该段道路由直道与弯道两部分组成。直道部分地形面高于路面,故求挖方的边界线。这段边界线实际就是坡度为 $i=1$ 的平面与地形面的交线。弯道部分地形面低于路面,故求填方的边界线。这段边界线实际就是坡度为 $i=2:3$ 的同坡曲面与地形面的交线。上述两种分界线均用等高线求解。

作图步骤:

① 地形面上与路面上高程相同点 a、b 为填挖分界点,左边为挖方,右边为填方;

② 在挖方路两侧,根据 $i=1$（$L=1$）作出挖方坡面的等高线（平行于路面边界线）;

③ 在填方路面两侧,根据 $i=2:3$（$L=2/3$）作出填方坡面的等高线（实际就是以 O 为圆心,以平距差 $L=2/3$ 为半径的同心圆）;

④ 求出这些等高线与地形面上相同高度等高线的交点;

⑤ 用曲线依次连接各交点,即得到挖、填方的边界线。

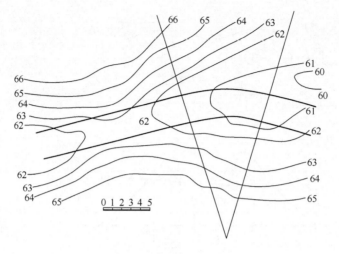

(a) 条件

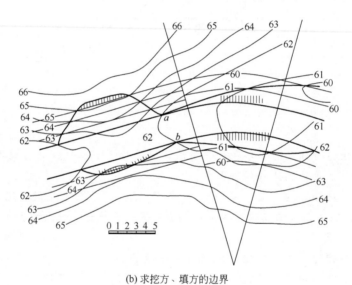

(b) 求挖方、填方的边界

图 6-19 求道路两侧挖方、填方的边界线

第七章

建筑形体的表达方法

第一节　建筑形体的视图

建筑形体的形状和结构是多种多样的，当其比较复杂时，仅用三面投影图表达是难以满足要求的。为此，在制图的国家标准中规定了多种表达方法，绘图时可根据建筑形体的形状特征选用。一般来讲，建筑形体往往要同时采用几种方法，以达到将其内外结构表达清楚的目的。

一、基本视图

当形体的形状比较复杂时，它的六个面的形状都可能不相同。若单纯用三面投影图表示则看不见的部分在投影图中都要用虚线表示，这样在图中各种图线过于密集、重合，不仅影响图面清晰，有时也会给读图带来困难。为了清晰地表达形体的六个方面，标准规定在三个投影面的基础上，再增加三个投影面组成一个方形立体。构成立方体的六个投影面称为基本投影面，如图 7-1（a）所示。把形体放在立方体中，将形体向六个基本投影面投影，可得到六个基本视图，如图 7-1（b）所示。

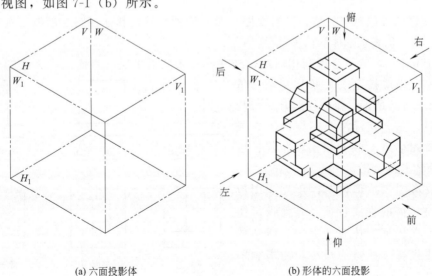

(a) 六面投影体　　　　　　　　　　　　　　(b) 形体的六面投影

图 7-1　基本投影面及基本视图的形成

　　这六个基本视图的名称是：从前向后投射得到主视图（正立面图），从上向下投射得到俯视图（平面图），从左向右投射得到左视图（左侧立面图），从右向左投射得到右视图（右侧立面图），从下向上投射得到仰视图（底面图），从后向前投射得到后视图（背立面图）。括号里的名称为房屋建筑制图规定的名称，如图 7-2 所示。六个投影面的展开方法，如图 7-2（a）所示。正立投影面保持不动，其他各个投影面按箭头所指方向逐步展开到与正立投影面在同一个平面上。

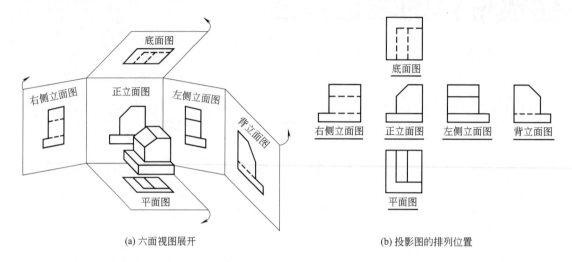

(a) 六面视图展开　　　　　　　　　　　(b) 投影图的排列位置

图 7-2　六面基本视图

　　六个视图的投影对应关系是：

　　① 六视图的度量对应关系，仍保持"三等"关系，即主视图（正立面图）、后视图（背立面图）、左视图（左侧立面图）、右视图（右侧立面图）高度相等；主视图（正立面图）、后视图（背立面图）、俯视图（平面图）、仰视图（底面图）长度相等；左视图（左侧立面图）、右视图（右侧立面图）、俯视图（平面图）、仰视图（底面图）宽度相等。如图 7-2（b）所示。

　　② 六视图的方位对应关系，除后视图（背立面图）外，其他视图在远离主视图（正立面图）的一侧，仍表示形体的前面部分。

　　在实际工作中，为了合理利用图纸，当在同一张图纸中绘制六面图或其中的某几个图时，图样的顺序应按主次关系从左至右依次排列，如图 7-3 所示。每个图样，一般均应标注图名，图名宜标注在图样的下方或一侧，并在图名下绘制一粗实线，其长度应以图名所占长度为准。

　　用正投影图表达形体时，正立面图应尽可能反映形体的主要特征，其他投影图的选用，可在保证形体表达完整、清晰的前提下，使投影图数量为最少，力求制图简便，如图 7-4 所示。

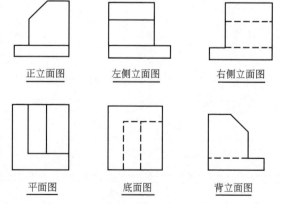

图 7-3　视图配置

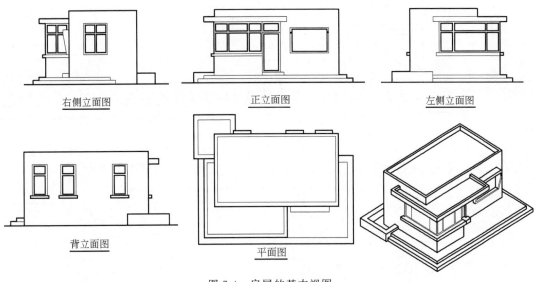

右侧立面图　　　　　正立面图　　　　　左侧立面图

背立面图　　　　　平面图

图 7-4　房屋的基本视图

二、辅助视图

1. 局部视图

将形体的某一部分向基本投影面投影所得的视图称为局部视图。在建筑施工图中，分区绘制的建筑平面图属于局部视图。为了便于读图，标准规定分区绘制的建筑平面图应绘制组合示意图，标出该区在建筑平面图中的位置，如图 7-5 所示。各分区视图的分区部位及编号应一致，并与组合示意图一致。

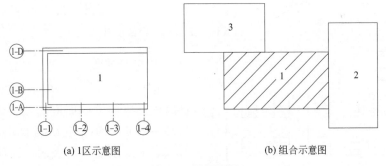

(a) 1区示意图　　　　　(b) 组合示意图

图 7-5　局部视图

2. 镜像视图

镜像视图是形体在镜面中的反射图形的正投影，该镜面应平行于相应的投影面，如图 7-6（a）所示。用镜像投影法绘制的平面图应在图名后注写"镜像"二字，以便读图时识别，如图 7-6（b）所示。必要时也可画出镜像视图的识别符号，如图 7-6（c）所示。

镜像视图可用于表示某些工程的构造，如板梁柱构造节点，如图 7-7 所示。因为板在上面，梁、柱在下面，按直接正投影法绘制平面图的时候，梁、柱为不可见，要用虚线绘制，这样给读图和绘图都带来不便。如果把 H 面当成镜面，在镜面中就得到了梁、柱的可见反射图像。镜像视图在装饰工程中应用较多，如吊顶平面图，是将地面看作一面镜子，得到吊顶的镜像平面图。

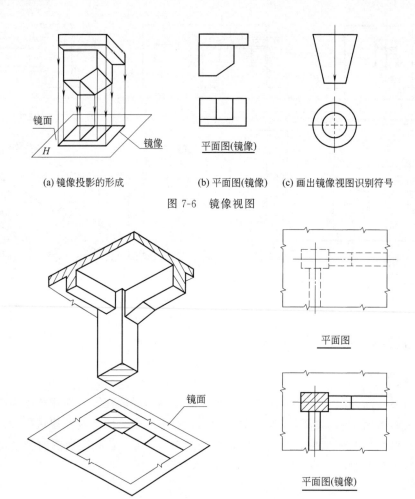

(a) 镜像投影的形成　　(b) 平面图(镜像)　(c) 画出镜像视图识别符号

图 7-6　镜像视图

图 7-7　板梁柱构造节点的镜像视图

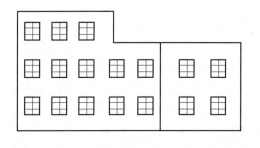

正立面图(展开)

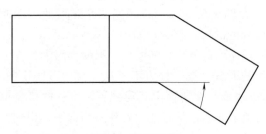

图 7-8　展开视图

3. 展开视图

有些建筑形体的造型呈折线形或曲线形，此时该形体的某些面可能与投影面平行，而另外一些面则不平行。与投影面平行的面，可以画出反映实形的视图，而倾斜或弯曲的面则不可能反映出实形。为了同时表达出这些面的形状和大小，可假想将这些面展开至与某一个选定的投影面平行后，再用直接正投影法绘制，用这种画法得到的视图称为展开视图，如图 7-8 所示。

展开视图不做任何标注，只需在图名后面注写"展开"二字即可。

三、第三角投影

随着国际交流的日益增多，在工作中会

遇到像英、美等采用第三角投影画法的技术图纸。按国家标准规定，必要时（如合同规定等），才允许使用第三角画法。

1. 第三角投影的概念

互相垂直的三个投影面（V、H、W）扩大后，可将空间分为八个部分，其中 V 面之前、H 面之上、W 面之左为第一分角，按逆时针方向，依次为称为第二分角、…、第八分角，如图 7-9（a）所示。我国制图标准规定，我国的工程图样均采用第一角画法，即将形体放在第一角中间进行投影。如果将形体放在第三角中间进行投影，则称为第三角投影，如图 7-9（b）所示。

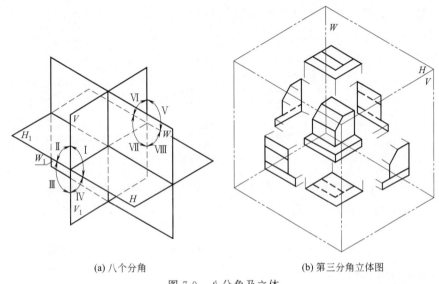

(a) 八个分角　　　　　　　　(b) 第三分角立体图

图 7-9　八分角及立体

2. 第三角投影法

如图 7-10（a）所示，把形体放在第三角中进行正投影，然后 V 面不动，将 H 面向上旋转 $90°$，将 W 面向右旋转 $90°$，便得到位于同一平面上的属于第三角投影的六面投影图，如图 7-10（b）所示。

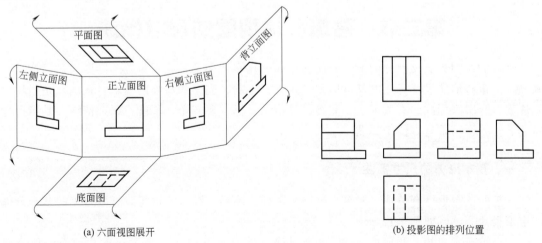

(a) 六面视图展开　　　　　　　　　　　　　(b) 投影图的排列位置

图 7-10　第三角投影

3. 第三角与第一角投影比较

（1）共同点

均采用正投影法，在三面投影中均有"长对正，高平齐，宽相等"的三等关系。

（2）不同点

① 观察者、形体、投影面三者的位置关系不同　第一角投影的顺序是"观察者—形体—投影面"，即通过观察者的视线（投射线）先通过形体的各顶点，然后与投影面相交；第三角投影的顺序是"观察者—投影面—形体"，即通过观察者的视线（投射线）先通过投影面，然后到达形体的各顶点。

视图中第一角、第三角投影分别用相应的符号表示，如图 7-11 所示。

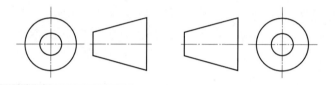

(a) 第三角符号　　　　　　　(b) 第一角符号

图 7-11　投影符号

② 投影图的排列位置不同　第一角画法投影面展开时，正立投影面（V）不动，水平投影面（H）绕 OX 轴向下旋转，侧立投影面（W）绕 OZ 轴向右向后旋转，使它们位于同一平面，其视图配置如图 7-2 所示；第三角画法投影面展开时，正立投影面（V）不动，水平投影面（H）绕 OX 轴向上旋转，侧立投影面（W）绕 OZ 轴向右向前旋转，使它们位于同一平面，其视图配置如图 7-10 所示。

第三角画法与第一角画法中六个基本视图的配置（如图 7-2 所示）相比较，可以看出：各视图以正立面为中心，平面图与底面图的位置上下对调，左侧立面图与右侧立面图左右对调，这是第三角画法与第一角画法的根本区别。实际上各视图本身不完全相同，仅仅是它们的位置不同。

第二节　建筑形体视图的尺寸标注

形体的视图只能反映它的形状，而各形体的真实大小及其相对位置，则要通过标注尺寸来确定。道桥形体尺寸标注的基本原则是要符合正确、完整和清晰的要求。正确，是指尺寸标注要符合国家标准的有关规定。完整，是指尺寸标注要齐全，不能遗漏。清晰，是指尺寸布置要整齐，不重复，便于看图。

一、基本形体的尺寸标注

常见的基本形体有棱柱、棱台、棱锥、圆柱、圆锥、圆台、球等。这些常见的基本形体的定形尺寸标注，如图 7-12 所示。

对于被切割的基本几何体，除了要注出基本形体的尺寸外，还要注出截平面的位置尺寸，但不能注出截交线的尺寸，如图 7-13 所示。

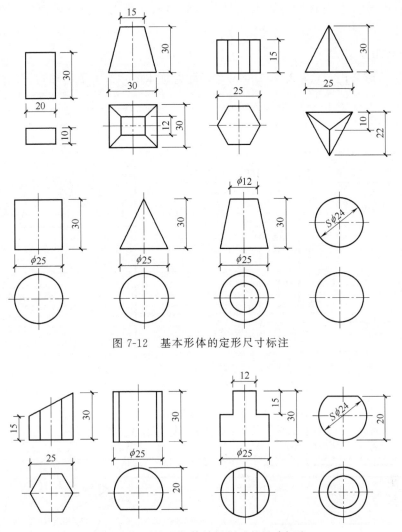

图 7-12 基本形体的定形尺寸标注

图 7-13 基本几何体被切割后的尺寸标注

二、组合体的尺寸分类

组合体的尺寸可分为定形尺寸、定位尺寸和总体尺寸三类。

1. 定形尺寸

确定基本形体大小的尺寸，称为定形尺寸。如图 7-14（a）所示底板中的 180、110、15 和 $\phi16$。如图 7-14（b）所示立板中的 60、110、80、15 和 $\phi30$。如图 7-14（c）所示肋板中的 40、25 和 15。它们分别确定了底板、立板和肋板的形状大小。

2. 定位尺寸

确定各基本形体之间相互位置所需要的尺寸，称为定位尺寸。标注定位尺寸的起始点，称为尺寸的基准。在组合体的长、宽、高三个方向上标注的尺寸都要有基准。通常把组合体的底面、侧面、对称线、轴线、中心线等作为尺寸基准。如图 7-14（a）所示底板中的 140 和 70，它们确定了底板上四个 $\phi16$ 通孔的位置。如图 7-14（b）所示立板中的 50，因为立

板上 $\phi 30$ 通孔位于左右对称轴上，因此只要再给出通孔距离立板下表面尺寸即可确定 $\phi 30$ 通孔的位置。

3. 总体尺寸

确定形体外形总长、总宽和总高的尺寸，称为总体尺寸。为了能够知道形体所占面积或体积的大小，一般需标注出组合体的总体尺寸。如图 7-14（d）所示的 180、110 和 95，它们确定了铰支承的总长、总宽和总高。

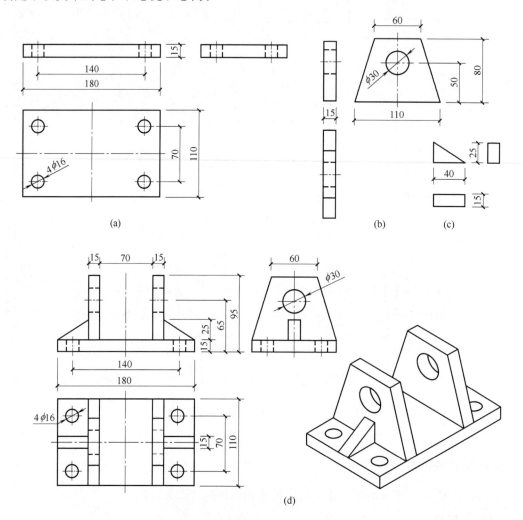

图 7-14　建筑形体的尺寸标注

如图 7-14（d）所示为整个形体的尺寸注法。它是根据形体标注的定形尺寸，加注了基本形体的定位尺寸，而且为了统一尺寸基准及标注总体尺寸，对其中一些尺寸进行了调整。如图中加注了确定两立板在长度方向上相互位置的定位尺寸 70，并将立板中 $\phi 30$ 通孔高度方向的定位尺寸调整为 65；为了加注总体高度 95，减去了原立板的定形尺寸 80。

如图 7-14（d）所示还可以看出标注铰支承尺寸的基准：在长度方向为形体的左右对称面，在宽度方向为前后对称面，在高度方向为铰支承的底面。

在形体的尺寸标注中，只有把上述三类尺寸都准确地标注出来，尺寸标注才符合完整要求。

三、尺寸标注要注意的几个问题

① 尺寸标注尽量做到能直接读出各部分的尺寸，不用临时计算。

② 尺寸标注要明显，一般布置在视图的轮廓之外，并位于两个视图之间。通常属于长度方向的尺寸应标注在正立面图与平面图之间；高度方向的尺寸应标注在正立面图与左侧立面图之间；宽度方向的尺寸应标注在平面图与左侧立面图之间。

③ 同一方向的尺寸尽量集中起来，排成几道，小尺寸在内，大尺寸在外，相互间要平行等距，距离约 7～10mm。

④ 某些简单的组合体结构在形体中出现频率较多，其尺寸标注方法已经固定，对于初学者只要模仿标注即可。如图 7-15 所示，仅供参考。

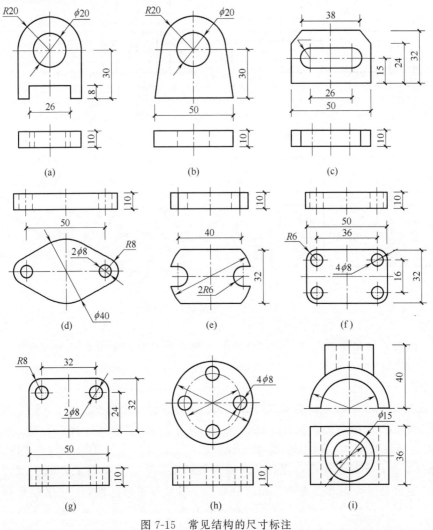

图 7-15　常见结构的尺寸标注

四、尺寸标注的步骤

标注组合体尺寸的步骤如下：

① 确定出每个基本形体的定形尺寸；

② 选定各个方向的定位基准，确定出每个基本形体相互间的定位尺寸；

③ 确定出总体尺寸；

④ 确定这三类尺寸的标注位置，分别画出尺寸界线、尺寸线、尺寸起止等符号；

⑤ 注写尺寸数字；

⑥ 检查调整。

现举例说明组合体尺寸标注。

例 7-1 标注如图 7-16 所示肋式杯形基础的尺寸。

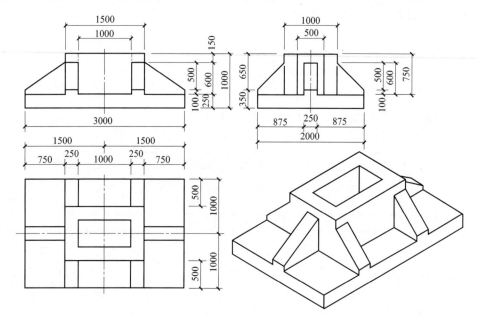

图 7-16　肋式杯形基础的尺寸标注

分析：该肋式杯形基础是由四棱柱形底板、中空四棱柱、前后肋板和左右肋板组合而成的形体。

作图步骤：

① 标注定形尺寸：四棱柱形底板的长、宽、高分别为 3000、2000、250；中空四棱柱外形长 1500，宽 1000，高 750，孔长 1000，宽 500，高 750；前后肋板长 250、宽 500、高 600和 100；左右肋板长 750、宽 250、高 600 和 100。

② 标注定位尺寸的确定：中空四棱柱在底板的上面，其中心与底板的中心对齐，前后肋板对称，左右肋板亦对称。整个基础为前后、左右对称图形，因此，在长度方向选形体的左右对称面为基准，在宽度方向选前后对称面为基准，在高度方向选底面为基准。

中空四棱柱沿底板长、宽、高方向的定位尺寸是 750、500、250；左右肋板的定位尺寸是沿底板宽 875，高 250，长度因与底板左右对齐，故不用标注。同理，前后肋板的定位尺寸是 750、250。

③ 标注总体尺寸：肋式杯形基础的总长和总宽与四棱柱形底板的长、宽一致，为 3000 和 2000，不用另加标注，总高为 1000。

对于该基础，应标注杯口中线的尺寸，以便于施工。如图 7-16 所示俯视图中的 1500 和 1000。

第三节 建筑形体视图的画法

以如图 7-16 所示的肋式杯形基础为例来说明画图过程。

一、形体分析

应用形体分析法，看懂形体。

二、选择视图

1. 确定摆放位置

在选择视图时，一般将建筑形体按正常位置（或工作位置）摆放，并将形体的主要表面平行或垂直于基本投影面。这样，不仅使视图的实形性好，而且视图的形状简单，便于画图。

根据肋式杯形基础在建筑中处的位置，形体应该平放，即底板底面平行于 H 面，正面平行于 V 面来放置。

2. 选择正面投影

在三视图中，主视图是最主要的视图，因此主视图的选择最为重要，在视图分析中应重点考虑。选择原则是：

① 一般选取最能反映物体结构形状特征的一个视图作为主视图；

② 应使视图中的虚线尽可能少一些；

③ 应合理利用图纸的幅面。

显然，选取如图 7-16 所示方向作为主视图的投影方向最好，各基本形体及它们间的相对位置关系在此方向表达最为清晰，最能反映该组合体的结构形状特征。

3. 确定视图数量

视图的数量，应根据物体的复杂程度和习惯画法来确定，其原则是：在保证完整清晰地表达形体各部分形状和位置的前提下，视图的数量尽量少。

确定视图数量的方法为：通过对形体进行形体分析，确定各组成部分所需要的视图数量，再减去标注尺寸后可以省去的视图数量，从而得出最终所需要的视图数量和视图名称。如图 7-16 所示的肋式杯形基础需要三面投影图才能确定它的形状。

三、画视图

具体步骤如图 7-17 所示。

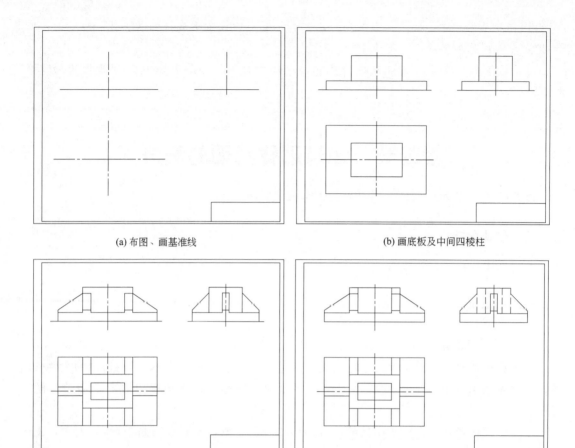

(a) 布图、画基准线   (b) 画底板及中间四棱柱

(c) 画肋板   (d) 画四棱柱中孔、检查底稿全图

图 7-17 肋式杯形基础三视图的画法

1. 选比例定图幅

可以先选比例，后定图幅，也可先选图幅，后定比例。先选比例：结合确定的视图数量，估计视图、注写尺寸、图名和视图间隔所占面积，由此定出图幅。先选图幅：先选定图幅大小，再根据视图数量和布置，留足注写尺寸、图名、视图间隔等位置，最后定出比例。不管先确定哪个参数，若比例或图幅不合适，均可调整后，重新确定。

2. 布置视图

先画出图框和标题栏线框，明确图纸上可以画图的范围，然后大致安排三个投影的位置，并注意视图与视图之间要留有位置，以标注尺寸和书写图名，如图 7-17（a）所示。

3. 画视图底稿

按形体分析的结果，先主后次，先大后小顺次画出基准［如图 7-17（a）所示］、底板及中间四棱柱［如图 7-17（b）所示］、肋板［如图 7-17（c）所示］、四棱柱中孔［如图 7-17（d）所示］，最后完成全图。画每一个基本体时，先画其最具有特征的投影，然后画其他投影。

应当注意到形体分析只是一种假想的分析方法，实际上，建筑物或构配件分别都是不可分割的整体，所以建筑形体中若两基本形体的某表面处于同一平面上时，它们之间就没有分界线。

4. 加深图线

用形体分析法逐个检查各个基本形体的投影及其相对位置是否正确，复核有无错漏和多余的图线后，按规定的线型加深图线。

5. 标注尺寸

标注方法和步骤见例 7-1。

6. 完成全图

填写标题栏，完成全图。所有视图应做到：投影正确，尺寸标注齐全，布置合理，符合国标规定。

第四节　剖　面　图

在画建筑形体的投影时，形体上不可见的轮廓线在投影图上需要用虚线画出。这样，对于内形复杂的形体必然形成虚实线交错，混淆不清。长期的生产实践证明，解决这个问题的最好方法，是假想将形体剖开，让它的内部显露出来，使形体的看不见部分变成看得见的部分，然后用实线画出这些形体内部的投影图。

一、剖面图的形成

假想用一个（几个）剖切平面（曲面）沿形体的某一部分切开，移走剖切面与观察者之间的部分，将剩余部分向投影面投影，所得到的视图叫剖面图，简称剖面。剖切面与形体接触的部分，称为截面或断面，截面或断面的投影称为截面图或断面图。

图 7-18 为一钢筋混凝土基础的三面视图。由于有安装柱子用的杯口，所以主视图和左视图中都有虚线，使图不够清晰，如图 7-18（a）所示。现假想用一个剖切平面 P（正平面）把基础假想剖开，移走剖切平面与观察者之间的那部分基础，将剩余的部分基础重新向投影面（V 面）进行投影，所得投影图叫剖面图，简称剖面，如图 7-18（b）所示。在剖面图上，原来不可见的线变成了可见线，而原外轮廓可见的线有部分变成不可见的了，此时不可见的线可不画，如图 7-18（c）所示。

二、剖面图的标注

剖面图的内容与剖切平面的剖切位置和投影方向有关，因此在图中必须用剖切符号指明剖切位置和投影方向。为了便于读图，还要对每个剖切符号进行编号，并在剖面图下方标注相应的名称。具体标注方法如下：

① 剖切位置在图中用剖切位置线表示。剖切位置线用两段粗实线绘制，其长度为 6～10mm。在图中不得与其他图线相交，如图 7-18（b）所示的俯视图左右的粗实线。

② 投影方向在图中用剖视方向线表示。剖视方向线应垂直画在剖切位置线的两侧，其长度应短于剖切位置线，宜为 4～6mm，并且粗实线绘制，如图 7-18（b）所示。

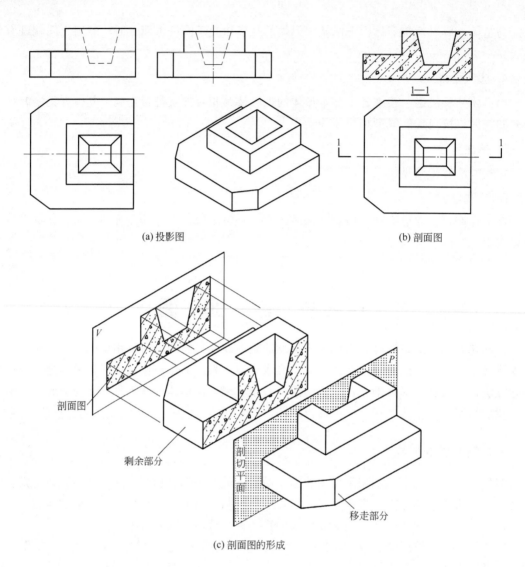

(a) 投影图   (b) 剖面图

(c) 剖面图的形成

图 7-18　钢筋混凝土基础的三面视图

③ 剖切符号的编号，要用阿拉伯数字按顺序由左至右，由下至上连续编排，并写在剖视方向线的端部，编号数字一律水平书写，如图 7-18（b）所示"1"。

④ 剖面图的名称要用与剖切符号相同的编号命名，且符号下面加上一粗实线，命名书写在剖面图的正下方，如图 7-18（b）中的"1—1"。

当剖切平面通过形体的对称平面，而且剖面又画在投影方向上，中间没有其他图形相隔，上述标注可完全省略，例如，图 7-18（b）的标注便可省略。

剖切符号、投影方向和数字的组合标注方法如图 7-19所示。

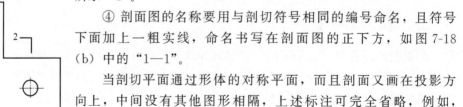

图 7-19　剖面图的标注

三、剖面图的画法

1. 确定剖切位置

剖切的位置和方向应根据需要来确定。如图 7-18 所示的基础，在主视图中有表示内部形状的虚线，为了在主视图上作剖面，剖切平面应平行正立投影面且通过形体的内部形状（有对称平面时应通过对称平面）进行剖切。

2. 画剖面

剖切位置确定后，就可假想把形体剖开，画出剖面图。剖切平面剖切到的部分画图例线，通常用 45°细实线表示。各种建筑图例见《房屋建筑制图统一标准》（GB/T 50001—2017）。

由于剖切是假想的，画其他方向的视图或剖面图仍是完整的。

应当注意：画剖面时，除了要画出形体被剖切平面切到的图形外，还要画出被保留的后半部分的投影，如图 7-18（b）所示的 1—1 剖面图。

四、剖面图中需注意的几个问题

① 剖面图只是假想用剖切面将形体剖切开，所以画其他视图时仍应按完整的考虑，而不应只画出剖切后剩余的部分，如图 7-20 所示（a）为错误画法，（b）为正确画法。

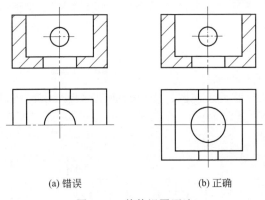

(a) 错误　　　　　　　　　(b) 正确

图 7-20　其他视图画法

② 分清剖切面的位置。剖切面一般应通过形体的主要对称面或轴线，并要平行或垂直于某一投影面，如图 7-21 所示 1—1 剖面通过前后对称面，平行于正立投影面。

③ 当沿着筋板或薄壁纵向剖切时，剖面图不画剖面线，只用实线将它和相邻结构分开。

④ 当在剖面图或其他视图上已表达清楚的结构、形状，而在剖面图或其他视图中此部分为虚线时，一律不画出，如图 7-21（b）所示的主视图，1—1 剖面图中的虚线省略。但没有表示清楚的结构、形状，需在剖面图或其他视图上画出适量的虚线。

五、剖面图的种类

1. 全剖面图

（1）定义

用剖切面完全剖开形体的剖面图称为全剖面图，简称全剖面。如图 7-21 所示。

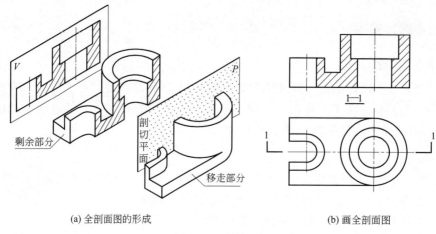

(a) 全剖面图的形成　　　　　　(b) 画全剖面图

图 7-21　全剖面图

（2）适用范围

适用于形体的外形较简单，内部结构较复杂，而图形又不对称的情况。外形简单的回转体形体为了便于标注尺寸也常采用全剖面。

（3）标注

如图 7-21（b）所示。但是，对于采用单一剖切面通过形体的对称面剖切，且剖面图按投影关系配置，也可以省略标注。如图 7-21（b）所示的 1—1 剖面标注可以省略。

2. 半剖面图

（1）定义

当形体具有对称平面时，向垂直于对称平面的投影面上投影所得的图形，可以以对称中心线为界，一半画成剖面图，一半画成视图，这种剖面图称为半剖面图，简称半剖面。如图 7-22 所示。

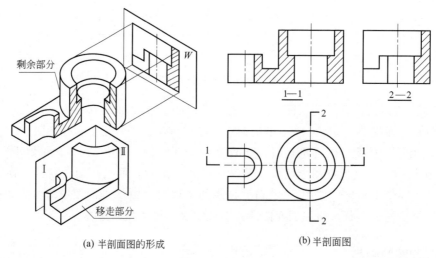

(a) 半剖面图的形成　　　　　　(b) 半剖面图

图 7-22　半剖面图

画半剖面图时，当视图与剖面图左右配置时，规定把剖面图画在中心线的右边。当视图与剖面图上下配置时，规定把剖面图画在中心线的下边。

注意：不能在中心线的位置画上粗实线。

（2）适用范围

半剖面图的特点是用剖面图和视图的各一半来表达形体的内部结构和外形。所以当形体的内外形状都需要表达，且图形又对称时，常采用半剖面图，如图 7-22 所示的左视图。

（3）标注

如图 7-22 所示，在视图上的半剖面图，因剖切面与形体的对称面重合，且按投影关系配置，故可以省略标注，即 2—2 剖面的标注可以省略。

3. 局部剖面图

（1）定义

用剖切面局部地剖开形体所得的剖面图称为局部剖面图，简称局部剖面。如图 7-23、图 7-24 所示的结构，若采用全剖面不能把各层结构表达出来，而且画图也麻烦，这种情况宜采用局部剖面。剖切后其断裂处用波浪线分界以示剖切的范围。

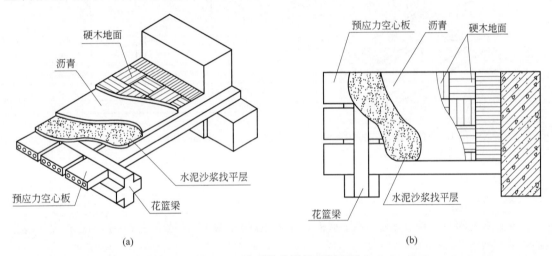

图 7-23　地面的分层局部剖面图

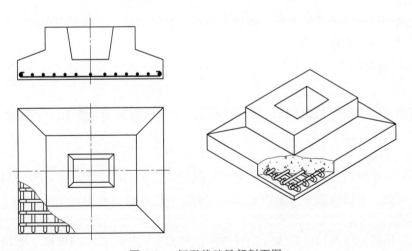

图 7-24　杯型基础局部剖面图

（2）适用范围

局部剖面是一种比较灵活的表示方法，适用范围较广，怎样剖切以及剖切范围多大，需要根据具体情况而定。

（3）标注

局部剖面图一般剖切位置比较明显，故可省略标注。

4. 阶梯剖面图

（1）定义

用几个相互平行的剖切面把形体剖切开所得到的剖面图称为阶梯剖面图，简称阶梯剖面。如图 7-25 所示。

注意：剖切面的转折处不应与图上轮廓线重合，且不要在两个剖切面转折处画上粗实线投影，如图 7-25（b）所示主视图。

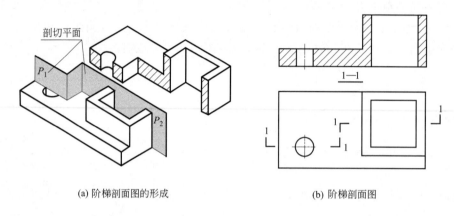

(a) 阶梯剖面图的形成   (b) 阶梯剖面图

图 7-25　阶梯剖面图

（2）适用范围

当形体上的孔、槽、空腔等内部结构不在同一平面内而呈多层次时，应采用阶梯剖面图。

（3）标注

阶梯剖面图应标注剖切位置线、剖视方向线和数字编号，并在剖面图的下方用相同数字标注剖面图的名称，如图 7-25（b）所示。

5. 旋转剖面图

（1）定义

用相交的两剖切面剖切形体所得到的剖面图称旋转剖面图，简称旋转剖面，如图 7-26 所示。

（2）适用范围

当形体的内部结构需用两个相交的剖切面剖切，且一个剖面图可以两个剖切面的交线为轴，旋转到另一个剖面图形的平面上时，宜适合采用旋转剖面图，如图 7-26 所示。

（3）标注

旋转剖面图应标注剖切位置线、剖视方向线和数字编号，并在剖面图下方用相同数字标注剖视图的名称。如图 7-26 所示主视图中的"2—2（展开）"。

注意：画旋转剖面图时应注意剖切后的可见部分仍按原有位置投影，如图 7-26 所示的右边小孔。在旋转剖面图中，虽然两个剖切平面在转折处是相交的，但规定不能画出其交线。

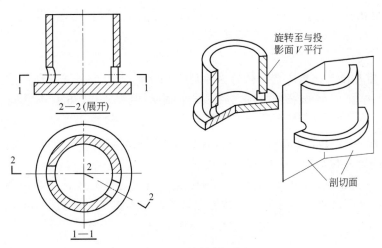

图 7-26　旋转剖面图

六、剖面图尺寸标注

剖面图中的尺寸标注方法与建筑形体视图的尺寸标注方法基本相同，均应遵循制图标准中的有关规定。对于半剖面图，因其图形不完整而造成尺寸组成欠缺时，在尺寸组成完整的一侧，尺寸线、尺寸界线和标注方法依旧，尺寸数字仍按图形完整时注出，但需将尺寸线画过对称中心线。如例 7-2 中主视图尺寸 70、30、60、120 和半圆孔 $R15$、$R20$。

剖面图中画剖面线的部分，如需标注尺寸数字，应将相应的剖面线断开，不要使剖面线穿过尺寸数字。

七、剖面图作图示例

例 7-2　如图 7-27 所示，将视图改画成适当剖面图，并重新标注尺寸。

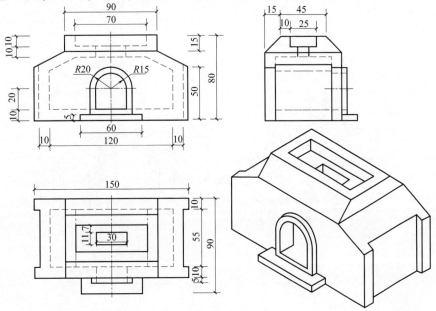

图 7-27　已知形体

分析： 此形体为一空腔结构，形体左右对称，故主视图宜改画半剖视图，俯视图宜改画半剖视图，形体前后不对称，左视图宜改画全剖视图。

作图步骤：

① 分析视图与投影，想清楚形体的内外形状。

② 确定剖面图的部切位置：此时剖切平面应平行于 V 面和 W 面，且通过对称轴线。

③ 想清楚形体剖切后的情况：哪部分移走，哪部分留下，谁被切着了，谁没被切着，没被切着的部位后面有无可见轮廓线的投影？

④ 切着的部分断面上画上图例线。画图步骤一般是先画整体，后画局部；先画外形轮廓，再画内部结构，注意不要遗漏后面的可见轮廓线，如图 7-28（a）所示。

⑤ 检查、加深、标注，最后完成作图，如图 7-28（b）所示。

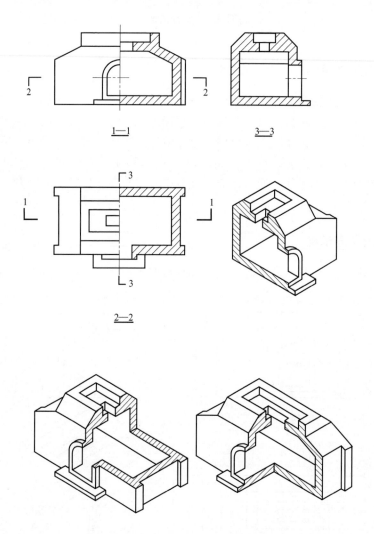

(a)

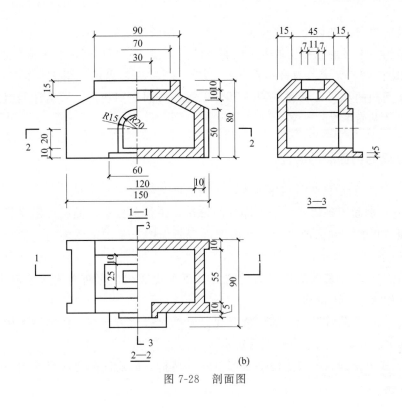

图 7-28　剖面图

第五节　断　面　图

一、断面图的形成

假想用剖切平面将形体切开，只画出被切到部分的图形称为断面图，简称断面。如图 7-29 所示。

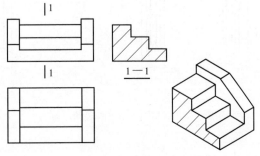

图 7-29　断面图

断面图主要用于表达形体某一部位的断面形状。把断面同视图结合起来表示某一形体时，可使绘图大为简化。

二、断面图的标注

只有画在投影图之外的断面图才需要标注，如图 7-29 所示。断面图要用剖切符号表明剖切位置和投射方向。剖切位置的画法同剖面图，用长度为 6～10mm 的短粗实线画出剖切位置线。断面图用编号的注写位置表示投影方向，例如编号写在剖切位置线右侧，表示投影方向向右，如图 7-29 所示。编号写在剖切位置线的下方，表示投射方向向下，如图 7-30（d）所示。断面图的编号、材料图例、图线线型均与剖面图相同，图名注写时只写上编号即可，不再写"断面图"三个字。

三、断面图与剖面图的区别

如图 7-30（a）所示的牛腿工字柱表示了断面图与剖面图的区别。

① 性质上　剖面图是切开后余下部分的投影，是体的投影。而断面图只是切开后断面的投影，是面的投影。剖面图中包含断面图，而断面图只是剖面图中的一部分。如图 7-30（c）和（d）所示。

② 画法上　剖面图是画出切平面后的所有可见轮廓线，而断面图只画出切口的形状，其余轮廓线即使可见也不画出。

③ 标注上　剖面图既要画出剖切位置线又要画出投射方向线，而断面图则只画剖切位置线，其投影方向用编号的注写位置来表示。

④ 剖切形式上　剖面图的剖切平面可以发生转折，而断面图每次只能用一个剖面去剖切，不允许转折。

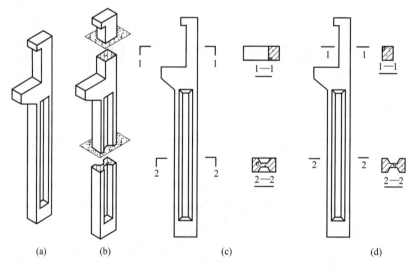

图 7-30　剖面图与断面图的区别

四、断面图的种类和画法

根据断面在绘制时所配置的位置不同，断面分为以下三种。

1. 移出断面图

画在视图外的断面图称为移出断面图，移出断面的轮廓线用粗实线绘制，配置在剖切线的延长线上或其他适当位置，如图 7-30（d）所示。

2. 重合断面图

将断面展成 $90°$ 画在视图内的断面图称为重合断面图，轮廓线用细实线绘制。当视图中轮廓线与重合断面的图形重叠时，视图中的轮廓线仍应连续画出，不可中断，如图 7-31 为墙面装饰的重合断面图。

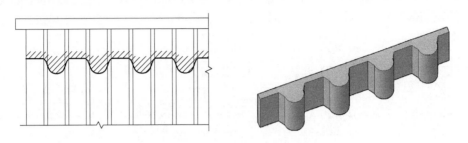

图 7-31 墙面装饰的重合断面图

图 7-32 为现浇钢筋混凝土楼面的重合断面图。因楼板图形较窄，不易画出材料图例，故用涂黑表示。

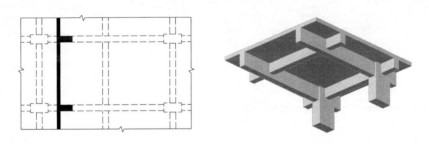

图 7-32 楼面的重合断面图

3. 中断断面图

当形体较长，且沿长度方向断面图形状相同或按一定规律变化时，可以将断面图画在视图中间断开处，这种断面图称为中断断面图，如图 7-33 所示。中断断面图轮廓线用粗实线表示。

图 7-33 中断断面图

五、断面图作图示例

如图 7-34（a）所示为一钢筋混凝土空腹鱼腹式吊车梁。该梁通过完整的正立面图和六个移出断面图，清楚地表达了梁的构造形状，如图 7-34（b）所示。

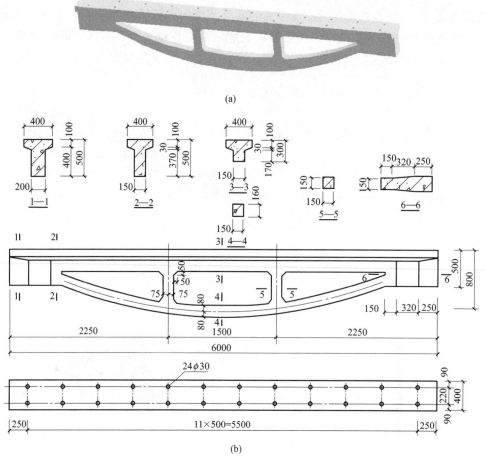

图 7-34　钢筋混凝土空腹鱼腹式吊车梁

第六节　轴测剖面图

一、轴测剖面图的形成

在轴测图中，形体内部结构表达不清楚时，可假想用剖切平面将形体的轴测图剖开，移走其中的一部分，画出剩余部分，称为轴测剖面图。轴测剖面图既能直观地表达外部形状又能准确看清内部构造。

二、轴测剖面图的一些规定

① 为了使轴测剖面图能同时表达形体的内、外形状，一般采用互相垂直的平面剖切形体的 1/4，剖切平面应选取通过形体主要轴线或对称面的投影面平行面作为剖切平面，如图7-35 所示。

② 在轴测剖面图中，断面的图例线不再画 45°方向斜线，而与轴测轴有关，其方向应按

如图 7-36 所示方法绘出。在各轴测轴上，任取一单位长度并乘该轴的变形系数后定点，然后连线，即为该坐标面轴测图剖面线的方向。

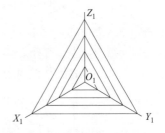

图 7-35 剖切平面图位置 　　　　　　　　 图 7-36 正等轴测剖面线画法

③ 当沿着筋板或薄壁纵向剖切时，轴测剖面图和剖面图一样都不画剖面线，只用实线将它和相邻结构分开，如图 7-37 所示。

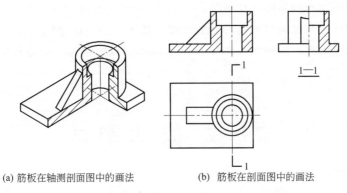

(a) 筋板在轴测剖面图中的画法　　　　　　(b) 筋板在剖面图中的画法

图 7-37 筋板在轴测剖面图、剖面图中的画法

三、轴测剖面图的画法

在轴测图上画剖面，可根据需要任意切割。常见画法是先画出外形后剖切：即先按选定的轴测投影类型，画出形体的完整轴测投影，然后用平行于坐标面的平面在选定的位置进行剖切，补画出经剖切后断面的轮廓线和内部的可见轮廓线，并画出剖切断面的剖面线或具体材料图例。

钢筋混凝土基础的投影，如图 7-38（a）所示，其轴测剖面图具体画法如下：

① 选定轴测投影类型，并画出轴测投影图，如图 7-38（b）所示；

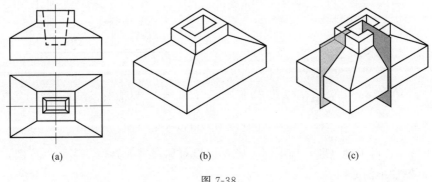

(a)　　　　　　　　　　(b)　　　　　　　　　　(c)

图 7-38

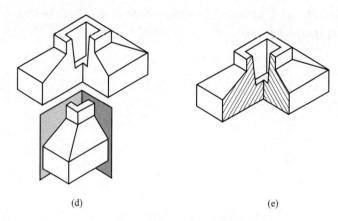

(d)   (e)

图 7-38　轴测剖面图的画法

② 用与投影面平行的平面剖切形体，如图 7-38（c）所示；

③ 画出经剖切后断面和内部的可见轮廓线，如图 7-38（d）所示；

④ 加深断面轮廓线，按轴测投影类型画上剖面线或图例线，完成作图，如图 7-38（e）所示。

第七节　简 化 画 法

为了简化制图并提高效率，国家标准规定了一些简化画法。掌握技术图样的简化画法，可以加快识图进程，下面对其中的部分简化画法进行介绍。

一、对称形体的简化画法

当不致引起误解时，对具有对称性的形体，其视图可画一半或四分之一，并在对称线的两端画出对称符号，如图 7-39（a）所示。图形也可稍超出其对称线，此时可不画对称符号，如图 7-39（b）所示。

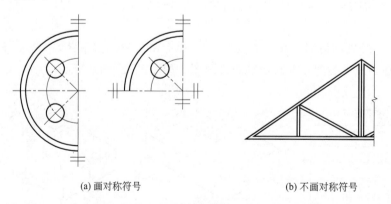

(a) 画对称符号   (b) 不画对称符号

图 7-39　对称的简化画法

对称的形体，需画剖（断）面图时，也可以以对称符号为界，一半画外形图，一半画剖（断）面图，例如半剖面图。

对称符号用两条平行的细实线表示，线段长为 6～10mm，间距为 2～3mm，且画在对称线的两端，如图 7-39（a）所示。

二、折断画法

当只需表达形体的某一部分形状时，可假想把不需要的部分折断，画出保留部分的图形后在折断处画上折断线，这种画法称为折断画法，如图 7-40 所示。

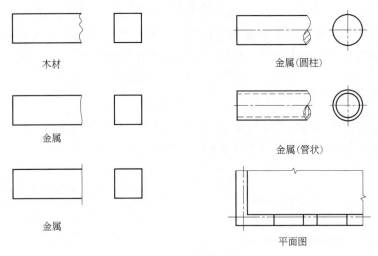

木材

金属(圆柱)

金属

金属(管状)

金属

平面图

图 7-40　折断画法

三、断开画法

较长的构件，如沿长度方向的形状相同或按一定规律变化，可假定将形体折断并去掉中间部分，只画出两端部分，这种画法称为断开画法。断开省略绘制，断开处应以折断线表示，尺寸数值按实际长度标注，如图 7-41 所示。

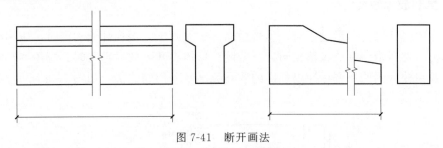

图 7-41　断开画法

四、相同要素的省略画法

当构配件内有多个完全相同且按一定规律排列的结构要素时，可仅在两端或适当位置画出其完整形状，其余部分以中心线或中心线交点表示，如图 7-42 所示。

五、连接省略画法

一个构件如果与另一构件仅部分不相同，该构件可只画不同部分，但应在两个构件的相

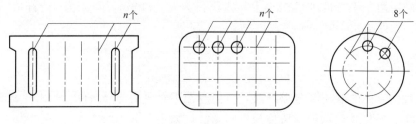

图 7-42 相同要素的省略画法

同部分与不同部分的分界线处分别画上连接符号，两个连接符号应对准在同一线上，如图 7-43 所示。连接符号用折断线表示，并标注出相同的大写字母。

六、同一构件的分段画法

同一构配件，如绘制位置不够，可分段绘制，并应以连接符号表示相连，连接符号应以折断线表示连接的部位，并用相同的字母编号，如图 7-44 所示。

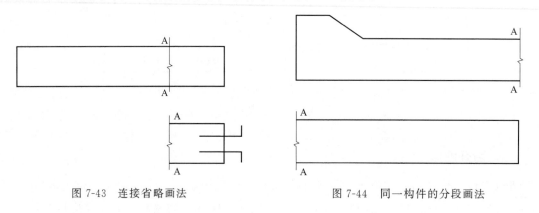

图 7-43 连接省略画法   图 7-44 同一构件的分段画法

七、局部放大画法

当形体的局部结构图形过小时，可采用局部放大画法。画局部放大图时，应用细实线圈出放大部位，并尽量放在放大部位附近。若同一形体有几个放大部位时，应用罗马数字按顺序注明，并在放大图的上方标注出相应的罗马数字及采用的比例，如图 7-45 所示。

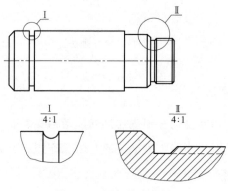

图 7-45 局部放大画法

第八章

钢筋混凝土结构图

第一节 概 述

钢筋混凝土在土木工程中是一种应用极为广泛的建筑材料。它由力学性能完全不同的钢筋和混凝土组合而成。两者取长补短、共同发挥作用。混凝土是由水泥、砂子、石子和水按一定比例拌和而成。凝固后如同天然石材，抗压强度很高，而抗拉强度极低，容易因受拉而断裂，钢材的抗压和抗拉强度都很高，但价格昂贵，且易腐蚀。为了解决混凝土受拉易断裂的矛盾，充分发挥混凝土的受压能力，常在混凝土受拉区域内或相应部位加入一定数量的钢筋，使混凝土主要承受压力，钢筋主要承受拉力，以满足工程结构的使用要求，这种配置有钢筋的混凝土叫做钢筋混凝土。

用钢筋混凝土制成的梁、板、柱、基础等，称为钢筋混凝土构件。钢筋混凝土构件，如果是在预制厂预先制好，然后运到工地安装的，称为预制钢筋混凝土构件；如果是在工地现场直接浇筑而成的，称为现浇式钢筋混凝土构件。此外，还有一些构件，在承受荷载之前，先对混凝土预加应力，以提高构件的强度和抗裂性能，称为预应力钢筋混凝土构件。全部用钢筋混凝土构件承重的结构物，称为钢筋混凝土结构。钢筋混凝土结构是目前我国土建工程中最常见的结构形式。

表示钢筋混凝土结构的图样，包括两种图：一种是外形图（又叫模板图），主要表现构件的形状和大小；另一种是钢筋布置图，主要用来表明混凝土结构构件中钢筋的分布和配置情况。

第二节 钢筋混凝土结构基本知识

一、混凝土结构的基本概念

钢筋混凝土是由钢筋和混凝土两种不同的材料组成的。在钢筋混凝土结构中，利用混凝土的抗压能力较强而抗拉能力较弱，钢筋的抗拉能力很强的特点，用混凝土主要承受压力，钢筋主要承受拉力，二者共同工作，以满足工程结构的使用要求。

图 8-1 （a）和 （b）分别表示素混凝土简支梁和钢筋混凝土简支梁的破坏和受力情况。图 8-1 （a）所示的素混凝土梁在外加集中力和梁的自身重力作用下，梁截面的上部受压，下

部受拉。由于混凝土的抗拉性能很差，只要梁的跨中附近截面的受拉边缘混凝土一开裂，梁就突然断裂，破坏前变形很小，没有预兆，属于脆性破坏类型。为了改变这种情况，在截面受拉区域的外侧配置适量的钢筋构成钢筋混凝土梁，见图 8-1（b）。钢筋主要承受梁中和轴以下受拉区的拉力，混凝土主要承受梁中和轴以上受压区的压力。由于钢筋的抗拉能力和混凝土的抗压能力都很大，即使受拉区的混凝土开裂后梁还能继续承受相当大的荷载，直到受拉钢筋达到屈服强度，以后荷载还可略有增加，当受压区混凝土被压碎，梁才破坏。破坏前，变形很大，有明显预兆，属于延性破坏类型。可见，与素混凝土梁相比，钢筋混凝土梁的承载力和变形能力都有很大提高，并且钢筋与混凝土两种材料的强度都能得到较充分的利用。

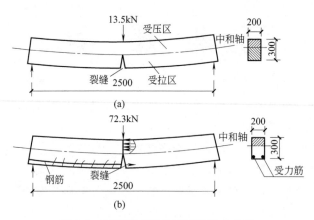

图 8-1　不同简支梁的破坏和受力情况

钢筋和混凝土两种物理、力学性质很不相同的材料，它们可以相互结合共同工作的主要原因如下。

① 混凝土结硬后，能与钢筋牢固地黏结在一起，相互传递内力。黏结力是这两种性质不同的材料能够共同工作的基础。

② 钢筋的线膨胀系数为 $1.2 \times 10^{-5} ℃^{-1}$，混凝土的为 $1.0 \times 10^{-5} \sim 1.5 \times 10^{-5} ℃^{-1}$，二者数值相近。因此，当温度变化时，钢筋与混凝土之间不会存在较大的相对变形和温度应力而发生黏结破坏。

钢筋混凝土结构除了比素混凝土结构具有较高的承载力和较好的受力性能以外，与其他结构相比还具有下列优点。

① 就地取材。钢筋混凝土结构中，砂和石料所占比例很大，水泥和钢筋所占比例较小，砂和石料一般可以由建筑工地附近供应。

② 节约钢材。钢筋混凝土结构的承载力较高，大多数情况下可用来代替钢结构，因而节约钢材。

③ 耐久、耐火。钢筋埋放在混凝土中，受混凝土保护不易发生锈蚀，因而提高了结构的耐久性。当火灾发生时，钢筋混凝土结构不会像木结构那样燃烧，也不会像钢结构那样很快软化而破坏。

④ 可模性好。钢筋混凝土结构可以根据需要浇捣成任何形状。

⑤ 现浇式或装配整体式钢筋混凝土结构的整体性好，刚度大。

钢筋混凝土结构也具有下述主要缺点。

① 自重大。钢筋混凝土的重度约为 $25kN/m^3$，比砌体和木材的重度都大。尽管比钢材的重度小，但结构的截面尺寸比钢结构的大，因而其自重远远超过相同跨度或高度的钢结构。

② 抗裂性差。如前所述，混凝土的抗拉强度非常低，因此，普通钢筋混凝土结构经常带裂缝工作。尽管裂缝并不一定意味着结构发生破坏，但是它影响结构的耐久性和美观。当裂缝数量较多和开展较宽时，还将给人造成不安全感。

③ 性质较脆。混凝土结构破坏前的预兆较小，特别是在抗剪切、抗冲切和小偏心受压构件破坏时，破坏往往是突然发生的。

综上所述不难看出，钢筋混凝土结构的优点远多于其缺点。因此，它已经在房屋建筑、地下结构、桥梁、铁路、隧道、水利、港口等工程中得到广泛应用。而且，人们已经研究出许多克服其缺点的有效措施。例如，为了克服钢筋混凝土自重大的缺点，已经研究出许多重量轻、强度高的混凝土和强度很高的钢筋；为了克服普通钢筋混凝土容易开裂的缺点，可以对它施加预应力；为了克服其性质较脆的缺点，可以采取加强配筋或在混凝土中掺入短段纤维等措施。

二、钢筋

我国的钢筋产品分为热轧钢筋、中高强钢丝和钢绞线以及冷加工钢筋三大系列。普通钢筋混凝土结构一般采用热轧钢筋。热轧钢筋是钢厂用普通低碳钢（碳含量不大于 0.25％）和普通低合金钢（合金元素不大于 5％）制成。其常用种类、代表符号和直径范围见表 8-1。

表 8-1 常用热轧钢筋的种类、代表符号和直径范围

强度等级代号	符号	公称直径 d/mm	屈服强度标准值 $f_{yk}/(N/mm^2)$	极限强度标准值 $f_{stk}/(N/mm^2)$
HPB300	Φ	6～14	300	420
HRB400（HRB400E）	Φ	6～50	400	540
RRB400	Φ^R			
HRB500（HRB500E）	Φ	6～50	500	630

表 8-1 中，HPB300 为热轧光面钢筋，HRB400、HRB500 是热轧变形钢筋，RRB400 是余热处理钢筋，括号内 HRB400E、HRB500E 表示抗震钢筋。现行国家标准《建筑抗震设计规范》（GB 50011—2010）规定，抗震等级为一、二、三级的框架和斜撑构件（含梯段），其纵向受力钢筋采用普通钢筋时，钢筋的抗拉强度实测值与屈服强度实测值的比值不应小于 1.25；屈服强度实测值与屈服强度标准值的比值不应大于 1.30，且钢筋在最大拉力下的总伸长率实测值不应小于 9％。满足上述要求的钢筋为抗震钢筋。

为了简化起见，在设计计算书和施工图纸上，各种强度等级的热轧钢筋均以表 8-1 中的符号代表。因此，要记住各个符号代表的钢筋级别，不要将它们混淆。

钢筋的直径范围并不表示在此范围内任何直径的钢筋钢厂都生产。钢厂提供的钢筋直径为 6mm、6.5mm、8mm、8.2mm、10mm、12mm、14mm、16mm、18mm、20mm、22mm、25mm、28mm、32mm、36mm、40mm 和 50mm。其中，$d=8.2mm$ 的钢筋仅适用于有纵肋的热处理钢筋。

钢筋表面形状的选择取决于钢筋的强度。为了使钢筋的强度能够充分地利用，强度越高

的钢筋要求与混凝土黏结的强度越大。提高黏结强度的办法是将钢筋表面扎成有规律的凸出花纹，称为变形钢筋。HPB300 钢筋的强度低，表面做成光面即可，其余级别的钢筋强度较高，表面均做成带肋形式，即为变形钢筋。变形钢筋表面形状，我国以往长期采用螺旋纹和人字纹两种，鉴于这种形式的横肋较密，消耗于肋纹的钢材较多，且纵肋和横肋相交，容易造成应力集中，对钢筋的动力性能不利，故近几年来我国已将变形钢筋的肋纹改为月牙纹。月牙纹钢筋的特点是横肋呈月牙形，与纵肋不相交，且横肋的间距比老式变形钢筋大，故克服了老式钢筋的缺点，而黏结强度降低不多。

1. 钢筋的名称、作用和标注方法

配置在钢筋混凝土结构构件中的钢筋，一般按其作用可分为以下几种，见图 8-2。

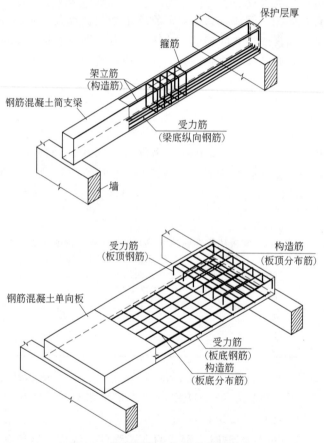

图 8-2　钢筋混凝土构件的配筋示意

（1）受力钢筋

承受构件内拉、压应力的钢筋。其配置应通过计算确定，且满足构造要求。在梁、柱中其亦称为纵向受力钢筋，标注时应说明其数量、品种和直径，如：4Φ25 表示配置 4 根 HRB400 级钢筋，直径 25mm；在板中，标注时应说明其品种、直径和间距，如：Φ10@200 表示配置 HPB400 级钢筋，直径 10mm，间距 200mm。

（2）架立钢筋

一般设在梁的受压区，和纵向受力钢筋平行，用以固定箍筋的正确位置，并能承受收缩和温度变化产生的内应力，其标注方法同梁内纵向受力钢筋。

（3）构造钢筋

用于考虑计算模型和实际结构构件的偏差，承受收缩和温度变形，在梁、柱中尚可增加钢筋骨架的刚度。

在梁、柱中亦可称为纵向构造钢筋。当梁的腹板高度 $h_w \geqslant 450mm$ 时，或当偏心受压柱的界面高度 $h \geqslant 600mm$ 时，在梁和柱的侧面应设置纵向构造钢筋，其标注方法同梁内纵向受力钢筋。

对于现浇钢筋混凝土板，在其与梁、墙整体浇筑及嵌固支撑在承重砌体上的部位，为抵抗可能出现的负弯矩，在板中需要设置上部构造钢筋，其标注方法同板中受力钢筋。

（4）分布钢筋

用于板类构件（如板、墙）中。

在单向板中，为了承受收缩和温度变形，固定受力钢筋的位置，并使受力钢筋共同工作，在受力钢筋的垂直方向，需要配置分布钢筋，其标注方法同板中受力钢筋。

在剪力墙中布置的水平分布筋和竖向分布筋，除上述作用外，尚可参与承受外荷载，其标注方法同板中受力钢筋。

（5）箍筋

用于承受梁、柱中的剪力、扭矩，固定纵向受力钢筋的位置。标注箍筋时，应说明箍筋的级别、直径、加密区和非加密区的间距，并图示梁柱截面和箍筋的形式。如：

φ10@100/200 表示采用 HPB300 级钢，直径 10mm，加密间距 100mm，非加密区间距 200mm。

Φ10@100 表示采用 HRB400 级钢，直径 10mm，间距均为 100mm。

当梁采用平面注写方式时，尚应注明箍筋的肢数，如：

φ8@100/200（2）表示采用 HPB300 级钢，直径 8mm，加密区间距 100mm，非加密区间距 200mm，均为两肢箍。

φ8@100（4）/150（2）表示采用 HPB300 级钢，直径 8mm，加密区间距 100mm，加密区为四肢箍；非加密区间距 150mm，非加密区为两肢箍。

（6）拉筋

用以连系剪力墙内双排分布的钢筋网。标注箍筋时，应说明钢筋的级别、直径、水平和竖向间距，如：φ6@600@600（矩形）表示采用 HPB300 级钢，直径 6mm，水平和竖向间距均为 600mm。

2. 钢筋的弯钩

钢筋与混凝土的黏结力是保证两者共同工作的条件。HRB400 级、HRB500 级等钢筋表面的肋纹可以保证钢筋与混凝土之间形成很强的黏结握裹力。HPB300 级钢筋表面是光面的，其黏结强度较低，为了增强钢筋在混凝土中的锚固作用，通常将 HPB300 级钢筋的端部做成弯钩，其形状有半圆弯钩和直弯钩，当钢筋直径较小时，也可做成45°斜弯钩。箍筋两端在交接处也要作出弯钩。弯钩的形式、尺寸和简化画法见图 8-3。

3. 钢筋的保护层

为确保结构构件的耐久性和受力钢筋有效锚固的要求，同时保护钢筋防止钢筋锈蚀和防火，结构构件中钢筋外边缘至构件表面范围用于保护钢筋的混凝土，称为混凝土保护层。根据我国对混凝土结构耐久性的调研及分析，并参考《混凝土结构耐久性设计规范》

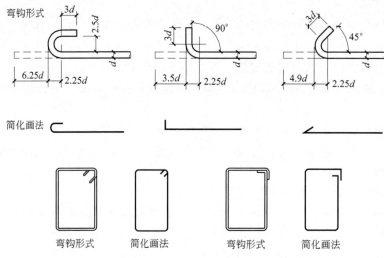

图 8-3　钢筋、箍筋的弯钩形式、尺寸和简化画法

（GB/T 50476）以及国外相应规范、标准的有关规定，现行国家标准《混凝土结构设计规范》（GB 50010—2010，2015 年版）根据结构所处的环境类别不同，对混凝土保护层的厚度给出了具体规定。设计工作年限为 50 年的混凝土结构，最外层钢筋的保护层厚度见表 8-2；设计工作年限为 100 年的混凝土结构，最外层钢筋的保护层厚度不应小于表 8-2 中数值的 1.4 倍。

表 8-2　纵向受力钢筋的混凝土保护层最小厚度　　　　　　　　　　　mm

环境类别	板、壳、墙	梁、柱、杆
一	15	20
二 a	20	25
二 b	25	35
三 a	30	40
三 b	40	50

还应注意：

① 当混凝土强度等级不大于 C25 时，表中保护层厚度数值应增加 5mm；

② 钢筋混凝土基础宜设置混凝土垫层，基础中钢筋的混凝土保护层厚度应从垫层顶面算起，且不应小于 40mm；

③ 当设计有充分依据并采取有效措施时，可适当减小混凝土保护层的厚度，具体可依照设计单位提供的施工图；

④ 当梁、柱、墙中纵向受力钢筋的保护层厚度大于 50mm 时，宜对保护层采取构造措施，防止开裂。

4. 钢筋的选用原则

钢筋混凝土结构及预应力混凝土结构的钢筋，应按下列原则选用。

① 钢筋混凝土结构中的钢筋和预应力混凝土结构中的非预应力钢筋宜优先采用 HRB400 级和 HRB500 级钢筋，以节省钢筋用量，改善我国建筑结构的质量。除此之外，也可以采用 HPB300 级和 HRB400 级热轧钢筋以及强度级别较低的冷拔、冷扎和冷扎扭钢筋。

② 预应力钢筋宜采用预应力钢绞线、中高强钢丝，也可以采用热处理钢筋。在我国经济困难、物资短缺的年代，冷加工钢筋为我国的基本建设事业作出过极大的贡献。但是，冷加工钢筋在强度提高的同时，塑性大幅度降低，导致结构构件的塑性减小，脆性加大。当前，我国的钢产量已位于世界之首，优质、价廉的钢材不断出现，为了提高结构构件的质量，应尽量选用强度较高、塑性较好、价格较低的钢材。

三、混凝土

1. 混凝土的组成和强度等级

混凝土是由水泥、砂子、石子和水按一定配合比搅拌，然后灌入定型模板，经振捣密实和养护凝固后形成的坚硬如石的材料。混凝土具有较高的抗压强度，不同配合比拌制的混凝土强度不同，混凝土按其抗压强度的大小分为不同的等级，有 C15、C20、C25、C30、C35、C40、C45、C50、C55、C60、C65、C70、C75、C80 十四个强度等级，等级越高，强度也越高，其中强度等级在 C60 以上的称为高强混凝土。混凝土的抗拉强度比抗压强度低很多，一般仅为抗压强度的 $1/10 \sim 1/20$。

在建筑结构施工图中，一般情况下结构设计总说明中应该分类别指出构件采用的混凝土强度等级。

2. 混凝土的选用原则

① 建筑工程中，素混凝土结构构件的混凝土强度等级不应低于 C20；钢筋混凝土结构构件的混凝土强度等级不应低于 C25；预应力混凝土楼板结构构件的混凝土强度等级不应低于 C30，其他预应力混凝土结构构件的混凝土强度等级不应低于 C40；钢-混凝土组合结构构件的混凝土强度等级不应低于 C30。

② 承受重复荷载的钢筋混凝土构件，混凝土强度等级不应低于 C30。

③ 抗震等级不低于二级的钢筋混凝土结构构件，混凝土强度等级不应低于 C30。

④ 采用 500MPa 及以上钢筋的钢筋混凝土结构构件，混凝土强度等级不应低于 C30。

四、钢筋混凝土结构的基本图示方法

表达钢筋混凝土构件中钢筋的配置情况的图样叫配筋图，通常由构件的立面图和剖面图组成。为了明显地表示出钢筋混凝土构件中钢筋的配置情况，假想混凝土为透明体，图内不画材料图例，构件的外轮廓线用细实线画出，钢筋简化成单线，用粗实线画出，断面图中被剖切到的钢筋用黑圆点表示，未剖切到的钢筋仍用粗实线表示。

1. 钢筋的图示

配筋图中的粗实线均表示钢筋，被剖切到的钢筋用黑圆点表示，构件外轮廓用细实线表示。其他一些钢筋的表示方法见表 1-9。

2. 钢筋的标注

钢筋的标注中说明了钢筋的编号、级别代号、根数（间距）、直径，通常有以下两种形式。

① 标注钢筋的级别、根数、直径，如梁、柱内的受力筋和构造筋。

② 标注钢筋的级别、直径和相邻钢筋的中心距，如箍筋和板的配筋。

构件配筋图中箍筋的长度尺寸，指的是箍筋的里皮尺寸，见图 8-4（a）和（c），图 8-4（b）中弯起钢筋的高度尺寸指的是钢筋的外皮尺寸。

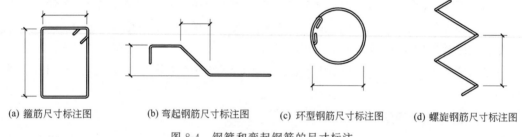

| (a) 箍筋尺寸标注图 | (b) 弯起钢筋尺寸标注图 | (c) 环型钢筋尺寸标注图 | (d) 螺旋钢筋尺寸标注图 |

图 8-4　钢箍和弯起钢筋的尺寸标注

3. 预埋件、预留孔洞的表示方法

预埋件是埋设在混凝土或钢筋混凝土构件中的钢件，主要用来连接相邻构件或固定某种设备。常用的有锚栓、预埋钢板和吊环等。在混凝土构件上设置预埋件时，可在构件的平面图或立面图上表示，见图 8-5。引出线指向预埋件，引出线上的标注是预埋件的代号。图 8-5（b）表示在构件同一位置正反面都设置了编号相同的预埋件时，引出线为一条实线和一条虚线，同时在引出横线上标注预埋件的数量及代号。图 8-5（c）表示在构件同一位置正反面设置了编号不相同的预埋件时，引出线为一条实线和一条虚线，在引出横线上标注正面预埋件代号，在引出横线下标注反面预埋件代号。

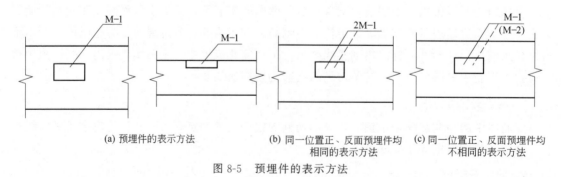

| (a) 预埋件的表示方法 | (b) 同一位置正、反面预埋件均
相同的表示方法 | (c) 同一位置正、反面预埋件均
不相同的表示方法 |

图 8-5　预埋件的表示方法

在构件设置预留孔洞或预埋套管时，预留孔洞或预埋套管的表示方法见图 8-6。引出线指向预留（埋）的位置，引出线上方标注预留孔洞的尺寸或预埋套管的外径，横线下方标注孔洞或套管的中心或洞底标高。

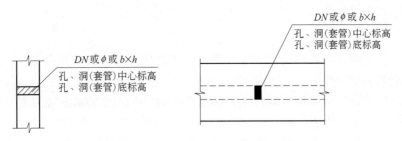

图 8-6 预留孔洞、预埋套管的表示方法

五、钢筋混凝土构件图

1. 构件图的一般概念

结构构件就是组成房屋骨架结构的"零部件"。构件图纸往往是说明单独某个构件的图形和构造，一般大的构件是单独设计的，如钢屋架、木屋架，这类构件往往要用一张 2 号或 1 号图纸绘出，作为施工的依据；而有的标准构件则要用一本图集绘出不同规格的图形及说明，来表明该类构件的结构构造。因此，构件图是以不同构件、不同要求绘制成施工图作为制作和施工的依据。

2. 构件图图集的一般内容

构件图图集通常为常用的标准构件，如预制空心楼板、预制过梁、预制大型屋面板、预制屋架等。这些图集可分为国家标准图集、省级标准图集、地方标准图集和某设计研究院的标准图集等。应由标准设计所（或院）统一设计，并经主管部门批准后才可颁布使用。

（1）图集的封面形式

图集的封面主要说明该图集的名称和构件所属类型，方便查找。图 8-7 为辽宁省预应力混凝土空心楼板的图集。

图 8-7 构件图图集封面形式示意

由封面可知，这是预应力混凝土空心楼板（跨度 2.1～7.2m）的图集，图集上有辽宁省的编号"辽 2013G401-1"，G 表示构件，2013 表示 2013 年编制的，401-1 表示编号。这样就便于记忆和查对。

（2）图集的内容

图集内容大致分为：设计说明，不同长度、宽度的选用表格，结构性能检验参数，标准图形及配筋和节点构造。

设计说明大致内容如下。

① 图集适用范围、构件跨度、宽度种类、抗震设防烈度；宜采用什么工艺生产；使用环境的要求和措施。

② 设计的依据，说明采用荷载标准，使用什么设计规范、检验标准和施工规范以及采用新材料的一些规范、规程。

③ 采用的材料要求，如混凝土强度等级、钢材要求及力学性能等。

④ 设计原则，如选用荷载的确定、设计计算原则、预应力的控制、保护层的要求等。

⑤ 选用方法，主要说明在什么使用条件下选用哪种板为宜。

⑥ 制作和安装要求。

⑦ 质量检验及要求。

选用表的内容大致有：板在不同长度、宽度、活荷载下的配筋规格和数量，预应力构件还有应力控制值，以及构件的混凝土量。

结构性能检验参数主要是给出限定数值，作为检验对照的依据。

图形，主要是标注构件尺寸、配筋、构造要求的图。

在构件图集中，为了表明为哪类构件，往往采用构件代号来表示。如辽 2013G401-1 中预应力混凝土空心楼板的代号表示为：

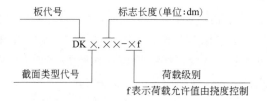

3. 构件图的特点

① 比例大，一般采用 (1：10)～(1：50) 的比例，图形都较详细。

② 构件边框线均用细实线绘制，内部配筋则用粗实线绘制，断面的构件以圆黑点表示，并用引出线及编号来说明构件种类。

③ 都有材料明细表，如混凝土构件列有钢筋表，说明钢筋形状、种类、规格。

4. 怎样查看图集

由于图集编制的设计单位不同，虽然图集上的构件名称相同，但它的具体内容、构造情况、使用条件不一定相同。如果在结构施工图中，引用了某种标准构件图集时，一定要看清图集的编号和由哪个设计单位编制的以及什么年份编制的，然后按编号查找图集，做到"对号入座"。

如果由于不仔细而弄错了图集，虽然构件名称相同，但用到工程中后可能出现施工中不能相互配合；或外形配上了，但配筋不同，承载荷重不同，这样会出现质量事故。所以对图集的运用，一定要查对清楚，看准编号，避免套用、乱用而造成差错。

5. 民用建筑结构主要非图集形式构件图

(1) 钢筋混凝土梁

图 8-8 为某梁 L-1 的构件详图，梁的构件详图一般由梁配筋立面图和断面图组成。

梁配筋立面图表达了梁在高度和跨度方向上的尺寸和配筋情况。读图时应先看图名，因

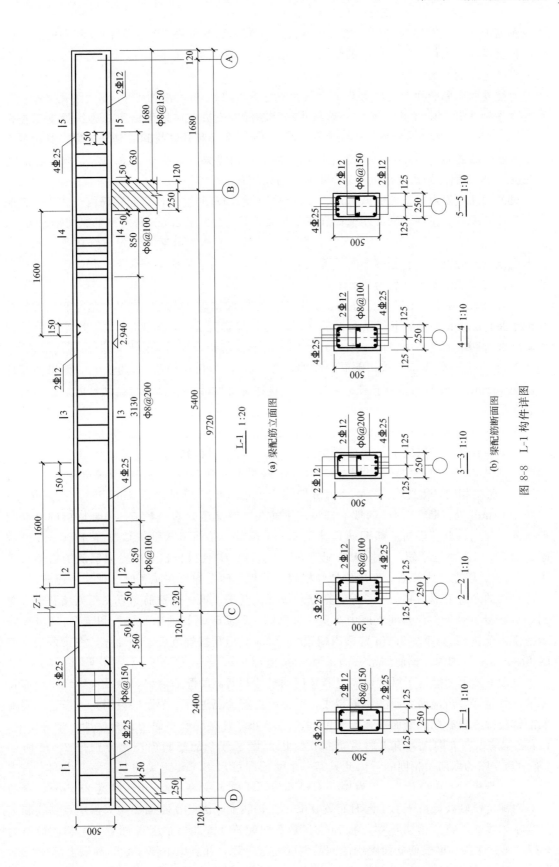

(a) 梁配筋立面图

L-1 1:20

(b) 梁配筋断面图

图 8-8　L-1 构件详图

为在图名中注明了构件的名称，然后再看配筋立面图和断面图。梁立面图表示梁的立面轮廓、长度尺寸、钢筋上下与前后的配置。梁的断面图则表示梁的断面形状、高度、宽度及钢筋上下与左右的布置情况。

对照立面图和断面图可以看出，本配筋图表示的 L-1 梁，高为 500mm，梁宽 250mm，布置在Ⓐ轴线到Ⓓ轴线间。其中，梁在Ⓑ和Ⓓ轴线处支撑在砖墙上，在Ⓒ轴线处支撑在柱 Z-1 上，支座之间的轴线距离分别为 2.4m 和 5.4m。在Ⓐ和Ⓑ轴线间，是悬挑梁，悬挑长度为 1.68m，根据设计说明和结构布置图，这段梁是雨篷梁。梁全长为 9.72m，梁底标高为 2.940m。此立面图的比例是 1∶20，断面图的比例是 1∶10。

梁的配筋主要由梁下部纵向钢筋、上部纵向钢筋和箍筋组成，弯起钢筋由于施工比较麻烦，已比较少见，正逐渐被梁端箍筋加密的方式取代。L-1 梁 2.4m 跨的下部纵向钢筋为 2Φ25，5.4m 跨的下部纵向钢筋为 4Φ25，根据断面图，下部纵向钢筋均匀布置在梁下部，用来承受梁下部的拉应力。悬挑梁的下部没有拉应力，但为了形成钢筋骨架，仍需配置纵向钢筋，可仅按构造配置，这里是 2Φ12。

5.4m 跨的下部是 4 根直径为 25mm 的 HRB400 级钢筋（4Φ25），其中最左和最右的两根Φ25 是将 2.4m 跨梁的下部纵向钢筋 2Φ25 通长配置到 5.4m 跨梁，5.4m 跨梁内的另两根Φ25 锚入两端的支座中。由于 HRB400 级钢筋不做弯钩，为清楚地反映钢筋的终端位置，用 45°方向的短粗线表示无弯钩钢筋的终端符号。因此，可以看到，这两根Φ25 伸出左端柱支座是 560mm，伸出右端柱支座是 630mm，这些都是设计规范规定的锚固长度，必须在图中表示清楚。

由于在支座附近，梁的上部受拉，因此支座附近，梁的上部要布置纵向受力钢筋。跨度较大的梁，在跨中，梁的上部几乎不受拉力，因此往往只需按构造配置架立筋即可。2.4m 跨梁上部纵向钢筋通长配置，为 3Φ25，5.4m 跨梁上部纵向钢筋在左端支座处也为 3Φ25，和 2.4m 跨梁相同，因此它们是将 2.4m 跨梁上部的 3Φ25 延伸至 5.4m 跨梁，在离柱 Z-1 边缘 1600mm 处截断。5.4m 跨梁上部纵向钢筋在右端支座处为 4Φ25，和悬挑梁的上部钢筋相同，因此将悬挑梁的上部钢筋延伸至 5.4m 跨梁，在伸出Ⓑ轴线墙支座 1600mm 处截断。而在 5.4m 跨梁中间，只按构造配架立筋 2Φ12。构造钢筋和上部受力钢筋的搭接长度为 150mm。以上这些数据，都是设计师根据设计规范确定的，在施工时必须严格遵守。

在梁的净跨范围内必须通长配置箍筋，按规范要求，第一道箍筋布置在距离墙和柱边缘的 50mm 处，在梁左端进墙支座内布置一道箍筋，以便于钢筋骨架的绑扎和定型。2.4m 跨梁范围内配置Φ8@150，5.4m 跨梁内配置Φ8@200，但是按规范规定和计算，在梁两端支座附近 850mm 范围内，箍筋加密一倍，为Φ8@100。

梁配筋断面图表达了梁截面高度和宽度的尺寸和断面的配筋情况，以及梁中纵向钢筋具体的放置位置，与配筋立面图相辅相成，对梁的配筋情况进行了全面的说明。一般，不同配筋的部位都需要有配筋断面图，配筋断面图的出处，要在配筋立面图部分注明，图 8-8 中，L-1 在梁的纵向方向上，有五种配筋情况，因此做了五个配筋断面图，分别是 2.4m 跨梁（跨中和支座的配筋是相同的，因此只需一个断面即可）、5.4m 跨梁的左支座、中间、右支座，以及悬挑梁。以断面 2—2 为例，由尺寸说明可知，梁高 500mm，梁宽 250mm，梁的中心对准定位轴线。由于 L-1 同时布置在②、③轴线上，因此在断面图中只需用点划线和圆来表示轴线，不特别指明是哪一根轴线；梁下部配置 4Φ25，梁上部配置 3Φ25，箍筋为Φ8@100。这些和梁配筋立面图中的配筋情况完全一致，并且梁下部 4Φ25 和梁上部 3Φ25，都放在一排。在断面 3—3 中，梁上部钢筋为 2⌀12，作为架立筋，箍筋为 ⌀8@200，其他则与 2—2 断面完全一致，这和梁配筋立面图也是一致的。因此，在阅读梁的构件详图时，需要将配筋立面图和断面图结合起来，互相比较、印证，以对梁的配筋情况有准确的了解。

（2）钢筋混凝土柱

钢筋混凝土柱配筋详图的图示方法基本上和梁相同，只是如果柱形式比较复杂，且其上布置有很多预埋件，则除了绘出其配筋图外，还需绘出模板图和预埋件详图，如工业厂房的牛腿柱。此处仅以某办公楼的柱 Z-1 说明钢筋混凝土柱构件详图的读图要点和方法。

钢筋混凝土柱通常都承受压力，其钢筋一般是由纵向受力筋和箍筋组成，纵向受力筋和混凝土一起承受压力。钢筋混凝土柱构件详图由配筋立面图和断面图组成，立面图主要表达了柱在高度上的尺寸及配筋情况，而断面图则主要表达柱的断面尺寸，以及柱断面的钢筋配置情况。在阅读柱的配筋详图时，也需要将配筋立面图和断面图结合起来。图 8-9 是现浇钢筋混凝土柱配筋的立面图和断面图。

从图 8-9 中可以看出，该柱从柱基础起直通三层楼面，柱基底标高是 -1.500m，柱的顶标高是 7.040m，因此柱全高是 8.54m。柱断面（$b \times h$）为 300mm×450mm。根据 1—1 断面，底层柱受力筋为：8⌀25（b 方向）+6⌀18（h 方向）。在基础施工时，需要在基础内埋设基础插筋，基础插筋的数量、直径、级别和布置位置都要和底层柱纵向受力钢筋完全相同。底层柱纵向受力钢筋从基础顶部设置到二层楼面以上，其下端与基础插筋搭接，搭接长度为 1200mm，上端伸出二层楼面 1200mm，与二层柱的受力钢筋搭接。

根据 2—2 断面，二层柱的断面和一层相同，为 300mm×450mm，受力筋为 8⌀22（b 方向）+6⌀16（h 方向）。在柱的全长方向上都需要布置箍筋（除梁穿过的位置），底层柱受力筋搭接区和二层柱的受力筋搭接区箍筋间距加密，此处为 ⌀8@100，其余位置箍筋为 ⌀8@200。

从断面图中还可以看到，该柱相对于定位轴线在截面高（h）方向上是偏心放置的。此外，在柱立面图中还画出了与柱相连的二、三层楼面梁 L-1 的局部，梁底标高分别为 2.940m 和 6.540m。

（3）钢筋混凝土板

钢筋混凝土板有预制的和现浇的。预制钢筋混凝土板如果是采用标准图集中的构件，一般不画构件详图，施工时根据标注的型号和标准图集查阅板的尺寸、配筋情况等。如果不是采用标准图集的构件，则应另绘出构件详图。现浇钢筋混凝土板的配筋图通常通过平面图的形式表达。

图 8-10 是某办公楼在④～⑥和ⓒ～ⓔ轴线之间的钢筋混凝土现浇板，为说明方便，将图中的三块板分别标记成甲板、乙板和丙板。

钢筋混凝土现浇板可按单向板或双向板进行设计。如主梁、次梁、墙或其他梁底支撑结构将现浇板分成矩形的梁格，当梁格的长边和短边长度之比不大于 2 时，应按双向板设计；当长边和短边长度之比大于 2，小于等于 3 时，宜按双向板设计；当长边和短边长度之比大于 3 时，应按单向板设计。

按照钢筋混凝土现浇板的受力特点，板的配筋布置在板底和板顶。通常板底的钢筋是通长且沿着板宽和板长方向双向布置的。如果是单向板，荷载将沿短边方向传递到支承上，因而沿板的短边方向配受力钢筋，沿板的长边方向按构造要求配置分布筋。板底受力筋在下，与板底面的距离为保护层厚度，分布筋紧挨其上，两者绑扎成共同受力的钢筋网。如果是双

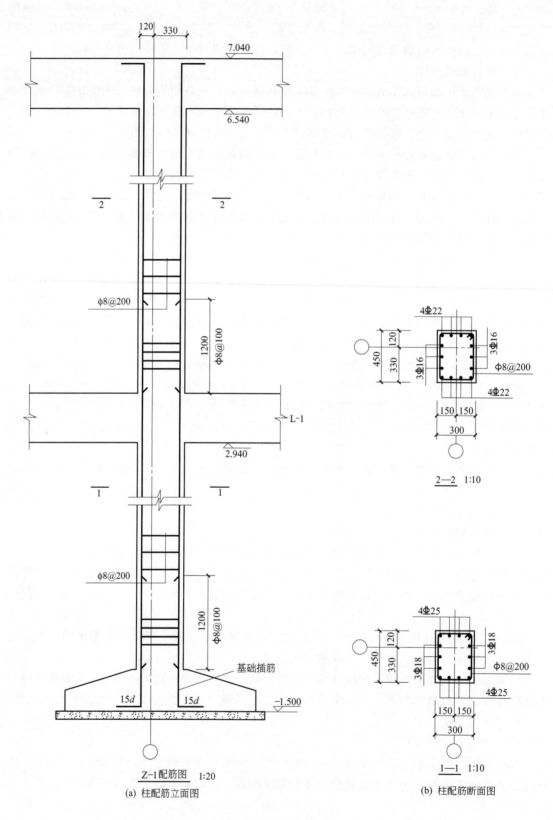

(a) 柱配筋立面图

(b) 柱配筋断面图

图 8-9 Z-1 构件详图

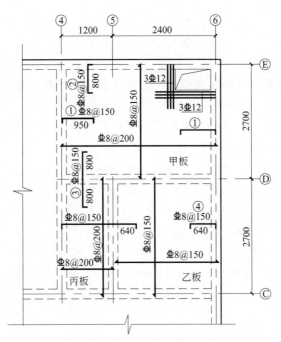

图 8-10　钢筋混凝土板配筋

向板，荷载将沿两个边的方向传递到支承上，因而需要沿两个方向配置受力筋，形成板底的钢筋网。板顶的受力钢筋（又称为支座钢筋、负筋、扣筋、上铁）布置在支座上，或其他板顶可能会受拉的部位。板顶钢筋按照板的型式（指单、双向板）、尺寸和构造，按设计规范要求伸出支座一定距离，该段距离需要在图中注明。同时，在板顶受力钢筋布置的范围内，在与其垂直的方向上布置分布钢筋，该分布钢筋紧贴支座钢筋，布置在支座钢筋下部，绑扎在一起，形成板顶的钢筋网，板顶受力钢筋的顶面与板顶相距一个保护层厚度的距离。在钢筋混凝土现浇板的配筋图中，区分板顶和板底钢筋可以参见表 1-9 中的图示和说明。

其次，因为板中的钢筋采用 HRB400 级钢筋，不需要做弯钩。为清楚地反映板底钢筋的终端位置，用 45°方向的短粗线表示无弯钩钢筋的终端。板顶钢筋的弯钩为直钩，弯钩向下，弯钩长度为板厚扣除保护层厚度（两个保护层厚度），该长度保证了板顶的钢筋网能立在板的顶层上。现行版国家建筑标准图集《混凝土结构施工图　平面整体表示方法制图规则和构造要求》（22G101-1）中，对于板顶受力钢筋在平法绘图时也可不绘出直弯钩，直接以中粗直线表示。

图 8-10 中的板支撑在下部的砖墙上，从图中可以看出砖墙（梁、柱）的布置平面，以及板中钢筋的配置，包括板顶、板底两个方向钢筋的编号、规格、直径、间距和弯钩形状、板顶的结构标高等。板中每种规格的钢筋只画出了一根，按其立面形状画在相应的安放位置上。每一种钢筋都注明一个编号，如果在不同的板区，配置的钢筋规格、间距完全相同，可只注明钢筋的编号（目前国内大部分设计单位在施工图表达中，一般仅将板顶钢筋编号，而板底钢筋则全部注明）。

图 8-10 中的楼板边缘贴紧外墙的边缘，并在内墙的中线上，由支撑的墙体分为三块板（甲板、乙板和丙板）。甲板和乙板为双向板，以甲板为例，长短边之比为：3600/2700＝1.33＜2。双向板荷载沿水平和竖向方向传递到墙上，板底配置直径为 8mm 的 HRB400 级钢筋，在两个方向上的间距分别为 200mm（Φ8@200）和 150mm（Φ8@150）。Φ8@150 在

Φ8@200 的下边，两者绑扎在一起，形成板底的钢筋网，不再配置分布钢筋。在板顶，板四边的支座处，配置支座钢筋，支座钢筋做直弯钩，即①～④号钢筋，钢筋下部的数字表明钢筋伸出支座的长度，不包括弯钩部分。在①～④号钢筋布置的范围内，与其垂直的方向上应布置分布筋，支座的分布筋一般不画出，但必须在说明中注明。由设计说明可知，未画出的分布筋均为Φ6@200。

在甲板的右上角，有一个洞口，设置了洞口加强钢筋，两个方向均为3Φ12，洞口加强钢筋需放在板底，且在板底受力钢筋的上部。

丙板的长短边之比为：2700/1200=2.25＞2，但小于3，宜按双向板设计，也可按单向板设计。这里如按单向板设计，则荷载沿短边方向传递到支座，因此沿短边方向在板底配置受力筋Φ8@200，与其垂直的方向上配置分布筋Φ8@200（按现行国家标准规定，很多时候板底配筋均由最小配筋率控制，而非计算配筋，故受力筋与非受力的分布筋相同）。

①轴线上（沿板长边方向）的支座钢筋为Φ8@150和甲板上的支座钢筋合二为一，在丙板上伸出支座800mm。而短边方向的支座钢筋则因该板跨较小，因此将两个支座钢筋拉通，同时伸进乙板640mm，作为乙板在⑤轴线处的支座钢筋。

第九章

钢筋混凝土结构施工图

　　房屋的结构图也就是一栋房屋的结构构造的施工图，这些图纸在目录中都标明为"结施"。它们主要反映房屋骨架的构造，如砖混结构的房屋，它们的结构图主要反映墙体，梁或圈梁、门窗过梁，砖柱、混凝土柱、抗震构造柱，楼板（包括空心楼板）、楼梯以及它们的基础。如为钢筋混凝土框架结构的房屋，其结构图主要是柱子、梁、板、楼梯、维护墙体结构以及它们相应的基础，如柱下独立基础、柱下条形基础、筏式基础或桩基础等。如为单层工业厂房时，它的结构形式称为排架结构，其结构图主要是柱子（一般带牛腿），墙梁、联系梁、吊车梁，屋架，大型屋面板或檩条小型板，波形水泥大瓦等屋面结构，柱子的基础一般做成杯型基础以安插柱子。

　　在结构施工图的首页，一般还有结构要求的总说明，主要说明结构构造要求，所用材料要求、钢材和混凝土强度等级，砌体的砌块强度和砂浆强度等级，基础施工图中还说明采用的持力层、地基承载力特征值和基础埋深要求，若有预应力混凝土结构的，还要对这方面的技术要求作出说明。

第一节　结构施工图概述

　　按照结构所采用的材料的不同，结构可分为砌体结构（也称砖混结构）、钢筋混凝土结构、钢结构、钢-混凝土组合结构和木结构等，其中砌体结构和钢筋混凝土结构应用最为广泛。

一、结构施工图的内容和组成

　　结构施工图作为建筑结构施工的主要依据，为了保证建筑物的安全，其上应标明各种承重构件（如基础、墙、柱、梁、楼板、屋架和楼梯等）的平面布置、标高、材料、形状尺寸、详细设计与构造要求及其相互关系。

　　结构施工图的组成一般包括结构图纸目录、结构设计总说明、基础施工图、结构平面布置图、梁板配筋图、节点详图和楼梯详图等。图纸目录可以让我们了解图纸的排序、总张数和每张图纸的内容，校对图纸的完整性，查找我们所需要的图纸。表9-1为××工程结构图纸目录。

二、构件代号

　　建筑结构构件种类繁多，布置复杂，为图示简明、清晰，便于施工、制表、查阅，有必要对各类结构构件用代号标识，代号后用阿拉伯数字标注该构件的型号或编号，也可以是该构件的顺序号。构件的顺序号采用不带角标的阿拉伯数字连续编排。国家标准中规定了常用构件的代号，见表 9-2。构件代号通常为构件类型名称的汉语拼音的第一个字母，如框架梁

表 9-1　××工程结构图纸目录

××工程图纸目录

设计单位：××建筑设计研究院

工程编号：202311-3

序号	图号	图纸名称	规格	备注
1	结施-01	结构设计总说明	A1	新图
2	结施-02	桩位平面布置图	A1⁺	〃
3	结施-03	基础底板配筋图	A1⁺	〃
4	结施-04	剪力墙构造详图；一层入口平面图	A1⁺	〃
5	结施-05	标高－3.650～－0.050m 边缘构件平面布置图	A1	〃
6	结施-06	标高－3.650～－0.050m 剪力墙边缘构件表	A1	〃
7	结施-07	标高－0.050m 连梁平面图	A1	〃
8	结施-08	标高－0.050m 板配筋图	A1	〃
9	结施-09	楼梯平面图、配筋详图	A1	〃
10	结施-10	地下室设备洞口布置图	A1	〃
11	结施-11	标高－0.050～50.950m 边缘构件平面布置图	A1	〃
12	结施-12	标高－0.050～5.950m 剪力墙边缘构件表	A1	〃
13	结施-13	标高 5.950～50.950m 剪力墙边缘构件表	A1	〃
14	结施-14	标高 2.950m,5.950m,8.950m,11.950m,…,50.950m 连梁平面图	A1	〃
15	结施-15	标高 2.950m，5.950m，8.950m，11.950m，14.950m，17.950m，20.950m，23.950m 板配筋图	A1	〃
16	结施-16	标高 26.950m,29.950m,32.950m,35.950m,38.950m,41.950m,44.950m,47.950m 板配筋图	A1	〃
17	结施-17	标高 50.950m 板配筋图	A1	〃
18	结施-18	标高 54.000m 结构平面布置图	A1	〃
19	结施-19	屋顶女儿墙平面布置图	A1	〃
20	结施-20	屋顶造型平面、墙身线角剖面节点、阳台剖面节点详图	A1	〃

表 9-2　常用构件代号

序号	名称	代号	序号	名称	代号	序号	名称	代号
1	板	B	19	圈梁	QL	37	承台	CT
2	屋面板	WB	20	过梁	GL	38	设备基础	SJ
3	空心板	KB	21	联系梁	LL	39	桩	ZH
4	槽形板	CB	22	基础梁	JL	40	挡土墙	DQ
5	折板	ZB	23	楼梯梁	TL	41	地沟	DG
6	密肋板	MB	24	框架梁	KL	42	柱间支撑	ZC
7	楼梯板	TB	25	框支梁	KZL	43	垂直支撑	CC
8	盖板或沟盖板	GB	26	屋面框架梁	WKL	44	水平支撑	SC
9	挡雨板或檐口板	YB	27	檩条	LT	45	梯	T
10	吊车安全走道板	DB	28	屋架	WJ	46	雨篷	YP
11	墙板	QB	29	托架	TJ	47	阳台	YT
12	天沟板	TGB	30	天窗架	CJ	48	梁垫	LD
13	梁	L	31	框架	KJ	49	预埋件	MJ
14	屋面梁	WL	32	刚架	GJ	50	天窗端壁	TD
15	吊车梁	DL	33	支架	ZJ	51	钢筋网	W
16	单轨吊车梁	DDL	34	柱	Z	52	钢筋骨架	G
17	轨道连接	DGL	35	框架柱	KZ	53	基础	J
18	车挡	CD	36	构造柱	GZ	54	暗柱	AZ

的代号为"KL"，另外预应力钢筋混凝土构件的代号前加注"Y-"，如 Y-KL 是预应力钢筋混凝土框架梁。有时在构件代号的前面加注材料代号，以表明构件的材料种类，具体可见图纸的设计说明，当采用标准、通用图集中的构件时，尚应按该图集中的规定代号或型号注写。

第二节　结构设计总说明

结构设计总说明是对一个建筑物的结构形式和结构构造要求等的总体概述，在结构施工图中占有重要的地位，它排放在"结施"图纸的最前面。

一、结构设计总说明的内容

在结构设计总说明中应表达的内容很多，各个单体设计的内容也不尽相同，但概括起来，一般包括以下内容。

① 工程结构设计的主要依据。

a. 工程设计所依据的规范、规程、图集和结构整体分析所使用的结构分析软件。

b. 由地质勘查单位提供的相应工程地质勘查报告及其主要内容，包括工程所在地区的地震基本烈度、抗震设防烈度、建筑场地类别、地基液化等级判别；工程地质和水文地质简况。

c. 采用的设计荷载，包含工程所在地的风荷载、雪荷载、楼（屋）面使用荷载、其他特殊的荷载或建设单位要求的使用荷载。

② 设计±0.000 标高所对应的黄海系高程绝对标高值。

③ 建筑结构的安全等级和设计工作年限，混凝土结构的耐久性要求和砌体结构施工质量控制等级。

④ 建筑场地类别、地基的液化等级、建筑的抗震设防类别、抗震设防烈度（设计基本地震加速度及设计地震分组）和结构的抗震等级。

⑤ 说明基础的形式、采用的材料及其强度，地基基础设计等级。

⑥ 说明主体结构的形式、采用的材料及其设计强度。

⑦ 构造方面的做法及要求。

⑧ 抗震的构造要求。

⑨ 对本工程施工的特殊要求，施工中应注意的事项。

二、结构设计总说明实例

某建筑结构设计总说明（结施-01）实例见表 9-3。

表 9-3　结构设计总说明

结构设计总说明							
一、工程概况							
子项名	地下层数	地上层数	房屋高度	结构型式	基础类型	室内外高差	防火分类/耐火等级
1#楼	—	6	23.800m	混凝土框架结构	独立基础	0.600m	乙类/二级

续表

二、设计总则

1. 图中计量单位(除注明外)：长度单位为毫米(mm)，标高单位为米(m)，角度单位为度(°)。

2. 本工程施工图是根据《混凝土结构施工图 平面整体表示方法制图规则和构造详图》(22G101)系列图集绘制。除设计人根据本工程具体情况对 22G101 图集有局部更改和补充外，均应按图集要求施工。

3. 本建筑应按建筑图中注明的功能和结构图中注明的荷载使用，在设计使用年限内未经技术鉴定或设计许可，不得改变结构的用途和使用环境。

4. 本施工图纸需经有关部门施工图审查合格后方可施工。

三、设计依据

1. 本工程结构设计采用的主要标准、规范和规程有：

《工程结构通用规范》GB 55001—2021　　　　《混凝土通用规范》GB 55008—2021

《建筑与市政工程抗震通用规范》GB 55002—2021　　《砌体结构通用规范》GB 55007—2021

《建筑与市政地基基础通用规范》GB 55003—2021　　《钢结构通用规范》GB 55006—2021

《建筑结构荷载规范》GB 50009—2012　　　　《建筑抗震设计规范》GB 50011—2010(2016 年版)

《建筑工程抗震设防分类标准》GB 50223—2008　　《混凝土结构设计规范》GB 50010—2010(2015 年版)

《建筑地基基础设计规范》GB 50007—2011　　《高层建筑混凝土结构技术规程》JGJ 3—2010

2. 地质勘察报告：《×××工程岩土工程勘察报告》，编号 E2023-1345。

3. 政府职能部门就本工程的有关审批文件(详见建施总说明)。

4. 设计软件：本工程结构整体计算分析采用中国建筑科学研究院 PKPM-SATWE 有限元程序(V 分析)。

四、结构设计主要技术指标

项目	设计工作年限	建筑结构安全等级	结构重要性系数	地基基础设计等级	抗震设防类别
指标	50 年	二级	1.0	丙级	标准设防类
项目	人防类别及抗力等级	抗震设防烈度	设计基本地震加速度	场地类别	设计地震分组
指标	核 6 级	7 度	0.1g	Ⅱ类	第一组
项目	特征周期	结构阻尼比	场地土液化程度	抗震等级	
指标	0.35	0.05	不液化	计算措施：三级　构造措施：三级	

五、主要荷载(作用)取值

项目	标准值 /(kN/m²)	项目	标准值 /(kN/m²)	项目	标准值 /(kN/m²)
办公室	2.5	会议室	3.0	楼梯	3.5
不上人屋面	0.5	上人屋面	0.5	走廊,门厅,电梯厅	3.5

基本风压(50 年)	0.55kN/m²	地面粗糙度	C 类	基本雪压(50 年)	0.50kN/m²

六、材料

1. 钢筋：HPB300 钢筋(Φ)，钢筋强度设计值 $f_y=270N/mm^2$

　　　HRB400 钢筋(Φ)，钢筋强度设计值 $f_y=360N/mm^2$

① 钢筋的强度标准值应具有不小于 95% 的保证率。

② 本工程框架柱、框架梁、斜撑构件、楼梯柱、楼梯梁、梯板的纵向受力钢筋，应采用 HRB400E 钢筋，其抗拉强度实测值与屈服强度实测值的比值不应小于 1.25；钢筋屈服强度实测值与屈服强度标准值的比值不应大于 1.30；且钢筋在最大拉力下的总伸长率实测值不应小于 9%。

③ 普通钢筋在最大拉力下的总伸长率实测值，HPB300 钢筋不应小于 10%，其他钢筋不应小于 7.5%。

2. 焊条选用：钢筋焊接焊条的选用及焊接质量应满足《钢筋焊接及验收规程》(JGJ 18—2012)的要求。

3. 吊钩、吊环、受力预埋件的锚筋严禁使用冷加工钢筋。

4. 钢筋机械连接接头的选用应满足《钢筋机械连接技术规程》(JGJ 107—2016)的要求。

5. 型钢、钢板、钢管：除图中注明外，均选用 Q235B 级钢。钢筋与型钢焊接以钢筋牌号确定焊条型号。

6. 混凝土强度等级

构件名称及部位	混凝土强度等级	标高范围	构件名称及部位	混凝土强度等级	标高范围
剪力墙、连梁、边缘构件	C45～C30	结构层楼面标高表	地下室底板	C30(P8)	全部
			圈梁、构造柱	C25	全部
梁、板及楼梯	C30	全部	100mm 厚垫层	C15 素混凝土	全部
地下室侧壁	C40(P8)	全部			

7. 混凝土材料按环境类别,其耐久性应符合下表要求。

环境等级	最大水胶比	最低强度等级	最大氯离子含量/%	最大碱含量/(kg/m³)
一	0.60	C20	0.30	不限制
二 a	0.55	C25	0.20	3.0
二 b	0.50(0.55)	C30(C25)	0.15	

七、地基

1. 基槽开挖应采取有效的护坡措施,保证与本工程相邻已有建筑物的安全。

2. 基槽开挖时,如发现地质条件与地质勘察报告不符或有软弱土层、人防工事等异常情况应通知设计、勘察单位研究处理。

3. 当地下开挖到基础底标高时,施工单位应会同有关单位进行验槽,进一步查清地层构造,确定实际地基承载力。

八、构造要求

(一)混凝土保护层厚度及钢筋锚固搭接长度

1. 纵向受力钢筋混凝土保护层厚度按照国标图集 22G101-1 第 2-1 页执行。

2. 钢筋的锚固和连接要求详见国标图集 22G101-1 第 2-2～2-5 页。

　　环境类别:室内正常环境(室内正常梁板柱等构件)　一类

　　　　　　室内潮湿环境(屋面板、卫生间或其他用水较多房间处的梁板)　二 a 类

　　　　　　露天、与水或土壤直接接触环境(基础、基础梁、雨篷等)　二 b 类

注:① 基础中纵向受力钢筋的混凝土保护层厚度40mm,无垫层时为70mm。

② 梁板(墙柱)节点处一般存在多层纵筋交汇的情况,此时应满足最外层纵筋保护层厚度,内层纵筋保护层比表中数值相应增加。

③ 受力钢筋的保护层厚度同时不得小于钢筋直径。

④ 当梁、柱保护层厚度大于 40mm 厚,应对保护层采取有效的防裂构造措施。

3. 同一连接区段内纵向受力钢筋接头的面积百分率不应大于50%,本工程暗柱、框架梁、非框架梁钢筋采用焊接接头,剪力墙、楼板钢筋采用搭接接头;同一受力钢筋不得有两个接头,位置应符合《混凝土结构工程施工质量验收规范》(GB 50204—2015)的规定,悬臂梁不允许有接头。

(二)基础

1. 基础形式为桩筏基础,地下工程完成后应及时进行基坑回填。

2. 地下室回填时应在建筑两侧同时进行,回填材料应采用中粗砂分层夯实,每层厚度不大于500mm,压实系数不小于 0.94,回填土内有机物含量不大于 5%。

(三)楼面

1. 各设备管道穿楼板需要的孔洞宜预留,板孔洞小于300mm者本工种不表示,请核对各专业图后预留,板内受力筋绕过洞边不予切断;板孔洞大于300mm,按图纸在洞边设加强筋。

2. 楼板内下部受力钢筋伸入支座的锚固长度(除图中注明者外)不小于 5d(d 为钢筋直径),尚应满足伸至支座中心线,且不小于 100mm。

3. 本工程中未注明的分布筋为 Φ8@200。

4. 四边支承板钢筋设置,上部钢筋短跨方向在上,下部钢筋短跨方向在下。

5. 悬挑梁随主体同步施工,其主筋位置一定要准确,保护层防止超厚,主筋锚固要可靠,混凝土振捣要密实。井字梁、悬挑梁支模时,悬挑端井字梁中心结构起拱为 L/300,混凝土强度达到 100% 时方可拆模。

6. 跨度大于 4m 的梁应按跨度的 1/400 起拱,跨度大于 6m 的梁应按跨度的 1/300 起拱。

(四)填充墙砌体

1. 本工程维护墙体采用非黏土空心砌块,其容重(干容重)不得大于 8.0kN/m³。

2. 砖砌体材料:

　　±0.000 以下为 MU10 级非黏土实心砌块,M7.5 水泥砂浆;

　　±0.000 以上为 MU5 级非黏土空心砌块,M5 级混合砂浆。

3. 直接砌于楼板上的内隔墙(墙下无梁),楼板下相对应的板中应配置附加钢筋,楼板上下各设置 3 φ14 加强筋。

4. 填充墙应沿框架柱全高每隔 500mm 设 2 φ6 拉筋,拉筋伸入墙内的长度,6、7 度时应沿墙全长贯通;8、9 度时应沿墙全长贯通。墙长大于 5m 时,墙顶与梁宜有拉结;墙长超过层高 2 倍时,宜设置钢筋混凝土构造柱;墙高超过 4m 时,墙体半高宜设置与柱连接且沿墙全长贯通的钢筋混凝土水平系梁,水平系梁截面 300×墙厚,纵筋 4 φ12,箍筋 φ6@200。填充墙的构造柱位置详见各层建筑平面,除特别注明外,构造柱截面均为 200×墙厚,纵筋 4 φ12,箍筋 φ6@200。

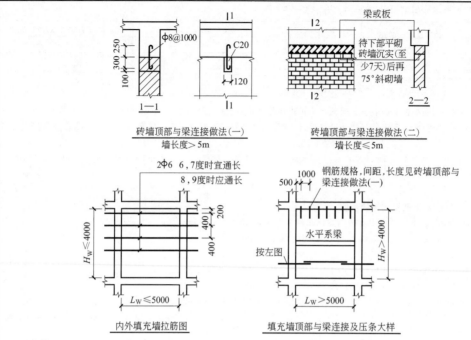

九、后浇带

1. 钢筋混凝土后浇带处理方法：温度后浇带的浇筑时间在本层混凝土浇筑完成两个月后。后浇带的具体位置及宽度见相应结施图。后浇带应留成不规则齿槽型，后浇带的两侧采用单层钢筛网隔断。后浇带采用无收缩混凝土，其混凝土强度等级比构件混凝土等级提高一级。后浇带两侧模板待后浇带混凝土强度达到100%方可拆模。

2. 施工时，对后浇带两侧构件应采取有效的临时支护措施，以保证其在施工阶段的稳定。

3. 地下室的底板及外墙后浇带做法详见下图，后浇带宽度详见平面图。

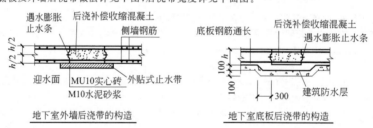

十、施工要求

1. 地下防水混凝土的施工应保证施工质量，把住混凝土搅拌、振捣环节，不得漏振，也不得过振，并注意养护，底板下钢筋网的架立筋用混凝土垫块支承。

2. 雨篷、过梁若与梁柱相碰就与之整浇。

3. 外露现浇挑檐板、女儿墙及通长阳台板，每隔12～15m设伸缩缝，缝宽20mm（钢筋可不切断），露天现浇混凝土板内埋塑料电线管时，管的混凝土保护层不应小于30mm。

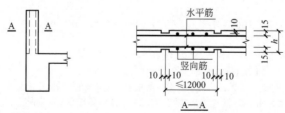

4. 本工程设计未考虑冬期施工。

5. 本说明未尽事宜遵照现行国家标准及《混凝土结构工程施工质量验收规范》(GB 50204—2015)。

| 结施-01 | 结构设计总说明 |

第三节　建筑结构基础施工图

一、地质勘探图

地质勘探图虽不属于结构施工图的范围，但它与结构施工图中的基础施工图有着密切的关系。因为任何房屋建筑的基础都坐落在一定的地基上。地基土的好坏，对工程的影响很大，所以施工人员除了要看基础施工图外，尚应能看懂该建筑坐落处的地基的地质勘探图。地质勘探图及其相应的资料都是伴随基础施工图一起交给施工单位的，在看图时可以结合基础施工图一起看地质勘探图。目的是了解地基的构造层次和地基土的工程力学性能，从而明确地基为什么要埋置在某个深度，并在什么土层之中。看懂了勘探图及地质资料后，可以检查基础施工的开挖深度的土质、土色、成分是否与勘探情况符合，如发现异常则可及时提出，便于及时处理，防止造成事故。

1. 地质勘探图的概念

地质勘探图是利用钻机钻取一定深度内土层土壤后，经土工试验确定该处地面以下一定深度内土壤成分和分布状况的图纸。地质勘探前要根据该建筑物的大小、高度，以及该处地貌变化情况，确定钻孔的多少、深度和在该建筑上的平面布置，以便钻孔后取得的资料能满足建筑基础设计的需要。施工人员阅读该类图纸只是为了核对施工土方时的准确性和防止异常情况的出现，达到顺利施工，保证工程质量。另外，根据国家有关规定，土方施工完成后，基础施工之前还应请地质勘察单位、设计单位、监理单位等部门共同组成检查组验证签字后方能进行基础的施工。

2. 地质勘探图的内容

地质勘探图正名为工程地质勘察报告。它包括三个部分：①建筑物平面外形轮廓和勘探点位置的平面布点图；②场地情况描述，如场地历史和现状，地下水位的变化情况；③工程地质剖面图，描述钻孔钻入深度范围内土层土质类别的分布。最后是土层土质描述及地基承载力的一张表格，在表中将土的类别、色味、土层厚度、湿度、密度、状态以及有无杂物的情况加以说明，并提供各土层土的承载力特征值。

地质勘察部门还可以对取得的土质资料提出结论和建议，作为设计人员做基础设计时的参考和依据。

（1）建筑物外形及探点图

图 9-1 为某工程的平面，在这个建筑外形上布了 10 个钻孔点。孔点用小圆圈表示，在孔边用数字编号。编号下面有一道横线，横线下的数字代表孔面的高程，有的是 30.06m，有的是 29.93m，钻孔时就按照布点图钻取土样。在图中我们看到，孔点的小圆圈中有不同的图案，它们分别代表了用途不同的钻孔，这可以根据给出的图例了解到。由于不同的勘查单位有不同的表示符号，因此在阅读工程地质探点图时首先应注意阅读图例。

（2）工程地质剖面图

地质勘察的剖面图是将平面上布的钻孔连成一线，以该连线作为两孔之间地质的剖切面的剖切处，由此绘出两钻孔深度范围内其土质的土层情况。例如我们将图 9-1 中 5～9 孔连

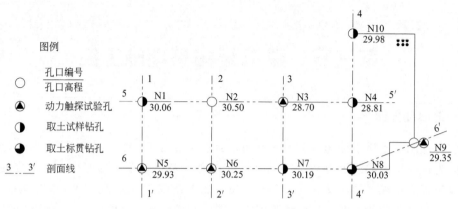

图 9-1 地质钻孔平面布置图

成一线剖切后可以看到如图 9-2 样子的剖面图。其中，I_2 类土厚 2.4～3.4m，在孔 9 的位置深约 2.7m。I_3 类土最深点又在孔 9 处，深度为 6.3m，其大致厚度约为 3.6m。即用 I_3 类土深度减去 I_2 类土深度就为该 I_3 类土的厚度了。从图中再可看出 I_3 类土往下为 Ⅱ 类土，Ⅱ 类土往下为 Ⅲ 类土。

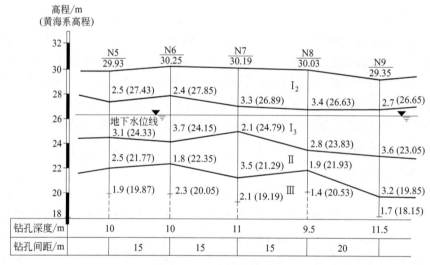

图 9-2 工程地质剖面图

从图 9-2 中还可以看到，该处地下水位在地面下约 3.8m，以及各钻孔的深度。要说明的是图中各孔与孔之间的土层采用直线分布表示，这是简化的方法，实际的土层变化是很复杂的。但作为钻探工作者不能随便臆造两孔间的土层变化，所以采用直线表示作为制图的规则。

（3）土层描述表

前面我们从土层剖面图看出了该建筑物地面下的一定深度范围内，有三类不同土质的土层。由此勘察报告要制成如表 9-4 的土层描述表。表中可以看出不同土层采用不同的代号，如 I_2 表示杂填土土层。不同土层的土质是不同的，因此对不同的土层要把土工试验分析的情况写在表上，让设计及施工人员一目了然。其中的湿度、密度、状态都是告诉我们土质的含水率、孔隙率；色和味，是给我们直接的比较。因此，施工人员看懂地质勘探图并与工程施工现场结合，这对于掌握土方工程施工和做好房屋基础的施工具有一定的意义。

表 9-4　土层描述表

土层代号	土类	色味	厚度/m	湿度	密度	状态	地基承载力特征值 $f_{ak}/(kN/m^2)$
I_2	杂填土		2.40~3.40	稍湿	稍密	杂	—
I_3	粉质黏土	灰黄	2.10~3.70	湿	稍密	流塑	80
II	黏土	灰黄	1.80~3.25	稍湿	密实	可塑	180

说明：1. 钻探期间稳定的地下水位在地面下约 3.8m，不同季节有升降变化。

2. 结论与建议：本场地的黏土层在较厚的填土层以下，由于民用建筑荷载不十分大，故建议做换土处理，做条形基础、板式基础等天然浅基础，承载力特征值按 120kN/m² 计。

二、基础施工图

房屋的基础施工图归属于结构施工图纸之中，因为基础埋入地下，一般不需要做建筑装饰，主要是让它承受上部建筑物的全部荷载（建筑物本身的自重及建筑物内人员、设备的重量、风、地震作用），并将这些荷载传递给地基。一般说来在房屋标高±0.000 以下的构造部分均属于基础工程。根据基础工程施工需要所绘制的图纸，均称为基础施工图。

地基是指支承建筑物重量和作用的土层或岩层。地基，特别是土的抗压强度一般远远低于墙体和柱的材料。为降低地基单位面积上所受到的压力，避免地基在上部荷载作用下被压溃、失稳，产生过大的或过于不均匀的沉降，往往需要把墙、柱下的基础部分适当扩大。我们把墙、柱下端基础的扩大部分称为基础的大放脚。图 9-3 是墙下基础与地基示意图。

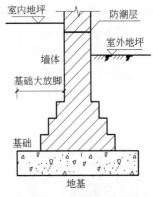

图 9-3　墙下基础与地基

基础的形式和种类很多，从大的原则可以分为天然基础和人工基础两类。天然基础中，按其构造形式大致可分为连续基础和单独基础两类，见图 9-4；按其所采用的材料不同又可分为砖基础（见图 9-3）、素混凝土基础［见图 9-4（a）］、钢筋混凝土基础［见图 9-4（b）、图 9-5］等。其中，砖、块石及素混凝土基础称为刚性基础，钢筋混凝土基础称为柔性基础［《建筑地基基础设计规范》（GB 50007—2011）中称为扩展基础］。刚性基础一般做成阶梯形，台阶的宽高比（宽/高）一般要小于 b/h（GB 50007—2011 规定的宽高比限值，此限值与基础材料、基地反力大小等因素有关）。因此，要加大基础底部的接触面积（增大基础大放脚的尺寸），就要加高基础，因而要相应地

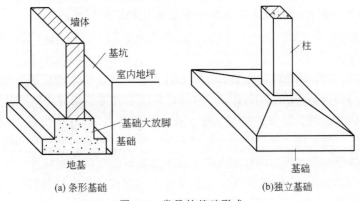

(a) 条形基础　　　　　(b)独立基础

图 9-4　常见的基础形式

增加基础的埋置深度。而钢筋混凝土基础（柔性基础）由于配置了足够的钢筋，基础大放脚的尺寸不受宽高比的限制，因而埋深可以比具有相同基底面积的刚性基础小，见图9-5。

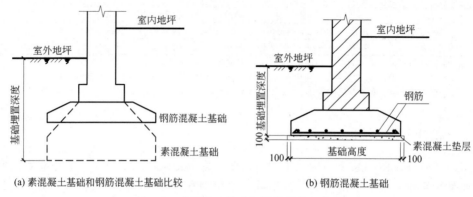

(a) 素混凝土基础和钢筋混凝土基础比较   (b) 钢筋混凝土基础

图9-5   素混凝土基础与钢筋混凝土基础

人工基础即为桩基础。桩是深入土层的柱型构件，是一种古老而现代的基础形式，其最早的应用可追溯到新石器时代，目前仍是各类工程经常采用的基础形式之一。据不完全统计，在2008—2018年间，我国每年桩的使用超过200万根，不仅在沿海软土地区普遍采用，而且在地质条件较好的地区，如北京、西安、沈阳、石家庄等地，大量高层和超高层建筑物由于荷载较大，天然基础无法满足地基承载力及变形要求，只有采用桩基础才能满足工程要求，因此桩基础也得到很好的应用。

桩与连接于桩顶的承台组成桩基础，简称桩基。若桩身全埋于土中，承台底与土体接触，则称为低承台桩基；若桩身上部露出地面，而承台底位于地面以上，则称为高承台桩基。建筑工程一般为低承台桩基。

桩的分类主要从桩的几何特征、使用功能、承载性状、桩径、成桩方法、成桩工艺对地基土的影响、桩身材料等几方面划分。

① 按几何特征划分   桩的几何特征主要指桩的截面形状，为提高桩的侧摩阻力和端阻力，可采用不同的截面形式和桩体形状。常用的桩截面主要是圆形和方形，有时也可采用圆环、三角、十字形等形式。

② 按使用功能划分   桩按使用功能分为竖向抗压桩、竖向抗拔桩、水平受荷桩和复合受荷桩。

③ 按承载性状划分   按承载性状划分可分为摩擦型桩和端承型桩。其中摩擦型桩又可分为摩擦桩和端承摩擦桩；端承型桩又可分为端承桩和摩擦端承桩。

④ 按桩径划分   小直径桩为$d \leqslant 250mm$；中等直径桩为$250mm < d < 800mm$；大直径桩为$d \geqslant 800mm$。

⑤ 按成桩方法划分   根据成桩方法可分为打入桩、灌注桩和静压桩。

⑥ 按成桩工艺对地基土的影响划分   根据成桩工艺对地基土的影响可分为挤土桩［包括干作业钻（挖）孔灌注桩、泥浆护壁钻（挖）孔灌注桩等］、部分挤土桩［包括冲孔灌注桩、预钻孔打入（静压）预制桩、敞口预应力混凝土空心桩、H型钢桩等］和非挤土桩［包括沉管灌注桩、打入（静压）预制桩、闭口预应力混凝土空心桩、闭口钢管桩等］。

⑦ 按桩身材料划分   按桩身材料分为混凝土桩、钢桩和组合材料桩。

基础施工图一般由基础平面图、基础详图和设计说明组成。由于基础是首先施工的部分，基础施工图往往又是结构施工图的前几张图纸。其中，设计说明的主要内容是明确室内地面的设计标高及基础埋深、基础持力层及其承载力特征值、基础的材料，以及对基础施工的具体要求。

基础平面图是假想用一个水平面沿着地面剖切整幢房屋，移去上部房屋和基础上的泥土，用正投影法绘制的水平投影图，见图9-6。基础平面图主要表示基础的平面布置情况，以及基础与墙、柱定位轴线的相对关系，是房屋施工过程中指导放线、基坑开挖、定位基础的依据。基础平面图的绘制比例，通常采用1：50、1：100、1：200。基础平面图中的定位轴线网格与建筑平面图中的轴线网格完全相同。

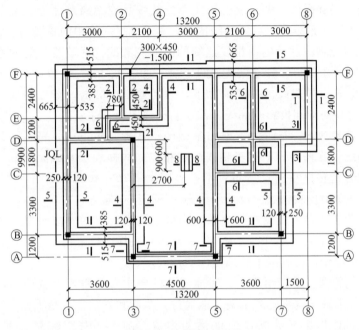

基础平面布置图　1:100

说明：

1. ±0.000 相当于绝对标高 80.900m；
2. 根据地质报告，持力层为粉质黏土，其地基承载力特征值 $f_{ak}=150$MPa；
3. 本工程墙下采用钢筋混凝土条形基础，混凝土强度等级 C25，钢筋 HPB300、HRB400；
4. GZ 主筋锚入基础内 $40d$（d 为柱内主筋直径）；
5. 地基开挖后待设计部门验槽后方可进行基础施工；
6. 条形基础施工完成后对称回填土，且分层夯实，然后施工上部结构；
7. 其他未尽事宜按《建筑地基基础工程施工质量验收标准》（GB 50202）执行。

图 9-6　墙下条形基础平面布置图

基础详图主要表达基础各个部分的断面形状、尺寸、材料、构造做法（如垫层等）、细部尺寸和埋置深度。

下面就几种常见的基础形式，介绍其施工图的制图特点和识读方法。

（一）条形基础

1. 墙下条形基础

条形基础属于连续分布的基础，其长度方向的尺寸远大于宽度方向的尺寸，经常用于墙下。可以用砖、石、混凝土等材料制成刚性条形基础；当荷载较大、地基较软弱时，也可以采用钢筋混凝土做成柔性的钢筋混凝土条形基础。

（1）基础平面布置图

图 9-6 是某一办公楼的基础平面布置图，由于该结构形式为砌体结构，故基础采用了墙下条形基础。

① 基础设计说明　在基础平面布置图中有专门就基础给出的分说明，从中我们可以看出：a. 基础采用的材料；b. 基础持力层的名称和承载力特征值 f_{ak}（MPa）；c. 基础施工时的一些注意事项等。

② 图线

a. 定位轴线：基础平面图中的定位轴线无论从编号或距离尺寸上都应与建筑施工图中的平面图保持一致，它是施工现场放线的依据，是基础平面图中的重要内容。

b. 墙身线：定位轴线两侧的中粗线是墙的断面轮廓线，两墙线外侧的中粗线是可见的基础底部的轮廓线，基础轮廓线也是基坑的边线，它是基坑开挖的依据。定位轴线和墙身线都是基础平面图中的主要图线。一般情况下，为了使图面简洁，基础的细部投影都省略不画，比如基础大放脚的细部投影轮廓线，都在基础详图中具体给出。

c. 基础圈梁及基础梁：有时为了增加基础的整体性，防止或减轻不均匀沉降，需要设置基础圈梁（JQL）。在图中，沿墙身轴线画的粗点划线即表示基础圈梁的中心位置，同时在旁边标注的 JQL 也特别指出这里布置了基础圈梁（有时基础平面图中未表示基础圈梁，而在基础详图的剖面中反映，这因设计单位的习惯不同而异）。

d. 构造柱：为了满足抗震设防的要求，砌体结构的房屋均应按照现行国家标准《建筑抗震设计规范》（GB 50010—2010，2016 年版）的有关规定设置构造柱，通常从基础梁或基础圈梁的定面开始设置，在图纸中用涂黑的矩形表示。

e. 地沟及其他管洞：由于给排水、暖通专业的要求常常需要设置地沟，或者在基础墙上预留管洞（使排水管、进水管和采暖管能通过，基础和基础下面是不允许留设管洞和地沟的）。在基础平面图上要表示洞口或地沟的位置。图 9-6 中②轴靠近Ｆ轴位置墙上的 $\frac{300\times450}{-1.500}$，粗实线表示了预留洞口的位置，它表示这个洞口宽×高为 300mm×450mm，洞口底的标高为−1.500m。

③ 尺寸标注　是确定基础的尺寸和平面位置的，除了定位轴线以外，基础平面图中的标注对象就是基础各个部位的定位尺寸（一般均以定位轴线为基准确定构件的平面位置）和定形尺寸。图 9-6 中，标注 4—4 剖面，基础宽度 1200mm，墙体厚度 240mm，墙体轴线居中，基础两边线到定位轴线均为 600mm；标注 5—5 剖面，基础宽度 1200mm，墙体厚度 370mm，墙体偏心 65mm，基础两边线到定位轴线分别为 665mm 和 535mm。

④ 剖切符号　在房屋的不同部位，由于上部结构布置、荷载或地基承载力的不同从而使得基础各部位的断面形状、细部尺寸不尽相同。对于每一种不同的基础，都要分别画出它们的断面图，因此，在基础平面图中应相应地画出剖切符号并注明断面编号。断面编号可以采用阿拉伯数字或英文字母，在注写时编号数字或字母注写的一侧则为剖视方向。

（2）基础详图

在基础平面布置图中仅表示出了基础的平面位置，而基础各部分的断面形式、详细尺寸、所用材料、构造做法（如防潮层、垫层等）以及基础的埋置深度尚需要在基础详图中得到体现。基础详图一般采用垂直的横剖断面表示，见图 9-7。断面详图相同的基础用同一个编号、同一个详图表示，见图 9-7 所示的 1—1 剖面详图，它既适用于①轴的墙下，也适用于⑧轴的墙下和其他标注有剖面号为 1—1 的基础。

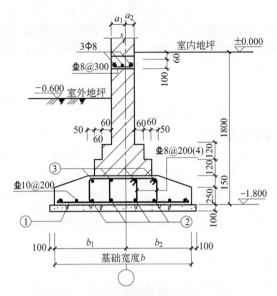

基础细部数据表

基础剖面	a_1	a_2	b_1	b_2	b	钢筋①	钢筋②	钢筋③
1—1	250	120	515	385	900	Φ10@200	—	—
4—4	120	120	600	600	1200	Φ12@200	—	—
5—5	250	120	665	535	1200	Φ12@200	4Φ14	4Φ14

图 9-7　条形基础详图

在阅读基础详图的施工图时，首先应将图名及剖面编号与基础平面图相互对照，找出它在平面图中的剖切位置。基础平面布置图（图 9-6）中的基础断面 1—1、4—4、5—5 的详图在图 9-7 中画出，因篇幅有限未将所有基础断面列出。由于墙下条形基础的断面结构形式一般情况下基本相同，仅仅是尺寸和配筋略有不同。因此，有时为了节省施工图的篇幅，只绘出一个详图示意，不同之处用代号表示，然后再以列表的方式将不同的断面与各自的尺寸和配筋一一对应给出。当然也可以将不同的基础断面均以详图的方式绘出，二者只是表达形式的区别，这与不同设计单位的施工图表达习惯有关。

基础详图图示的主要内容如下：

① 基础断面轮廓线和基础配筋　图 9-7 中的基础为墙下钢筋混凝土柔性条形基础，为了突出表示配筋，钢筋用粗线表示，室内外地坪用粗线表示，墙体和基础轮廓用中粗线表示。定位轴线、尺寸线、引出线等均为细线。

从图 9-7 中我们可以看出，此基础详图主要给出了 1—1、4—4、5—5 三种断面基础详图，其基础底面宽度分别为 900mm、1200mm、1200mm。为保护基础的钢筋同时也为施工时铺设钢筋弹线方便，基础下面设置了素混凝土垫层 100mm 厚，每侧超出基础底面各 100mm，一般情况下垫层混凝土等级常采用 C15，当地下水位较高时常采用 C20。

从图 9-7 中还可以看到，条形基础内配置了①号钢筋，为 HRB400 级钢，具体数值可以通过表格“基础细部数据表”中查得，与 1—1 对应的①号钢筋为Φ10@200，与 4—4 对应的①号钢筋为Φ12@200。此外，5—5 剖面基础中还设置了基础圈梁，它由上下层的受力钢筋和箍筋组成。受力钢筋按普通梁的构造要求配置，上下各为 4 Φ 14，箍筋为 4 肢箍Φ 8 @200。

② 墙身断面轮廓线　图 9-7 中墙身中粗线之间填充了图例符号，表示墙体材料是砖（为了保护土地，住房和城乡建设部已发文禁止工程中使用普通烧结黏土砖，砌体结构中以烧结承重空心砖、页岩砖等非黏土制品代替）；墙下有放脚，由于受刚性角的限制，故分两层放出，每层 120mm，每边放出 60mm。

③ 基础埋置深度　从图 9-7 中可以看出，基础底面即垫层顶面标高为－1.800m，说明该基础埋深 1.8m，在基础开挖时必须挖到这个深度。

(3) 看基础图主要应记住的内容

看完基础施工图后，主要应记住轴线道数、位置、编号，为了准确起见，看轴线位置时，有时应对照建筑平面图进行核对。其次应记住基础底标高，即挖土的深度。以上几点是基础施工最基本的要素，如果弄错待到基础施工完毕后才发现那将很难补救。其他还有砖墙的厚度，大放脚的收退，底板配筋、预留孔洞位置等都应随施工进展看清记牢。

2. 柱下条形基础

(1) 基础平面布置图

框架结构的基础有各种各样的类型，这里我们介绍一种由地梁联结的柱下条形基础，它由基础底板和基础梁组成。图 9-8 中可以看到形成长方形的基础平面，由于篇幅有限，在绘制时，中间省略了一部分轴线的基础。

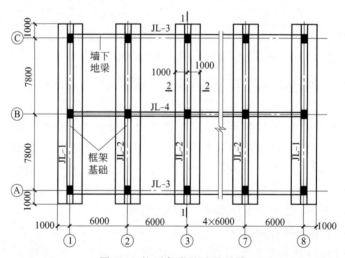

图 9-8　柱下条形基础平面图

在图中我们可看出基础中心位置正好与定位轴线重合，基础的轴线距离都是 6.00m，每根基础梁上有三根柱子，用黑色的矩形表示。地梁底部扩大的面为基础底板，即图中基础的宽度为 2.00m。从图上的编号可以看出两端轴线，即①轴和⑧轴的基础相同，均为 JL-1；其他中间各轴线的相同，均为 JL-2。从图中看出地梁长度为 15.600m，基础两端还有为了承托上部墙体（砖墙或轻质砌块墙）而设置的基础梁，标注为 JL-3，它的断面要比 JL-1、JL-2 小，尺寸为 300mm×550mm（$b \times h$）。JL-3 的设置，使我们在看图中了解到该方向可以不必再另行挖土方做砖墙的基础了。从图 9-8 中还可以看出柱子的柱距均为 6.0m，跨度为 7.8m。以上就是从该框架结构基础平面图中可以看到的内容。

（2）基础详图

该类基础形式除了用平面图表示外，还需要与基础剖面详图相结合，才能了解基础的构造，带地梁的条形基础剖面图，不但要有横剖断面，还要有一个纵剖断面，二者相配合才能看清楚梁内钢筋的配置构造。

图 9-9 是平面图中 JL-2 的纵向剖面图，从该剖面图中可以看到基础梁沿长向的构造。

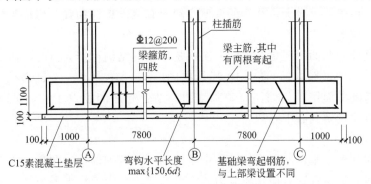

图 9-9　柱下条形基础纵向剖面

首先我们看出基础梁的两端有一部分挑出长度为 1000mm，由力学知识可以知道，这是为了更好地平衡梁在框架柱处的支座弯矩。基础梁的高度是 1100mm，基础梁的长度为 17600mm，即跨距 7800×2 加上柱轴线到梁边的 1000mm，故总长为 $7800 \times 2 + 1000 \times 2 = 17600$ （mm）。弄清楚梁的几何尺寸之后，主要是看懂梁内钢筋的配置。我们可以看到，竖向有三根柱子的插筋，长向有梁的上部主筋和下部的受力主筋，根据力学的基本知识我们可以知道，基础梁承受的是地基土向上的反力，它的受力就好比是一个翻转 180° 的上部结构的梁，因此跨中上部钢筋配置的少而支座处下部钢筋配置的少，而且最明显的是如果设弯起钢筋时，弯起钢筋在柱边支座处斜的方向和上部结构的梁的弯起钢筋斜向相反。这些在看图时和施工绑扎钢筋时必须弄清楚，否则就要造成错误，如果检查忽略而浇注了混凝土那就会成为质量事故。此外，上下的受力钢筋用钢箍绑扎成梁，图中注明了箍筋采用Φ12，并且是四肢箍，具体什么是四肢箍，我们还得结合剖面图来看。

图 9-10 就是该梁式基础的横向剖面，从图中可以看到，基础宽度为 2.00m，基础底有 100mm 厚的素混凝土垫层，底板边缘厚为 250mm，斜坡高亦为 250mm，梁高与纵剖面一样为 1100mm。从基础的横向剖面图上还可以看出的是地基梁的宽度为 500mm。看懂这些几何

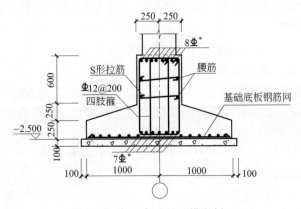

图 9-10　柱下条形基础横向剖面

尺寸对于计算模板用量和混凝土的体积是十分有用的。

其次，在横向剖面图上应该看梁及底板的钢筋配置情况。从图 9-10 中看出底板在宽度方向上是主要受力钢筋，它摆放在底下，断面上一个一个的黑点表示长向钢筋，一般是分布筋。板钢筋上面是梁的配筋，可以看出上部主筋有 8 根，下部配置有 7 根。上面提到的四肢箍就是由两个长方形的钢箍组成的，上下钢筋由四肢钢筋联结在一起，这种形式的箍筋称为四肢箍。另外，由于梁高较大，在梁的两侧一般设置侧向钢筋加强，俗称腰筋，并采用 S 形拉结筋勾住以形成整体。

总之，无论横向剖面图还是纵向剖面图都是以看清结构构造为目的，在平面图上选取剖切位置而剖得的视图。图 9-9，图 9-10 都是在图 9-8 上 1—1、2—2 剖切处产生的剖面图。因此，只有将基础平面图、剖面图（基础详图）结合起来阅读，才能全面地了解基础的构造，具体施工时才能做到心中有数。

（二）桩基础

桩基础是在软土地基或高层建筑结构中常用的一种基础形式，在高大的土木建筑中，如果浅层的土不能满足建筑物对地基承载力或变形的要求，为了将很大的集中荷载传递到较深的稳定坚固土层中，通常就会采用桩基础，它属于人工基础，具有承载力高、基础沉降小且均匀等特点。

桩基础一般由承台和桩组成，桩基础的种类很多，按材料分有钢筋混凝土桩、钢桩、木桩；按施工方法不同分预制桩、灌注桩；按承台的位置，如果承台底面高于地面，则为高桩承台基础，反之则为低桩承台基础，详细的分类在前面已经叙述了，这里不再赘述。

桩基础施工图的主要内容是表达桩、承台、柱或墙的平面位置、相互之间的位置关系、使用材料、尺寸、配筋及其他施工要求等，一般主要由桩基础设计说明、桩平面布置图、基础详图（包括承台配筋图和桩身配筋图）组成。

1. 桩平面布置图

（1）桩基础设计说明

在图纸上不能反映出的设计要求，可通过在图纸上增加文字说明的方式表达。桩基础设计说明一般主要包括：

① 设计依据、场地 ±0.000 的绝对标高值即绝对高程值；

② 桩的种类、施工方式、单桩承载力特征值、水平承载力特征值及抗拔承载力特征值；

③ 桩所采用的持力层、桩入土深度的控制方法；

④ 桩身采用的混凝土强度等级、钢筋类别、保护层厚度，如采用人工挖孔灌注桩尚应对护壁的构造提出具体要求；

⑤ 对试桩提出设计要求，同时提出试桩数量要求；

⑥ 其他在施工中应注意的事项。

（2）桩平面布置图的主要内容

桩平面布置图是用一个在桩顶附近的假想平面将基础切开并移去上面部分后形成的水平投影图。桩平面布置图主要内容包括：

① 图名、比例，桩平面布置图的比例最好与建筑平面图一致，常采用 1∶100、1∶200；

② 定位轴线及其编号、尺寸间距；

③ 承台的平面位置及其编号；

④ 桩的平面位置应反映出桩与定位轴线的相对关系；

⑤ 桩顶标高。

(3) 桩身详图的主要内容

桩身详图是通过桩中心的竖直剖切图。有时由于桩身较长，绘制时可以将其打断省略绘制。桩身详图主要内容包括：

① 图名；

② 桩的直径、长度、桩顶嵌入承台的长度（GB 50007—2011 规定≥50mm）；

③ 桩主筋的数量、类别、直径、在桩身内的长度、伸入承台内的长度（GB 50007—2011 规定：HPB300 级钢≥30 倍钢筋直径，HRB400 级钢≥35 倍钢筋直径）；

④ 箍筋的类别、直径、间距，沿桩身加劲筋的直径、间距；

⑤ 绘制桩身横断面图。

(4) 桩平面布置图的阅读

可按下列步骤：

① 看图名、绘图比例；

② 对照建筑首层平面图校对定位轴线及编号，如有出入及时与设计人员联系解决；

③ 读设计说明，明确桩的施工方法、单桩承载力特征值、采用的持力层、桩身入土深度及其控制；

④ 阅读设计说明，明确桩的材料、钢筋、保护层等构造要求；

⑤ 结合桩详图，分清不同长度桩的数量、桩顶标高、分布位置等；

⑥ 明确试桩的数量以及为试桩提供反力的锚桩数量以及配筋情况（锚桩配筋和桩头构造不同于一般工程桩），以便及时和设计单位共同确定试桩和锚桩桩位。

2. 承台平面布置图、承台详图

(1) 承台平面布置图

是用一个略高于承台定面的假想平面将基础切开并移去上面部分后形成的水平投影图。承台平面布置图主要内容包括：

① 图名、比例，承台平面布置图的比例最好与建筑平面图一致；

② 定位轴线及其编号、尺寸间距；

③ 承台的定位及编号、承台联系梁的布置及编号；

④ 承台说明。

(2) 承台详图

是反映承台或承台梁剖面形式、详细几何尺寸、配筋情况及其他特殊构造的图纸。它主要包括：

① 图名、比例，常采用 1：20、1：50 等比例；

② 承台或承台梁剖面形式、详细几何尺寸、配筋情况；

③ 垫层的材料、强度等级和厚度。

(3) 承台平面布置详图及详图的阅读

可按下列步骤：

① 看图名、绘图比例；

② 对照桩平面布置图校对定位轴线及编号，如有出入及时与设计人员联系解决；

③ 查看桩平面布置图，确定承台的形式、数量和编号，将其在平面布置图中的位置一一对应；

④ 阅读说明并参照承台详图及承台表，明确各个承台的剖面形式、尺寸、标高、材料、配筋等；

⑤ 明确剪力墙或柱的尺寸、位置以及与承台的相对位置关系，查阅剪力墙或柱详图确认剪力墙或柱在承台中的插筋；

⑥ 垫层的材料、强度等级和厚度。

第四节　主体结构施工图

相对于基础工程，主体工程是指房屋在基础以上的部分。建筑物的结构形式主要是根据房屋基础以上部分的结构形式来区分的。建筑物的结构形式多种多样，根据使用的材料不同，分为砌体结构、钢筋混凝土结构、钢结构、木结构；根据结构的受力形式，分为墙体承重的砖混结构、框架结构、框架-剪力墙结构、剪力墙结构、框筒结构等；根据结构的层数，有单层、多层、高层、超高层。本节中，将简要介绍砌体结构、钢筋混凝土结构施工图的识读方法。

一、结构平面布置图概述

表示房屋上部结构布置的图样，叫做结构布置图。结构布置图采用正投影法绘制，设想用一个水平剖切面沿着楼板上表面剖切，然后移去剖切平面以上的部分所作的水平投影图，用平面图的方式表达，因此也称为结构平面布置图。这里要注意的是，结构平面图与建筑平面图的不同之处在于它们选取的剖切位置不一样，建筑平面是在楼层标高+900mm，即大约在窗台的高度位置将建筑物切开，而结构平面则是在楼板上表面处将建筑物切开，然后向下投影。对于多层建筑，结构平面布置图一般应分层绘制，但当各楼层结构构件的类型、大小、数量、布置情况均相同时，可只画一个标准层的结构布置平面图。构件一般用其轮廓线表示，如能表示清楚，也可用单线表示，如梁、屋架、支撑等可用粗点划线表示其中心位置；楼梯间或电梯间一般另见详图，故在平面图中通常用一对交叉的对角线及文字说明来表示其范围。

二、结构平面布置图的内容

建筑结构平面布置图一般包括以下内容。

① 与建筑施工图相同的定位轴线及编号、各定位轴线的距离。

② 墙体、门窗洞口的位置以及在洞口处的过梁或连梁的编号。

③ 柱或构造柱的编号、位置、尺寸和配筋。

④ 钢筋混凝土梁的编号、位置以及现浇钢筋混凝土梁的尺寸和配筋情况。

⑤ 楼板部分：如果是预制板，则需说明板的型号或编号、数量，铺板的范围和方向；如果是现浇板，则需说明板的范围、板厚，预留孔洞的位置和尺寸。

⑥ 有关的剖切符号、详图索引符号或其他标注符号。

⑦ 设计说明，内容为结构设计总说明中未指明的，或本楼层中需要特殊说明的特殊材料或构造措施等。

砌体结构中的圈梁平面布置另用示意图表示。在圈梁平面图中，圈梁一般用粗实线或粗点划线绘制，要求给出圈梁的编号、截面和配筋。

钢筋混凝土结构的柱、剪力墙、梁施工图目前都采用平面整体表示法（简称"平法"）绘制，根据结构的复杂程度，上述结构平面图中的柱、梁、墙可单独或合并绘制。

另外，在"平法"施工图中，用表格标注各楼层（包括地下室）的结构标高、结构层高和相应的结构层号。下面以钢筋混凝土结构为例来说明结构平面布置图。

三、钢筋混凝土结构平面布置图的整体表示法——"平面表示法"简介

"平面表示法"（简称"平法"）制图，即建筑结构施工图的平面整体设计方法，它采用整体表达方法绘制结构布置平面图，把结构构件的尺寸和配筋等，整体直接表达在各类构件的结构平面布置图上，再与标准构造详图配合使用，构成一套新型完整的结构设计施工图。"平法"制图对我国传统的混凝土结构施工图的设计表示方法做了重大改革，改变了传统的那种将构件从结构平面布置图中索引出来，再逐个绘制配筋详图的烦琐方法，因此大大提高了设计效率，减少了绘图工作量，使图纸表达更为直观，也便于识读，被国家科委列为《"九五"国家级科技成果重点推广计划》项目和被建设部列为 1996 年科技成果重点推广项目。经过 20 多年的工程应用和不断修订，"平法"已经日趋完善。现行的版本为 22G101-1～3，分别为《混凝土结构施工图 平面整体表示法制图规则和构造详图（现浇混凝土框架、剪力墙、梁、板）》（22G101-1）；《混凝土结构施工图 平面整体表示法制图规则和构造详图（现浇混凝土板式楼梯）》（22G101-2）；《混凝土结构施工图 平面整体表示法制图规则和构造详图（独立基础、条形基础、筏形基础、桩基础）》（22G101-3）。

"平法"制图主要针对现浇钢筋混凝土框架、剪力墙、梁、板构件的结构施工图表达。下面分别对这几种结构及构件"平法"的基本知识和识读方法进行介绍。

四、柱平法施工图

柱平法施工图系在柱平面布置图上采用截面注写方式或列表注写方式绘制柱的配筋图，可以将柱的配筋情况直观地表达出来。

1. 柱平法施工图的主要内容

柱平法施工图的主要内容包括：①图名和比例；②定位轴线及其编号、间距和尺寸；③柱的编号、平面布置应反映柱与定位轴线的关系；④每一种编号柱的标高、截面尺寸、纵向受力钢筋和箍筋的配置情况；⑤必要的设计说明。

柱平法表示有截面注写方式和列表注写方式两种，这两种绘图方式均需要对柱按其类型进行编号，编号由其类型代号和序号组成，其编号的含义如表 9-5 所示。

表 9-5 柱编号

柱类型	代号	序号	柱类型	代号	序号
框架柱	KZ	××	芯柱	XZ	××
转换柱	ZHZ	××			

例如：KZ10 表示第 10 种框架柱，而 ZHZ01 表示第 1 种转换柱。

2. 截面注写方式

截面注写方式是在柱平面布置图上，在同一编号的柱中选择一个截面，直接在截面上注

写截面尺寸和配筋的具体数值，图 9-11 是截面注写方式的图例。

图 9-11 是某结构从标高 19.450m 到 59.050m 的柱配筋图，即结构从六层到十六层柱的配筋图，这在楼层表中用粗实线来注明。由于在标高 37.450m 处，柱的截面尺寸和配筋发生了变化，但截面形式和配筋的方式没变。因此，这两个标高范围的柱可通过一张柱平面图来表示，但这两部分的数据需分别注写，故将图中的柱分 19.450~37.450m 和 37.450~59.050m 两个标高范围注写有关数据。因为图名中 37.450~59.050 是写在括号里的，因此在柱平面图中，括号内注写的数字对应的就是 37.450~59.050m 标高范围内的柱。

图 9-11 中画出了柱相对于定位轴线的位置关系、柱截面注写方式。配筋图是采用双比例绘制的，首先对结构中的柱进行编号，将具有相同截面、配筋形式的柱编为一个号，从其中挑选出任意一个柱，在其所在的平面位置上按另一种比例原位放大绘制柱截面配筋图，并标注尺寸和柱配筋数值。在标注的文字中，主要有以下内容。

① 柱截面尺寸 $b×h$，如 KZ1 是 650×600（550×500），说明在标高 19.450~37.450m 范围内，KZ1 的截面尺寸为 650mm×600mm，标高 37.450~59.050m 范围内，KZ1 的截面尺寸为 550mm×500mm。

② 柱相对定位轴线的位置关系，即柱定位尺寸。在截面注写方式中，对每个柱与定位轴线的相对关系，不论柱的中心是否经过定位轴线，都要给予明确的尺寸标注，相同编号的柱如果只有一种放置方式，则可只标注一个。

③ 柱的配筋，包括纵向受力钢筋和箍筋。纵向钢筋的标注有两种情况，第一种情况如 KZ1，其纵向钢筋有两种规格，因此将纵筋的标注分为角筋和中间筋分别标注。集中标注中的 4Φ25，指柱四角的角筋配筋；截面宽度方向上标注的 5Φ22 和截面高度方向上标注的 4Φ22，表明了截面中间配筋情况（对于采用对称配筋的矩形柱，可仅在一侧注写中部钢筋，对称边省略不写）。另外一种情况是，其纵向钢筋只有一种规格，因此在集中标注中直接给出了所有纵筋的数量和直径，如 KZ2 的 22Φ25，对应配筋图中纵向钢筋的布置图，可以很明确地确定 22 根 25 钢筋的放置位置。箍筋的形式和数量可直观地通过截面图表达出来，如果仍不能很明确，则可以将其放出大样详图。

3. 列表注写方式

列表注写方式，则是在柱平面布置图上，分别在每一编号的柱中选择一个（有时几个）截面标注与定位轴线关系的几何参数代号，通过列柱表注写柱号、柱段起止标高、几何尺寸（含柱截面对轴线的偏心情况）与配筋具体数值，并配以各种柱截面形状及其箍筋类型图说明箍筋形式，图 9-12 是柱列表注写方式的图例。采用柱列表注写方式时柱表中注写的内容主要如下。

① 注写柱编号　柱编号由类型代号（见表 9-4）和序号组成。

② 注写各段柱的起止标高　自柱根部往上以变截面位置或截面未改变但配筋改变处为界分段注写。框架柱或框支柱的根部标高系指基础顶面标高；梁上柱的根部标高系指梁的顶面标高；剪力墙上柱的根部标高分为两种：当柱纵筋锚固在墙顶面时，其根部标高为墙顶面标高；当柱与剪力墙重叠一层时，其根部标高为墙顶面往下一层的楼层结构层楼面标高。

③ 注写柱截面尺寸　对于矩形柱，注写柱截面尺寸 $b×h$ 及与轴线关系的几何参数代号 b_1、b_2 和 h_1、h_2 的具体数值，应对应于各段柱分别注写。其中 $b=b_1+b_2$，$h=h_1+h_2$。当截面的某一边收缩变化至与轴线重合或偏到轴线的另一侧时，b_1、b_2 和 h_1、h_2 中的某项为零或为负值。对于圆柱，表中 $b×h$ 一栏改用在圆柱直径数字前加 d 表示，为表达简单，圆柱与轴线的关系也用 b_1、b_2 和 h_1、h_2 表示，并使 $d=b_1+b_2=h_1+h_2$。

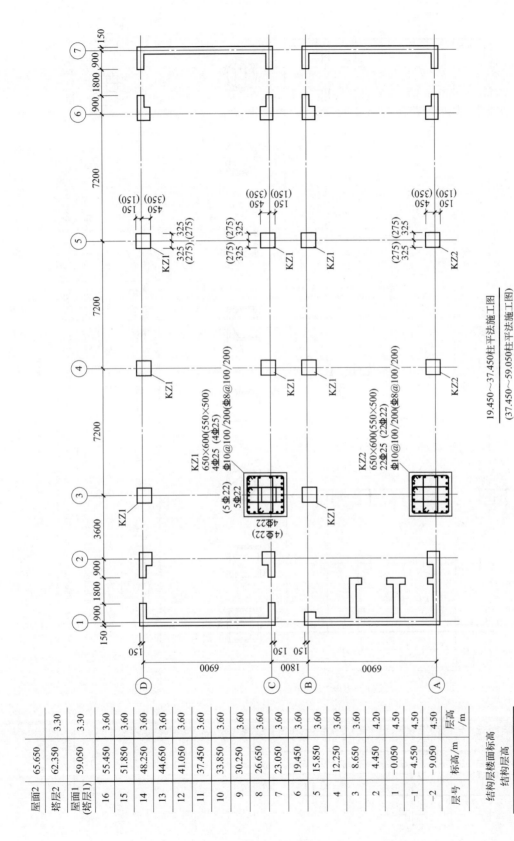

图 9-11 柱平法施工图的截面注写方式

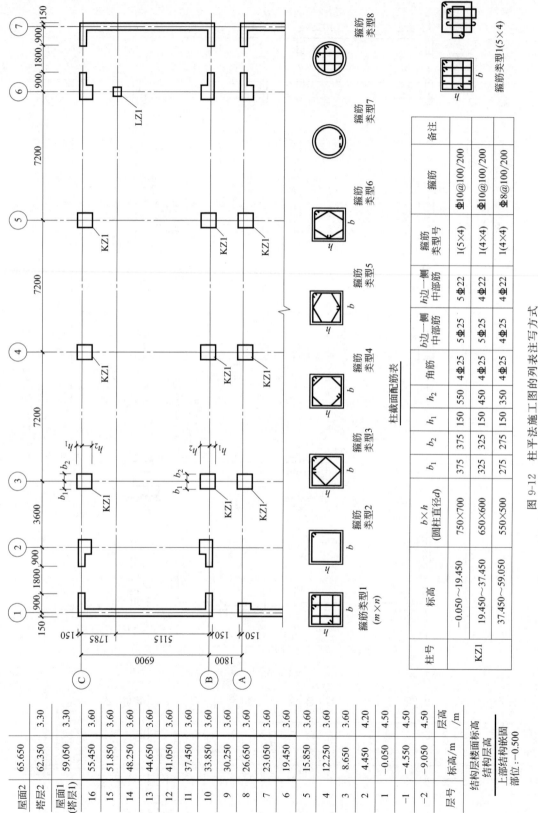

图 9-12　柱平法施工图的列表注写方式

柱截面配筋表

柱号	标高	$b \times h$（圆柱直径d）	b_1	b_2	h_1	h_2	角筋	b边一侧中部筋	h边一侧中部筋	箍筋类型号	箍筋	备注
KZ1	−0.050～19.450	750×700	375	375	150	550	4Φ25	5Φ25	5Φ22	1(5×4)	Φ10@100/200	
	19.450～37.450	650×600	325	325	150	450	4Φ25	5Φ25	4Φ22	1(4×4)	Φ10@100/200	
	37.450～59.050	550×500	275	275	150	350	4Φ25	4Φ25	4Φ22	1(4×4)	Φ8@100/200	

箍筋类型1 (m×n)
箍筋类型2
箍筋类型3
箍筋类型4
箍筋类型5
箍筋类型6
箍筋类型7
箍筋类型8
箍筋类型1(5×4)

层号	标高/m	层高/m
屋面2	65.650	
塔层2	62.350	3.30
屋面1（塔层1）	59.050	3.30
16	55.450	3.60
15	51.850	3.60
14	48.250	3.60
13	44.650	3.60
12	41.050	3.60
11	37.450	3.60
10	33.850	3.60
9	30.250	3.60
8	26.650	3.60
7	23.050	3.60
6	19.450	3.60
5	15.850	3.60
4	12.250	3.60
3	8.650	3.60
2	4.450	4.20
1	−0.050	4.50
−1	−4.550	4.50
−2	−9.050	4.50
层号	标高/m	层高/m

结构层楼面标高
结构层高
上部结构嵌固部位：−0.500

④ 注写柱纵筋　将柱纵筋分成角筋、b 边中部筋和 h 边中部筋三项分别注写（对于采用对称配筋的矩形柱，可仅注写一侧中部钢筋，对称边省略不写）。

⑤ 注写箍筋类型号及箍筋肢数　箍筋的配置略显复杂，因为柱箍筋的配置有多种情况，不仅和截面的形状有关，还和截面的尺寸、纵向钢筋的配置有关系。因此，应在施工图中列出结构可能出现的各种箍筋形式，并分别予以编号，见图 9-12 中的类型 1、类型 2 等。箍筋的肢数用（$m \times n$）来说明，其中 m 对应宽度 b 方向箍筋的肢数，n 对应宽度 h 方向箍筋的肢数。

⑥ 注写柱箍筋　包括钢筋级别、直径与间距。当为抗震设计时，用斜线"/"区分柱端箍筋加密区和柱身非加密区长度范围内箍筋的不同间距。至于加密区长度，就需要施工人员对照标准构造图集相应节点自行计算确定。例如，$\Phi 10@100/200$，表示箍筋为 HPB400 级钢，直径 $\Phi 10$，加密区间距 100，非加密区间距 200。当箍筋沿柱全高为一种间距时，则不使用斜线"/"，如 $\Phi 12@100$，表示箍筋为 HRB400 级钢，直径 $\Phi 12$，箍筋沿柱全高间距 100。如果圆柱采用螺旋箍筋时，应在箍筋表达式前加"L"，如 $L\Phi 10@100/200$。

总之，柱采用"平法"制图方法绘制施工图，可直接把柱的配筋情况注明在柱的平面布置图上，简单明了。但在传统的柱立面图中，我们可以看到纵向钢筋的锚固长度及搭接长度，而在柱的"平法"施工图中，则不能直接在图中表达这些内容。实际上，箍筋的锚固长度及搭接长度是根据《混凝土结构设计规范》（GB 50010—2010，2015 年版）计算出来的，为了使用方便，国标图集 22G101-1 将其计算出来并以表格的形式给出，见表 9-6～表 9-10。

表 9-6　受拉钢筋基本锚固长度 l_{ab}、l_{abE}

钢筋种类	抗震等级	混凝土强度等级							
		C25	C30	C35	C40	C45	C50	C55	≥C60
HPB300	一、二级（l_{abE}）	$39d$	$35d$	$32d$	$29d$	$28d$	$26d$	$25d$	$24d$
	三级（l_{abE}）	$36d$	$32d$	$29d$	$26d$	$25d$	$24d$	$23d$	$22d$
	四级（l_{abE}）非抗震（l_{ab}）	$34d$	$30d$	$28d$	$25d$	$24d$	$23d$	$22d$	$21d$
HRB400	一、二级（l_{abE}）	$46d$	$40d$	$37d$	$33d$	$32d$	$31d$	$30d$	$29d$
	三级（l_{abE}）	$42d$	$37d$	$34d$	$30d$	$29d$	$28d$	$27d$	$26d$
	四级（l_{abE}）非抗震（l_{ab}）	$40d$	$35d$	$32d$	$29d$	$28d$	$27d$	$26d$	$25d$
HRB500	一、二级（l_{abE}）	$55d$	$49d$	$45d$	$41d$	$39d$	$37d$	$36d$	$35d$
	三级（l_{abE}）	$50d$	$45d$	$41d$	$38d$	$36d$	$34d$	$33d$	$32d$
	四级（l_{abE}）非抗震（l_{ab}）	$48d$	$43d$	$39d$	$36d$	$34d$	$32d$	$31d$	$30d$

表 9-7　受拉钢筋锚固长度 l_a、抗震锚固长度 l_{aE}

非抗震	抗震	备注
$l_a = \zeta_a l_{ab}$	$l_{aE} = \zeta_{aE} l_a$	1. l_a 不应小于 200 2. 锚固长度修正系数 ζ_a 按表 9-8 取用，当多于一项时，可连乘计算，但不应小于 0.6 3. ζ_{aE} 为抗震锚固长度修正系数，对一、二级抗震等级取 1.15，对三级抗震等级取 1.05，对四级抗震等级取 1.00

因此，只要知道钢筋的级别和直径，就可以查表确定钢筋的锚固长度和最小搭接长度，不一定要在图中表达出来。施工时，先根据柱的平法施工图，确定柱的截面、配筋的级别和直径，再根据表及其他规范的规定，进行放样和绑扎。采用平法制图不再单独绘制柱的配筋立面图或断面图，可以极大地节省绘图工作量，同时不影响图纸内容的表达。

表 9-8 受拉钢筋锚固长度修正系数 ζ_a

锚固条件		ζ_a	备注
带肋钢筋的公称直径大于 25mm		1.10	
环氧树脂涂层带肋钢筋		1.25	
施工过程中易受扰动的钢筋		1.10	
锚固区保护层厚度	$3d$	0.80	中间时按内插值
	$5d$	0.70	d 为锚固钢筋直径

表 9-9 受拉钢筋绑扎搭接长度

纵向受拉钢筋绑扎搭接长度 l_1、l_{lE}		备注
非抗震	抗震	1. 在任何情况下不应小于 300mm
$l_1 = \zeta_1 l_a$	$l_{lE} = \zeta_1 l_{aE}$	2. 当不同直径钢筋搭接时，按较小直径计算 3. 四级抗震等级时，$l_{lE} = l_1$

表 9-10 受拉钢筋搭接长度修正系数

接头百分率/%	≤25	50	100
修正系数 ζ_1	1.2	1.4	1.6

4. 柱平法施工图识读步骤

柱平法施工图识读可按如下步骤：

① 查看图名、比例；

② 校核轴线编号及间距尺寸，必须与建筑图、基础平面图保持一致；

③ 与建筑图配合，明确各柱的编号、数量及位置；

④ 阅读结构设计总说明或有关分页专项说明，明确标高范围柱混凝土的强度等级；

⑤ 根据各柱的编号，查对图中截面或柱表，明确柱的标高、截面尺寸和配筋，再根据抗震等级、标准构造要求确定纵向钢筋和箍筋的构造要求（包括纵向钢筋连接的方式、位置、锚固搭接长度、弯折要求、柱头节点要求；箍筋加密区长度范围等）。

五、剪力墙平法施工图

剪力墙根据配筋形式可将其看成有剪力墙柱、剪力墙身和剪力墙梁（简称墙柱、墙身、墙梁）三类构件组成。剪力墙平法施工图，是在剪力墙平面布置图上采用截面注写方式或列表方式来表达剪力墙柱、剪力墙身、剪力墙梁的标高、偏心、截面尺寸和配筋情况等。

1. 剪力墙平法施工图主要内容

剪力墙平法施工图主要内容包括：

① 图名和比例；

② 定位轴线及其编号、间距和尺寸；

③ 剪力墙柱、剪力墙身、剪力墙梁的编号、平面布置；

④ 每一种编号剪力墙柱、剪力墙身、剪力墙梁的标高、截面尺寸、钢筋配置情况；

⑤ 必要的设计说明和详图。

注写每种墙柱、墙身、墙梁的标高、截面尺寸、配筋同柱一样有两种方式：截面注写方式和列表注写方式。同样无论哪种绘图方式均需要对剪力墙构件按其类型进行编号，编号由其类型代号和序号组成，其编号的含义见表 9-11 和表 9-12。

表 9-11　墙柱编号

墙柱类型	代号	序号
约束边缘构件	YBZ	××
构造边缘构件	GBZ	××
非边缘暗柱	AZ	××
扶壁柱	FBZ	××

表 9-12　墙梁编号

墙梁类型	代号	序号
连梁	LL	××
连梁（高跨比不小于 5）	LLk	××
连梁（对角暗撑配筋）	LL（JC）	××
连梁（交叉斜筋配筋）	LL（JX）	××
连梁（集中对角斜筋配筋）	LL（DX）	××
暗梁	AL	××
边框梁	BKL	××

如：YBZ10 表示第 10 种约束边缘构件，而 AZ01 表示第 1 种非边缘暗柱。

如：LL10 表示第 10 种普通连梁，而 LL（JC）10 表示第 10 种有对角暗撑配筋的连梁。

2. 截面注写方式

截面注写方式，是在分标准层绘制的剪力墙平面布置图上，以直接在墙柱、墙身、墙梁上注写截面尺寸和配筋具体数值的方式来表达剪力墙平法施工图。在剪力墙平面布置图上，在相同编号的墙柱、墙身、墙梁中选择一根墙柱、一道墙身、一个墙梁，以适当的比例原位将其放大进行注写。

剪力墙柱注写的内容有：绘制截面配筋图，并标注截面尺寸、全部纵向钢筋和箍筋的具体数值。

剪力墙身注写的内容有：依次引注墙身编号（应包括注写在括号内墙身所配置的水平分布钢筋和竖向分布钢筋的排数）、墙厚尺寸、水平分布筋、竖向分布钢筋和拉筋的具体数值。

剪力墙梁注写的内容有：

① 墙梁编号。

② 墙梁顶面标高高差，系指墙梁所在结构层楼面标高的高差值，高于者为正值，低于者为负值，当无高差时不注。

③ 墙梁截面尺寸 $b×h$、上部纵筋、下部纵筋和箍筋的具体数值。

④ 当连梁设有对角暗撑时［代号为 LL（JC）××］，注写暗撑的截面尺寸（箍筋外皮尺寸）；注写暗撑的全部纵筋，并标注×2 表明有两根暗撑相互交叉；以及暗撑箍筋的具体数值。

⑤ 当连梁设有交叉斜筋时［代号为 LL（JX）××］，注写连梁一侧对角斜筋的配筋值，并标注×2 表明对称设置；注写对角斜筋在连梁端部设置的拉筋根数、规格及直径，并标注×4 表示四个角都设置；注写连梁一侧折线筋配筋值，并标注×2 表明对称设置。

⑥ 当连梁设有集中对角斜筋时［代号为 LL（DX）××］，注写一条对角线上的斜筋值，并标注×2 表明对称设置。

图 9-13 是截面注写方式的图例。

3. 列表注写方式

列表注写方式，是在剪力墙平面布置图上，通过列剪力墙柱表、剪力墙身表和剪力墙梁表来注写每一种编号剪力墙柱、剪力墙身、剪力墙梁的标高、截面尺寸与配筋具体数值。图 9-14、图 9-15 是列表注写方式的图例。

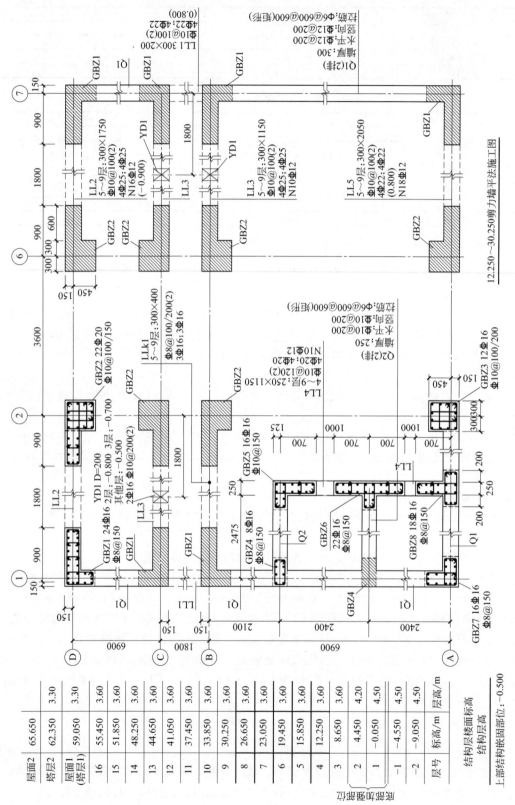

图 9-13　剪力墙平法施工图的截面注写方式

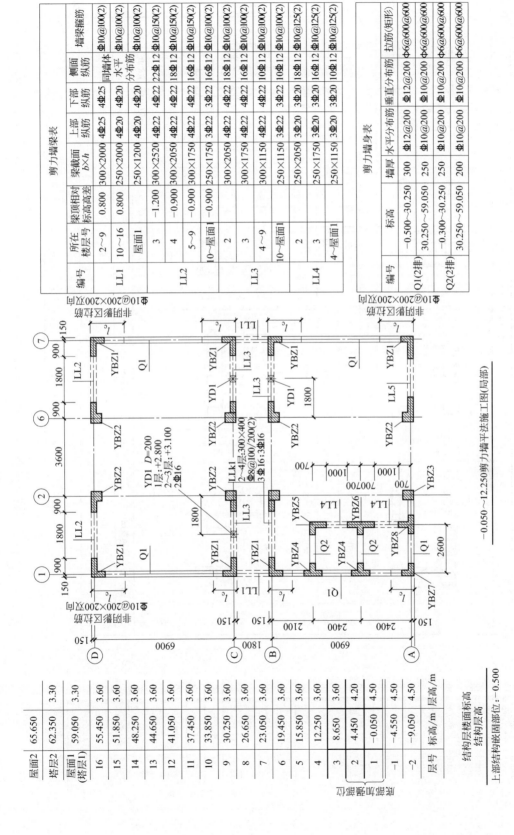

剪力墙梁表

编号	所在楼层号	梁顶相对标高高差	梁截面 b×h	上部纵筋	下部纵筋	侧面纵筋	墙梁箍筋
LL1	2~9	0.800	300×2000	4Φ25	4Φ25	同墙体水平分布筋	Φ10@100(2)
	10~16	0.800	250×2000	4Φ20	4Φ20		Φ10@100(2)
	屋面1		250×1200	4Φ20	4Φ20		Φ10@100(2)
LL2	3	-1.200	300×2520	4Φ22	4Φ22	22Φ12	Φ10@150(2)
	4	-0.900	300×2050	4Φ22	4Φ22	18Φ12	Φ10@150(2)
	5~9	-0.900	300×1750	4Φ22	4Φ22	16Φ12	Φ10@150(2)
	10~屋面1	-0.900	250×1750	3Φ22	3Φ22	16Φ12	Φ10@100(2)
LL3	2		300×2050	4Φ22	4Φ22	18Φ12	Φ10@100(2)
	3		300×1750	4Φ22	4Φ22	16Φ12	Φ10@100(2)
	4~9		300×1150	4Φ22	4Φ22	10Φ12	Φ10@100(2)
	10~屋面1		250×1150	3Φ22	3Φ22	10Φ12	Φ10@100(2)
LL4	2		250×2050	3Φ20	3Φ20	18Φ12	Φ10@125(2)
	3		250×1750	3Φ20	3Φ20	16Φ12	Φ10@125(2)
	4~屋面1		250×1150	3Φ20	3Φ20	10Φ12	Φ10@125(2)

非阴影区箍筋 Φ10@200×200双向

剪力墙身表

编号	标高	墙厚	水平分布筋	垂直分布筋	拉筋(矩形)
Q1(2排)	-0.500~30.250	300	Φ12@200	Φ12@200	Φ6@600×600
	30.250~59.050	250	Φ10@200	Φ10@200	Φ6@600×600
Q2(2排)	-0.300~30.250	250	Φ10@200	Φ10@200	Φ6@600×600
	30.250~59.050	200	Φ10@200	Φ10@200	Φ6@600×600

非阴影区箍筋 Φ10@200×200双向

YD1 D=200
1层:+2.800
2~3层:+3.100
2Φ16
LLk1
2~4层:300×400
4层@100/200(2)
3Φ16;3Φ16

−0.050~12.250剪力墙平法施工图(局部)

结构层楼面标高 结构层高

层号	标高/m	层高/m
屋面2	65.650	
塔层2	62.350	3.30
屋面1(塔层1)	59.050	3.30
16	55.450	3.60
15	51.850	3.60
14	48.250	3.60
13	44.650	3.60
12	41.050	3.60
11	37.450	3.60
10	33.850	3.60
9	30.250	3.60
8	26.650	3.60
7	23.050	3.60
6	19.450	3.60
5	15.850	3.60
4	12.250	3.60
3	8.650	3.60
2	4.450	4.20
1	-0.050	4.50
-1	-4.550	4.50
-2	-9.050	4.50

上部结构嵌固部位:−0.500

图 9-14 剪力墙平法施工图（部分墙柱表）

剪力墙柱表

截面	YBZ1	YBZ2	YBZ3	YBZ4
编号	YBZ1	YBZ2	YBZ3	YBZ4
标高	−0.050～12.250	−0.050～12.250	−0.050～12.250	−0.050～12.250
纵筋	24Φ18	22Φ20	12Φ22	18Φ18
箍筋	Φ10@100	Φ10@100	Φ10@100	Φ10@100
截面	YBZ5	YBZ6	YBZ7	YBZ8
编号	YBZ5	YBZ6	YBZ7	YBZ8
标高	−0.050～12.250	−0.050～12.250	−0.050～12.250	−0.050～12.250
纵筋	16Φ18	26Φ18	16Φ18	22Φ18
箍筋	Φ10@100	Φ10@100	Φ10@100	Φ10@100

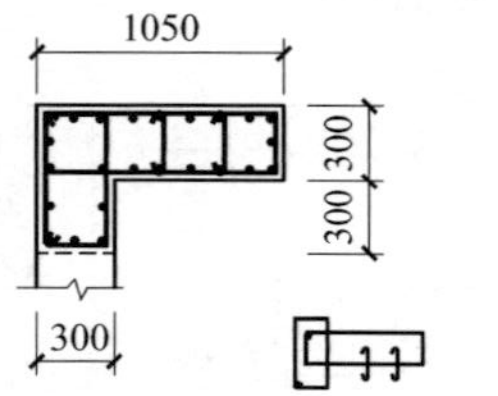

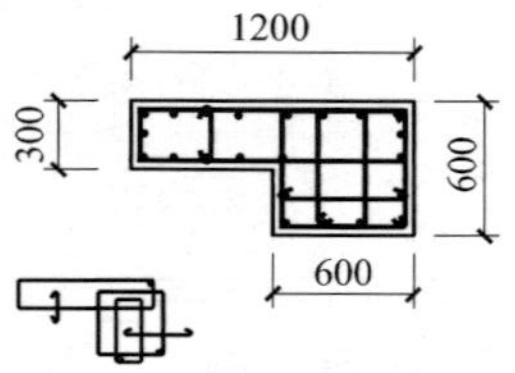

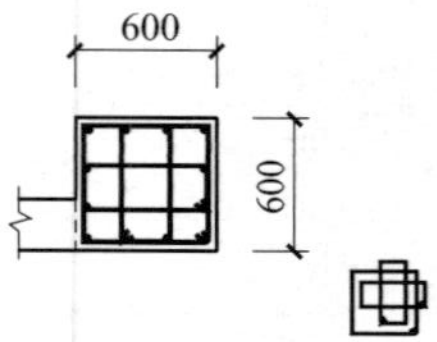

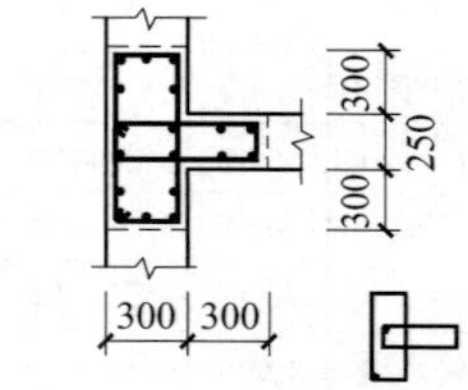

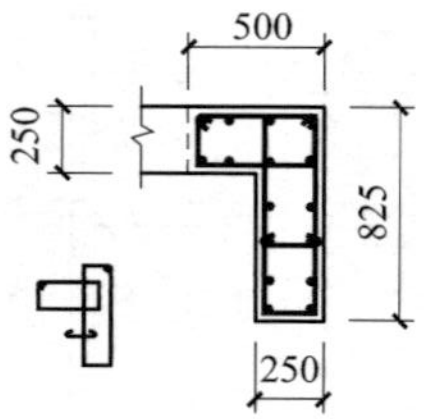

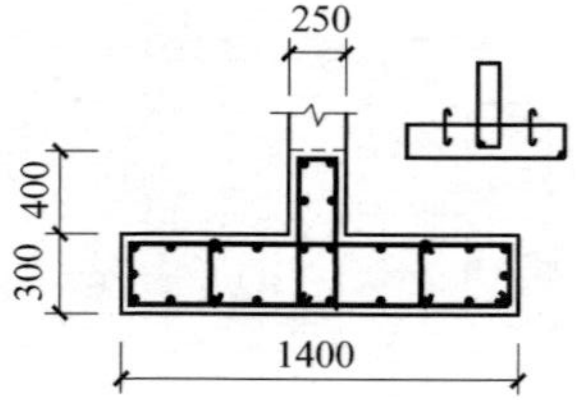

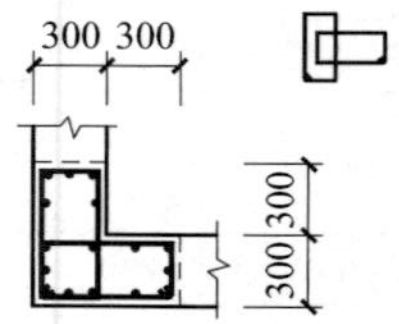

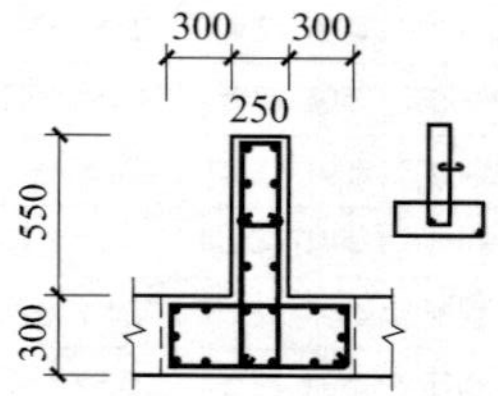

−0.050～12.250剪力墙平法施工图(部分剪力墙柱表)

图 9-15 剪力墙平法施工图的列表注写方式

层号	标高/m	层高/m
屋面2	65.650	3.30
塔层2	62.350	3.30
屋面1(塔层1)	59.050	3.60
16	55.450	3.60
15	51.850	3.60
14	48.250	3.60
13	44.650	3.60
12	41.050	3.60
11	37.450	3.60
10	33.850	3.60
9	30.250	3.60
8	26.650	3.60
7	23.050	3.60
6	19.450	3.60
5	15.850	3.60
4	12.250	3.60
3	8.650	3.60
2	4.450	4.20
1	−0.050	4.50
−1	−4.550	4.50
−2	−9.050	4.50
层号	标高/m	层高/m

结构层楼面标高
结构层高

上部结构嵌固部位：−0.500

剪力墙柱表中注写的内容有：注写编号、加注几何尺寸（几何尺寸按标准构造详图取值时，可不注写）、绘制截面配筋图并注明墙柱的起止标高、全部纵筋和箍筋的具体数值。

剪力墙身表中注写的内容有：注写墙身编号、墙身起止标高、水平分布筋、竖向分布筋和拉筋的具体数值。

剪力墙梁表中注写的内容有：

① 墙梁编号、墙梁所在楼层号；

② 墙梁顶面标高高差，系指墙梁所在结构层楼面标高的高差值，高于者为正值，低于者为负值，当无高差时不注；

③ 墙梁截面尺寸 $b×h$、上部纵筋、下部纵筋和箍筋的具体数值；

④ 当连梁设有对角暗撑时［代号为 LL（JC）××］，注写规定同截面法相应条款；

⑤ 当连梁设有交叉斜筋时［代号为 LL（JX）××］，注写规定同截面法相应条款；

⑥ 当连梁设有集中对角斜筋时［代号为 LL（DX）××］，注写规定同截面法相应条款。

4. 剪力墙平法施工图识读步骤

剪力墙平法施工图识读可按如下步骤：

① 查看图名、比例；

② 校核轴线编号及间距尺寸，必须与建筑平面图、基础平面图保持一致；

③ 与建筑图配合，明确各剪力墙边缘构件的编号、数量及位置，墙身的编号、尺寸、洞口位置；

④ 阅读结构设计总说明或有关分页专项说明，明确各标高范围剪力墙混凝土的强度等级；

⑤ 根据各剪力墙身的编号，查对图中截面或墙身表，明确剪力墙的标高、截面尺寸和配筋，再根据抗震等级、标准构造要求确定水平分布钢筋、竖向分布钢筋和拉筋的构造要求（包括水平分布钢筋、竖向分布钢筋连接的方式、位置、锚固搭接长度、弯折要求）；

⑥ 根据各剪力墙柱的编号，查对图中截面或墙柱表，明确剪力墙柱的标高、截面尺寸和配筋，再根据抗震等级、标准构造要求确定纵向钢筋和箍筋的构造要求（包括纵向钢筋连接的方式、位置、锚固搭接长度、弯折要求、柱头节点要求，箍筋加密区长度范围等）；

⑦ 根据各剪力墙梁的编号，查对图中截面或墙梁表，明确剪力墙梁的标高、截面尺寸和配筋，再根据抗震等级、标准构造要求确定纵向钢筋和箍筋的构造要求（包括纵向钢筋锚固搭接长度、箍筋的摆放位置等）。

这里需要特别指出的是，剪力墙尤其是高层建筑中的剪力墙一般情况是沿着高度方向混凝土强度等级不断变化的；每层楼面的梁、板混凝土强度等级也可能有所不同，因此，施工人员在看图时应格外加以注意，避免出现错误。

六、梁平法施工图

梁平法施工图是将梁按照一定规律编号，将各种编号的梁配筋直径、数量、位置和代号一起注写在梁平面布置图上，直接在平面图中表达，不再单独绘制梁的剖面图。梁平法施工图的表达方式有两种：平面注写方式和截面注写方式。

1. 梁平法施工图主要内容

梁平法施工图主要内容包括：

① 图名和比例；

② 定位轴线及其编号、间距和尺寸；

③ 梁的编号、平面布置；

④ 每一种编号梁的标高、截面尺寸、钢筋配置情况；

⑤ 必要的设计说明和详图。

2. 平面注写方式

梁施工图平面注写方式，系在梁平面布置图上，分别在不同编号的梁中各选一根梁，在其上注写截面尺寸和配筋具体数值的方法表达梁平法配筋图，见图 9-16（a）所示。按照《混凝土结构施工图　整体表示方法制图规则和构造详图》（22G101-1），梁平面注写方式包括集中标注和原位标注。集中标注表达梁的通用数值，如截面尺寸、箍筋配置、梁上部贯通钢筋等；当集中标注的数值不适用于梁的某个部位时，采用原位标注，原位标注表达梁的特殊数值，如梁在某一跨改变的梁截面尺寸、该处的梁底配筋或增设的钢筋等。在施工时，原位标注取值优先于集中标注。

图 9-16（b）是与梁平法施工图对应的传统表达方法，要在梁上不同的位置剖断并绘制断面图来表达梁的截面尺寸和配筋情况。而采用"平法"就不需要了。

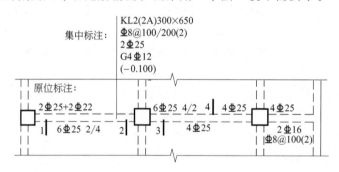

(a) 平面注写方式

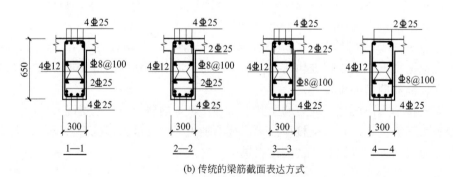

(b) 传统的梁筋截面表达方式

图 9-16　梁面注写方式

首先，在梁的集中标注内容中，有五项必注值和一项选注值。

① 梁的编号，该项为必注值。梁编号有梁类型代号、序号、跨数及有无悬挑代号组成，应符合表 9-13 的规定。

表 9-13　梁编号

梁 类 型	代 号	序 号	跨数及是否带有悬挑	备 注
楼层框架梁	KL	××	(××)、(××A)或(××B)	
楼层框架扁梁	KBL	××	(××)、(××A)或(××B)	
屋面框架梁	WKL	××	(××)、(××A)或(××B)	(××A)为一端有悬挑；(××B)为两端有悬挑；悬挑梁计跨数
框支梁	KZL	××	(××)、(××A)或(××B)	
托柱转换梁	TZL	××	(××)、(××A)或(××B)	
非框架梁	L	××	(××)、(××A)或(××B)	
悬挑梁	XL	××	(××)、(××A)或(××B)	
井字梁	JZL	××	(××)、(××A)或(××B)	

例如，KL7（5A）表示第 7 号框架梁，5 跨，一端有悬挑；L9（7B）表示第 9 号非框架梁，7 跨，两端有悬挑。

② 梁截面尺寸，该项为必注值。当为等截面梁时，用 $b \times h$ 表示；当为加腋梁时，用 $b \times h$，$YC_1 \times C_2$ 表示，Y 是加腋的标志，C_1 是腋长，C_2 是腋高。图 9-17(a) 中，梁跨中截面为 300mm×700mm（$b \times h$），梁两端加腋，腋长 500mm，腋高 250mm，因此该梁表示为：300×700Y500×250。当有悬挑梁且根部和端部截面高度不同时，用斜线"/"分隔根部与端部的高度值，即为 $b \times h_1/h_2$，b 为梁宽，h_1 指梁根部的高度，h_2 指梁端部的高度。如图 9-17（b）所示中的悬挑梁，梁宽 300mm，梁高从根部 700mm 减小到端部的 500mm。

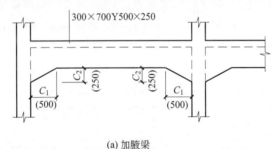

(a) 加腋梁

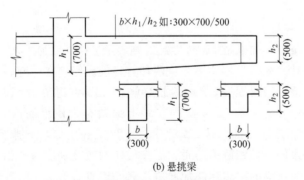

(b) 悬挑梁

图 9-17　悬挑梁不等高截面尺寸注写

③ 梁箍筋，包括钢筋级别、直径、加密区与非加密区间距与肢数，该项为必注值。箍筋加密区与非加密区的不同间距与肢数用斜线"/"分隔；当梁箍筋为同一种间距及肢数时，则不需用斜线；当加密区与非加密区的箍筋肢数相同时，则将肢数注写一次；箍筋肢数注写在括号内。加密区的长度范围则根据梁的抗震等级见相应的标准构造详图。例如 Φ10@100/200（4），表示箍筋为 HPB400 级钢，直径为 10mm，加密区间距为 100mm，非加密区间距

为 200mm，均为四肢箍；又如 ⌀8@100（4）/150（2），表示箍筋为 HPB400 级钢，直径为 8mm，加密区间距为 100mm，四肢箍；非加密区间距为 150mm，两肢箍。

④ 梁上部通长钢筋或架立筋配置，该项为必注值。这里所标注的规格与根数应根据结构受力的要求及箍筋肢数等构造要求而定。当同排纵筋中既有通长筋又有架立筋时，应用加号（"＋"）将通长筋和架立筋相连。注写时需将角部纵筋写在加号的前面，架立筋写在加号后面的括号内，以示不同直径及与通长钢筋的区别。当全部是架立筋时，则将其写在括号内。例如 2⌀22 用于双肢箍；2⌀22＋（4⌀12）用于六肢箍，其中 2⌀22 为通长筋，4⌀12 为架立筋。

如果梁的上部纵筋和下部纵筋均为贯通筋，且多数跨相同时，也可将梁上部和下部贯通筋同时注写，中间用"；"分隔，如"3⌀22；3⌀20"，表示梁上部配置 3⌀22 通长钢筋，梁的下部配置 3⌀20 通长钢筋。

⑤ 梁侧面纵向构造钢筋或受扭钢筋的配置，该项为必注值。当梁腹板高度大于 450mm 时，需配置梁侧面纵向构造钢筋，其数量及规格应符合规范要求。注写此项时以大写字母 G 打头，接续注写设置在梁两个侧面的总配筋值，且对称配置，如 G4⌀12，表示梁的两个侧面共配置 4⌀12 的纵向构造钢筋，每侧配置 2⌀12。当梁侧面需要配置受扭纵向钢筋时，此项注写时以大写字母 N 打头，接续注写设置在梁两个侧面的总配筋值，且对称配置。受扭纵向钢筋应按计算结果配置，并应满足侧面纵向构造钢筋的间距要求，且不再重复配置纵向构造钢筋，如 N6⌀22，表示梁的两个侧面共配置 6⌀22 的受扭纵向钢筋，每侧配置 3⌀22。

⑥ 梁顶面标高差，该项为选注项。指梁顶面相对于结构层楼面标高的差值，用括号括起。当梁顶面高于楼面结构标高时，其标高高差为正值，反之为负值。如果二者没有高差，则没有此项。图 9-16 中"（－0.100）"表示该梁顶面比楼面标高低 0.1m，如果是（0.100）则表示该梁顶面比楼面标高高 0.1m。

以上所述是梁集中标注的内容，梁原位标注的内容主要有以下几方面。

① 梁支座上部纵筋的数量、级别和规格，其中包括上部贯通钢筋，写在梁的上方，并靠近支座。

当上部纵筋多于一排时，用"/"将各排纵筋分开，如 6⌀25 4/2 表示上排纵筋为 4⌀25，下排纵筋为 2⌀25；如果是 4⌀25/2⌀22 则表示上排纵筋为 4⌀25，下排纵筋为 2⌀22。

当同排纵筋有两种直径时，用"＋"将两种直径的纵筋连在一起，注写时将角部纵筋写在前面。如梁支座上部有四根纵筋，2⌀25 放在角部，2⌀22 放在中部，则应注写为 2⌀25＋2⌀22；又如 4⌀25＋2⌀22/4⌀22 表示梁支座上部共有十根纵筋，上排纵筋为 4⌀25 和 2⌀22，4⌀25 中有两根放在角部，另 2⌀25 和 2⌀22 放在中部，下排还有 4⌀22。

当梁中间支座两边的上部钢筋不同时，需在支座两边分别注写；当梁中间支座两边的上部钢筋相同时，可仅在支座的一边标注配筋值，另一边省去不注。

② 梁的下部纵筋的数量、级别和规格，写在梁的下方，并靠近跨中处。

当下部纵筋多于一排时，用"/"将各排纵筋分开，如 6⌀25 2/4 表示上排纵筋为 2⌀25，下排纵筋为 4⌀25；如果是 2⌀20/3⌀25 则表示上排纵筋为 2⌀20，下排纵筋为 3⌀25。

当同排纵筋有两种直径时，用"＋"将两种直径的纵筋连在一起，注写时将角部纵筋写在前面。如梁下部有四根纵筋，2⌀25 放在角部，2⌀22 放在中部，则应注写为 2⌀25＋2⌀22；又如 3⌀22/3⌀25＋2⌀22 表示梁下部共有八根纵筋，上排纵筋为 3⌀22，下排纵筋为 3 ⊈ 25 和 2 ⊈ 22，3 ⊈ 25 中有两根放在角部。

如果梁的集中标注中已经注写了梁上部和下部均为通长钢筋的数值时，则不在梁下部重复注写原位标注。

③ 附加箍筋或吊筋。在主次梁交接处，有时要设置附加箍筋或吊筋，可直接画在平面图中的主梁上，并引注总配筋值，见图 9-18 所示。当多数附加箍筋或吊筋相同时，可在梁平法施工图上统一注明，少数与统一注明值不同时，再原位引注。

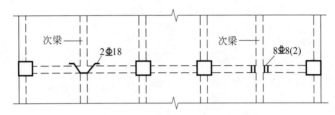

图 9-18　附加箍筋或吊筋画法

④ 当在梁上集中标注的内容（即梁截面尺寸、箍筋、上部通长筋或架立筋、梁侧面纵向构造钢筋或受扭纵向钢筋，以及梁顶面标高高差中的某一项或几项数值）不适用于某跨或某悬挑部位时，则将其不同的数值原位标注在该跨或该悬挑部位，施工的时候应按原位标注的数值优先取用，这一点是值得注意的。

3. 截面注写方式

截面注写方式，是在分标准层绘制的梁平面布置图上，分别在不同编号的梁中各选一根梁用剖面号引出配筋图，并在其上注写截面尺寸和配筋（上部筋、下部筋、箍筋和侧面构造筋）具体数值的方式来表达梁平法施工图。

截面注写方式可以单独使用，也可与平面注写方式结合使用。

4. 梁平法施工图识读步骤

梁平法施工图识读可按如下步骤：

① 查看图名、比例；

② 校核轴线编号及间距尺寸，必须与建筑图、基础平面图、柱平面图保持一致；

③ 与建筑图配合，明确各梁的编号、数量及位置；

④ 阅读结构设计总说明或有关分页专项说明，明确各标高范围剪力墙混凝土的强度等级；

⑤ 根据各梁的编号，查对图中标注或截面标注，明确梁的标高、截面尺寸和配筋。再根据抗震等级、标准构造要求确定纵向钢筋、箍筋和吊筋的构造要求（包括纵向钢筋锚固搭接长度、切断位置、连接方式、弯折要求；箍筋加密区范围等）。

这里需强调的是，应格外注意主、次梁交汇处钢筋摆放的高低位置要求。

图 9-19 为用平法表示的梁配筋平面图，这是一个 16 层框架-剪力墙结构，本图表示第 5 层梁的配筋情况，从图 9-13、图 9-14 中左边的列表可以看出，该结构有两层地下室，以及每层的层高和楼面标高以及屋面的高度。

梁采用"平法"制图方法绘制施工图，直接把梁的配筋情况注明在梁的平面布置图上，简单明了。但在传统的梁立面配筋图中，可以看到的纵向钢筋锚固长度及搭接长度，在梁的"平法"施工图中无法体现。同柱"平法"施工图一样，只要我们知道钢筋的种类和直径，就可以按规范或图集中的要求确定其锚固长度和最小搭接长度。

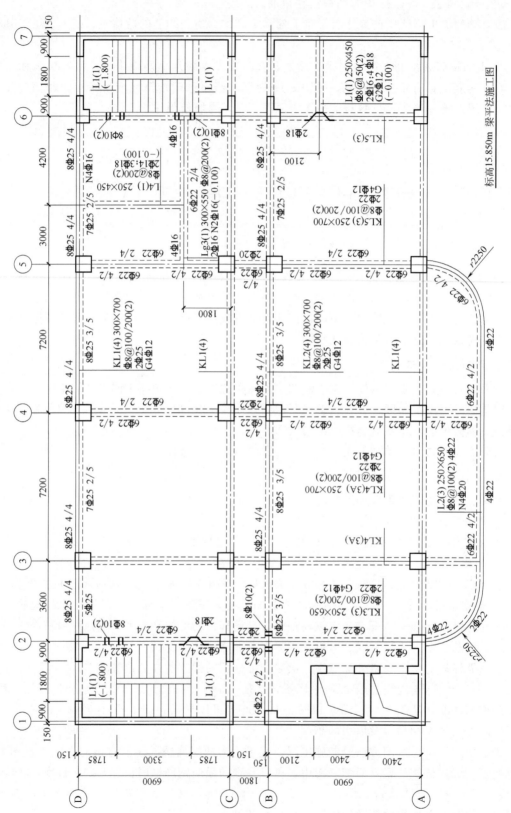

图 9-19　梁平法施工图示例

七、现浇板施工图

1. 现浇板施工图主要内容

现浇板施工图主要内容包括：①图名和比例；②定位轴线及其编号、间距和尺寸；③现浇板的厚度、标高及钢筋配置情况；④阅读必要的设计说明和详图。

2. 现浇板施工图识读步骤

现浇板施工图识读可按如下步骤：

① 查看图名、比例；

② 校核轴线编号及间距尺寸，必须与建筑图、梁平法施工图保持一致；

③ 阅读结构设计总说明或有关说明，确定现浇板的混凝土强度等级；

④ 明确图中未标注的分布钢筋，有时温度较敏感或板厚较厚时还要设置温度钢筋，其与板内受力筋的搭接要求也应该在说明中明确。

对于现浇板配筋也可以和柱、梁、剪力墙一样采用"平法"表示，与之相配套的国标图集 04G101-4（现已废止）内容已经与柱、梁、剪力墙整合在现行国标图集 22G101-1 中，但就目前国内大量工程的施工图纸来看，尚有许多设计单位仍然采用传统的方式表达现浇板，由于板的"平法"表示比较简单，加之本书篇幅有限这里不再赘述，感兴趣的读者可查看国标图集 22G101-1 中关于板部分的内容。

第五节　结构施工图读图实例

一、基础施工图

××建筑的桩、承台平面布置图，图号为结施-02，见图 9-20，桩身详图和设计说明见图 9-21。有时对于较复杂的工程，为了不混淆并且突出桩身的定位，对有关承台的尺寸单独绘制承台布置图，如能表达清楚也可以在同一张图纸中表示。

对于桩我们可以了解到以下内容：

① 图 9-20 和图 9-21 是该建筑的桩基础平面布置图，图号为结施-02，是以 1∶100 的比例绘制的。经核对，其轴线及尺寸与建筑平面图一致。

② 阅读设计说明，可知本工程基础采用螺旋钻孔压灌混凝土桩（简称压灌桩），根据××勘察研究院提供的"岩土工程勘察报告"，选用圆砾层为桩端持力层，桩径为 600mm，桩长不小于 12m，单桩竖向承载力特征值 R_a＝2000kN。

③ 本工程桩顶标高有两种，电梯井基坑处桩顶标高为 −4.150m，其余桩顶标高 −2.550m，桩中心具体位置见图，图中带粗实线十字的圆即是桩身截面，粗实线十字的中心即是桩身的中心。

④ 桩的入土深度控制和配筋要求：桩端全截面进入圆砾层长度不小于 1.5 倍桩径，桩顶嵌入承台内的长度为 70mm（一般取 50～100mm）；桩身配筋主筋为 8 Φ 14（8 根 HRB400 级钢，直径 14mm），埋入桩内的长度取 2/3 桩长，锚入承台中的长度为 35d，故总长度为 8560mm（12000×2/3＋35×14＋70＝8560）；箍筋采用螺旋式箍筋，HPB300 级钢、

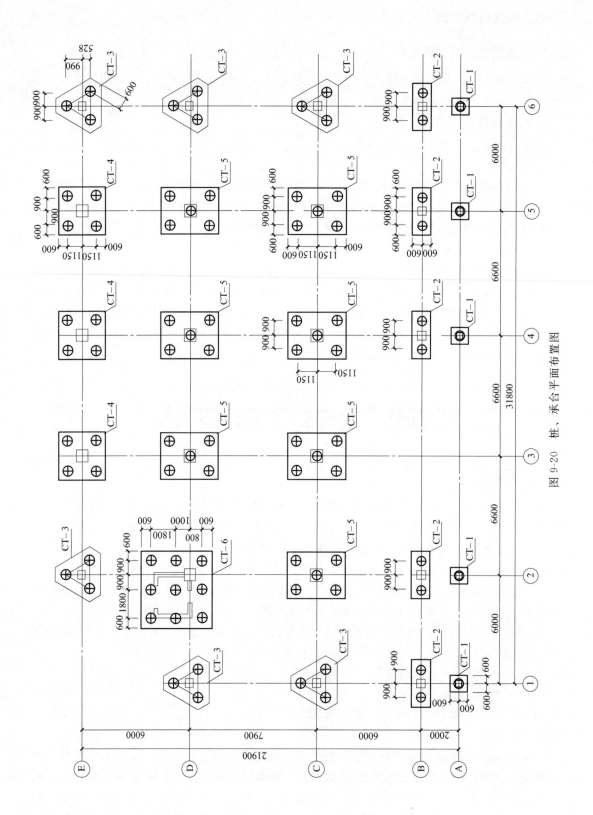

图 9-20 桩、承台平面布置图

Φ8@100/200，在桩顶部 2000mm 范围内间距 100，除此箍筋间距 200mm；为增强钢筋笼的稳固性而设置的加劲筋Φ14 每 2m 一道。

⑤ 阅读设计说明，可知桩身混凝土强度等级 C30，主筋保护层厚度 50mm；试桩数量 3 根，锚桩主筋同样采用 HRB400 级钢，直径 22mm，8 根（8Φ22），但与工程桩不同的是，桩身纵筋和箍筋是沿全长配置的。试桩桩顶尚配置钢筋网或薄钢板圆筒加强，见图 9-21。

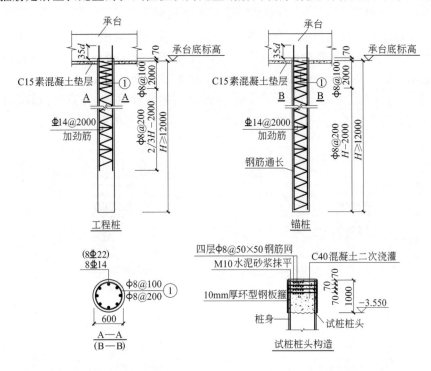

图 9-21　桩身详图及设计说明

说明：

1. 本工程《岩土工程勘察报告》由××勘察设计研究院提供（工程编号 E2.05-1345），±0.000m 相当于绝对标高 45.800m；

2. 本工程采用螺旋钻孔压灌混凝土桩，桩径为 600mm，桩长不小于 12m，单桩竖向承载力特征值 $R_a = 2000kN$，桩端持力层为圆砾层，桩端进入持力层深度不小于 1.5 倍桩径；

3. 桩身混凝土强度等级 C30，Φ为 HPB300 钢筋，Φ为 HRB400 钢筋，桩身钢筋保护层 50mm；

4. 桩顶部浮浆段应凿掉，此段不在桩长范围内，试桩桩头、桩身及锚桩桩身混凝土在试桩时应达到设计强度，为保证工期，施工时应及时清除试桩桩头部分的浮浆并浇筑试桩桩头混凝土；

5. 施工前应试成孔成桩，且不少于 2 个，以核对地质资料，确定适合实际条件的各项工艺参数；

6. 施工前应按有关规定试桩，试桩数量不少于总桩数的 1%，并不少于 3 根，同时应采用应变法等方法对桩身质量及承载力进行检查；

7. 桩孔质量要求严格执行《建筑桩基技术规范》（JGJ 94—2008）及辽宁省地方标准《建筑地基基础技术规范》（DB21/T 907—2015）；

8. 施工时如实际土层与设计不符，请及时与设计人员联系处理。

对于承台我们可以了解到以下内容。

① 该建筑使用了 6 种承台，按承台种类的不同，分别进行了编号，参照说明承台混凝土强度等级为 C40，主筋混凝土保护层厚度 40mm。

② 承台尺寸、配筋、构造见图 9-22。

CT-1：数量 5 个，分别位于①、②、④、⑤、⑥轴与Ⓐ轴相交处，是单桩承台，为正方形 1200mm×1200mm，承台 CT-1 顶标高 −1.500m，考虑承台高度 900mm，故 CT-1 底标高

－2.400m。配筋形式为三向环箍⌀12@200（即 HRB400 级钢筋，直径 12mm，间距 200mm）。

　　CT-2：数量 5 个，分别位于①、②、④、⑤、⑥轴与⑧轴相交处，属两桩承台，为矩形 3000mm×1200mm（长×宽），承台 CT-2 顶标高－1.500m，考虑承台高度 1400mm，故 CT-2 底标高－2.900m；两桩承台从受力的角度看就好比一根简支梁，因此它的配筋形式和简支梁的配筋形式相似，下部配置受力钢筋 8⌀25，上部配置为绑扎箍筋而设置的架立筋 4⌀14，箍筋为四肢箍⌀14@200；两侧配置侧面构造钢筋 8⌀14。

　　CT-3：数量 6 个，分别位于①、⑥轴边列处、②轴与⑥轴相交处，属三桩承台，承台的形状近似于一个三角形，但在角部做了 60°切角，承台 CT-3 顶标高－1.500m，考虑承台高度 1200mm，故 CT-3 底标高－2.700m。CT-3 沿着三根桩的中心线，在承台下部配置了 9⌀25 的钢筋，同时钢筋之间间距为 100mm（图中用粗实线将钢筋的配置情况画出，为了使图面简洁并且不影响表达效果，通常对称配筋可用局部视图的方式表达）。

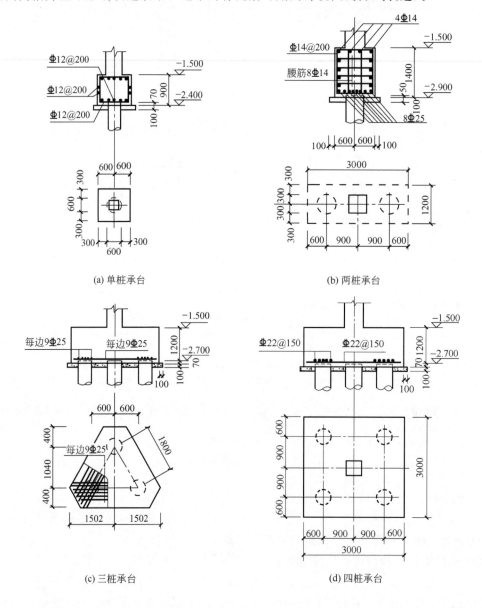

(a) 单桩承台　　　　　(b) 两桩承台

(c) 三桩承台　　　　　(d) 四桩承台

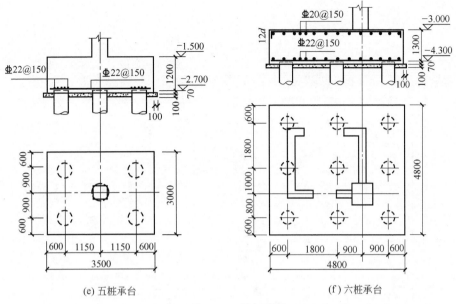

图 9-22　承台详图

CT-4：数量 3 个，分别位于③、④、⑤轴与Ⓔ轴相交处，属四桩承台，为正方形 3000mm×3000mm，承台 CT-4 顶标高－1.500m，考虑承台高度 1200mm，故 CT-4 底标高－2.700m。在承台底面沿着承台两个边的方向均匀地布置 20Φ22 钢筋。

CT-5：数量 7 个，位于建筑物的中间部位，属五桩承台，为矩形，边长 3500mm×3000mm（长×宽），承台 CT-5 顶标高－1.500m，考虑承台高度 1200mm，故 CT-5 底标高－2.700m。在承台底面沿着承台两个边的方向，在长边方向均匀地布置 22Φ22 钢筋，在短边方向均匀地布置 20Φ22 钢筋。

CT-6：数量 1 个，位于电梯井处，属群桩承台，为矩形，边长 4800mm×4800mm，考虑电梯基坑深度要求，CT-6 顶标高－3.000m，承台高度 1300mm，故 CT-6 底标高－4.300m。上下配置双向钢筋网，底部钢筋网在宽度和长度方向均为Φ22@150，钢筋端部伸至承台边缘，且从桩内侧边缘算起水平段长度不小于 35d（d 为钢筋直径）。顶部钢筋网在宽度和长度方向均为Φ20@150，钢筋端部伸至承台边缘后向下弯折锚固，竖直向下弯折段长度为 12d。保护层为 40mm。

③ 地下室电梯井处剪力墙厚 200mm，沿轴线居中布置，墙身、端柱或暗柱在承台中的插筋数量、直径和钢筋种类应与剪力墙内竖向钢筋相同，并应满足插筋的锚固要求，其下端应做成直钩放在承台底面钢筋上；同样框架柱的插筋数量、直径和钢筋种类应与柱内竖向钢筋相同，并应满足插筋的锚固要求，其下端应做成直钩放在承台底面钢筋上；由于基础部分并没有给出插筋的参数，故应对照查找相应的柱、墙施工图进行明确。

④ 垫层采用 C15 素混凝土，厚度 100mm，这里要注意的是，在施工时，一般是桩身施工完成后，再开挖土方，开始承台施工，土方要挖至混凝土垫层的底面标高处。

二、主体结构施工图

1. 柱平法施工图实例

图 9-23 是用列表注写方式绘制的××办公楼的柱平法施工图（图号为结施-03），从图

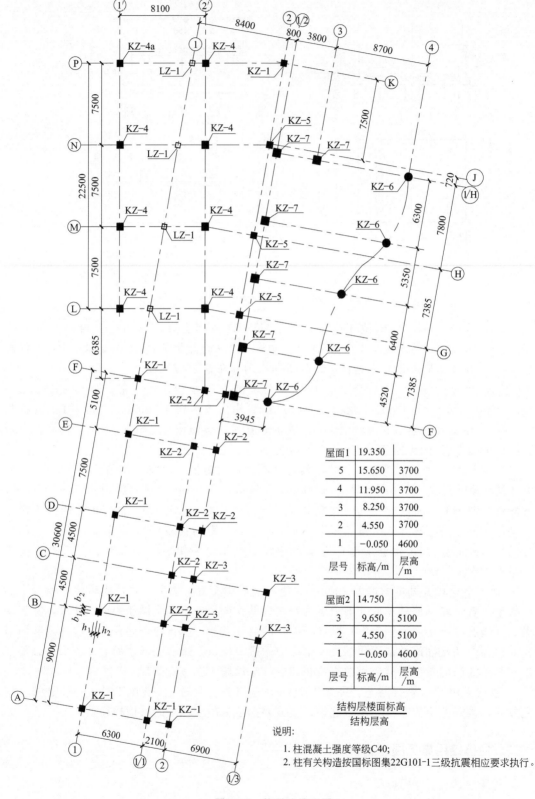

屋面1	19.350	
5	15.650	3700
4	11.950	3700
3	8.250	3700
2	4.550	3700
1	−0.050	4600
层号	标高/m	层高/m

屋面2	14.750	
3	9.650	5100
2	4.550	5100
1	−0.050	4600
层号	标高/m	层高/m

结构层楼面标高
结构层高

说明：
1. 柱混凝土强度等级C40；
2. 柱有关构造按国标图集22G101-1三级抗震相应要求执行。

图 9-23　柱平法施工图

中可以了解以下内容。

图 9-23 为柱平法施工图，图号为××办公楼结施-03，绘制比例 1∶100。轴线号及其尺寸间距与建筑平面图、基础平面布置图一致。

图中标注的均为框架柱，共有七种编号，柱的混凝土强度等级为 C40，柱的标高、截面尺寸和配筋情况见表 9-14。

表 9-14　柱表

柱号	标　　高	$b \times h$ （圆柱 直径 D）	b_1	b_2	h_1	h_2	角筋	b 边一 侧中 部筋	h 边一侧 中部筋	箍筋 类型号	箍　　筋
KZ-1	$-0.05 \sim 19.350$	600×600	300	300	300	300	4 ⏀ 25	3 ⏀ 25	3 ⏀ 25	1(4×4)	⏀ 10@100/200
KZ-2	$-0.05 \sim 19.350$	600×600	300	300	300	300	4 ⏀ 22	3 ⏀ 22	3 ⏀ 22	1(4×4)	⏀ 8@100/200
KZ-3	$-0.05 \sim 19.350$	600×600	300	300	300	300	4 ⏀ 25	2 ⏀ 25	3 ⏀ 25	1(4×4)	⏀ 8@100
KZ-4	$-0.05 \sim 11.950$	700×700	350	350	350	350	4 ⏀ 25	3 ⏀ 25	3 ⏀ 25	1(5×5)	⏀ 10@100/200
	$11.95 \sim 15.65$	600×600	300	300	300	300	4 ⏀ 22	2 ⏀ 22	2 ⏀ 22	1(4×4)	⏀ 8@100
KZ-5	$-0.05 \sim 15.650$	650×650	325	325	325	325	4 ⏀ 25	2 ⏀ 25	2 ⏀ 25	1(4×4)	⏀ 10@100/200
	$15.65 \sim 19.35$	650×650	325	325	325	325	4 ⏀ 25	2 ⏀ 20	2 ⏀ 20	1(4×4)	⏀ 8@100
KZ-6	$-0.05 \sim 14.150$	800	400	400	400	400	18 ⏀ 25	—	—	8	⏀ 8@100
KZ-7	$-0.05 \sim 14.150$	800×800	400	400	400	400	4 ⏀ 25	3 ⏀ 25	3 ⏀ 25	1(5×5)	⏀ 10@100/200

根据设计说明该工程的抗震等级为三级，由《混凝土结构施工图　平面整体表示方法制图规则和构造详图》（22G101-1）可知以下情况。

柱箍筋加密区范围：柱端～基础顶面上，底层柱根加密区高度为底层层高的 1/3；其他各楼层从梁上下分别取柱截面长边尺寸、柱所在层净高的 1/6 和 500mm 的较大值；刚性地面上下各 500mm。

该图中柱的标高 $-0.050 \sim 8.250$m，即一、二两层（其中一层为底层），层高分别是 4.6m、3.7m，框架柱 KZ-1 在一、二两层的净高分别是 3.7m、2.8m，所以箍筋加密区范围分别是 1250mm、650mm；KZ-6 在一、二两层的净高分别是 3.0m、3.5m，所以箍筋加密区范围分别是 1000mm、600mm（为了便于施工，常常将零数人为地化零为整）。

根据结构设计总说明，要求柱的钢筋连接采用焊接接头（一般为电渣压力焊）。焊接接头位置应设在柱箍筋加密区之外，由于柱的纵筋多于 4 根，焊接接头应相互错开 35d（d 为纵向钢筋的较大直径）且不小于 500mm，同一截面的接头数不宜多于总根数的 50%。

2. 梁平法施工图实例

图 9-24 是用 PKPM-SATWE 建筑结构有限元分析软件计算后，根据其计算结果绘制的××办公楼的梁平法施工图（图号为结施-06），绘制比例为 1∶100。从图中可以了解以下内容。

梁的主要作用有二：一是支承墙体，二是分隔板块，将跨度较大的板分割成跨度较小的板。图中框架梁（KL）编号从 KL-1 至 KL-19，非框架梁（L）编号从 L-1 至 L-6。

由结构设计总说明，知梁的混凝土强度等级为 C30。

以 KL-8（5）、KL-16（4）、L-4（3）、L-5（1）为例说明如下。

① KL-8（5）是位于①轴的框架梁，5 跨，截面尺寸 300mm×900mm（个别跨与集中标注不同者原位注写，如 300×500、300×600）；2 ⏀ 22 为梁上部通长钢筋，箍筋 ⏀ 8@100/

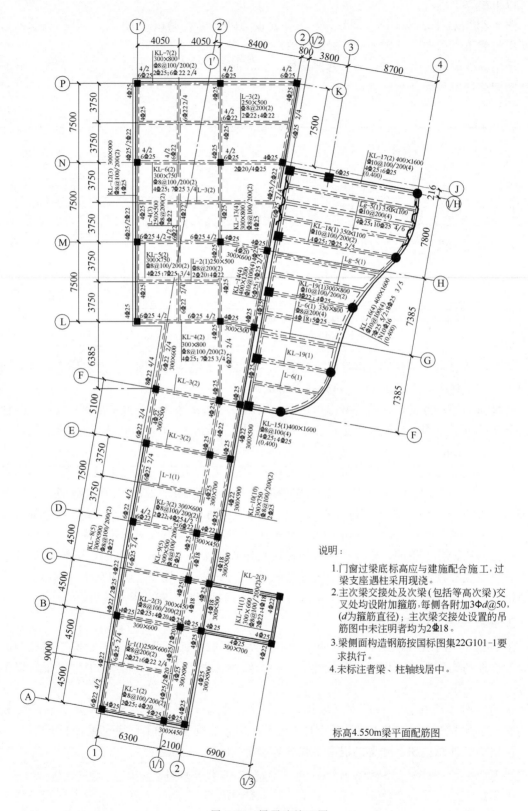

说明：

1. 门窗过梁底标高应与建施配合施工，过梁支座遇柱采用现浇。
2. 主次梁交接处及次梁（包括等高次梁）交叉处均设附加箍筋，每侧各附加3Φd@50，（d为箍筋直径）；主次梁交接处设置的吊筋图中未注明者均为2Φ18。
3. 梁侧面构造钢筋按国标图集22G101-1要求执行。
4. 未标注者梁、柱轴线居中。

标高4.550m梁平面配筋图

图9-24　梁平法施工图

200（2）为双肢箍，梁端加密区间距为100mm，非加密区间距200mm；支座负弯矩钢筋Ⓐ轴支座处为两排，上排4Φ22（其中2Φ22为通长钢筋），下排2Φ22，Ⓑ轴支座处为两排，上排4Φ22（其中2Φ22为通长钢筋），下排2Φ25，其他支座这里不再赘述；值得注意的是，该梁的第一、二跨两跨上方中间位置都原位注写了"4Φ22"，表示这两跨的梁上部通长钢筋与集中标注的不同，不是2Φ22，而是4Φ22；梁截面下部纵向钢筋每跨各不相同，分别原位注写，如双排的6Φ25 2/4、单排的4Φ22等。

由标准构造详图，可以计算出梁中纵筋的锚固长度，如第一支座上部负弯矩钢筋在边柱内的锚固长度 $l_{aE}=31d=31\times22=682$（mm）；支座处上部钢筋的截断位置（上排取净跨的1/3、下排取净跨的1/4）；梁端箍筋加密区长度为1.5倍梁高。

另外还可以看到，该梁的前三跨在有次梁的位置都设置了吊筋2Φ18（图中画出）和附加箍筋3Φd@50（图中未画出但说明中指出），从距次梁边50mm处开始设置。

② KL-16（4）是位于④轴的框架梁，该梁为弧梁，4跨，截面尺寸400mm×1600mm；7Φ25为梁上部通长钢筋，箍筋Φ10@100（4）为四肢箍且沿梁全长加密，间距为100mm；N10Φ16表示梁两侧面各设置5Φ16受扭钢筋（与构造腰筋区别是二者的锚固不同）；支座负弯矩钢筋未见原位标注，表明都按照通长钢筋设置，即7Φ25 5/2，分为两排，上排5Φ25、下排2Φ25；梁截面下部纵向钢筋各跨相同，统一集中注写，8Φ25 3/5，分为两排，上排3Φ25，下排5Φ25。

由标准构造详图，可以计算出梁中纵筋的锚固长度，如第一支座上部负弯矩钢筋在边柱内的锚固长度 $l_{aE}=31d=31\times22=682$（mm）；支座处上部钢筋的截断位置；梁端箍筋加密区长度为1.5倍梁高（由于是弧梁，考虑扭矩原因采用了全长加密箍筋的方式）。

另外还可以看到，此梁在有次梁的位置都设置了吊筋2Φ18（图中画出）和附加箍筋3Φd@50（图中未画出但说明中指出），从距次梁边50mm处开始设置；集中标注下方的"（0.400）"表示此梁的顶标高较楼面标高为400mm。

③ L-4（3）是位于①~②轴间的非框架梁，3跨，截面尺寸250mm×500mm；2Φ22为梁上部通长钢筋，箍筋Φ8@200（2）为双肢箍且沿梁全长间距为200mm；支座负弯矩钢筋6Φ22 4/2，分为两排，上排4Φ22，下排2Φ22；梁截面下部纵向钢筋各跨不相同，分别原位注写6Φ22 2/4和4Φ22。

由标准构造详图，可以计算出梁中纵筋的锚固长度（次梁不考虑抗震，因此按非抗震锚固长度取用），如梁底筋在主梁中的锚固长度 $l_a=15d=15\times22=330$（mm）；支座处上部钢筋的截断位置在距支座三分之一净跨处。

④ Lg-5（1）是位于Ⓗ~①/Ⓗ轴间的非框架梁，1跨，截面尺寸350mm×1100mm；4Φ25为梁上部通长钢筋，箍筋Φ10@200（4）为四肢箍且沿梁全长间距为200mm；支座负弯矩钢筋同梁上部通长筋，一排4Φ25；梁截面下部纵向钢筋为10Φ25 4/6，分为两排，上排4Φ25，下排6Φ25。

由标准构造详图，可以计算出梁中纵筋的锚固长度（次梁不考虑抗震，因此按非框架Lg配筋构造取用），如梁底筋在主梁中的锚固长度 $l_a=15d=15\times22=330$（mm）；支座处上部钢筋的截断位置在距支座三分之一净跨处。

3. 现浇板施工图实例

图9-25是现浇板的施工图（图号为结施-07），从图中可以了解以下内容。

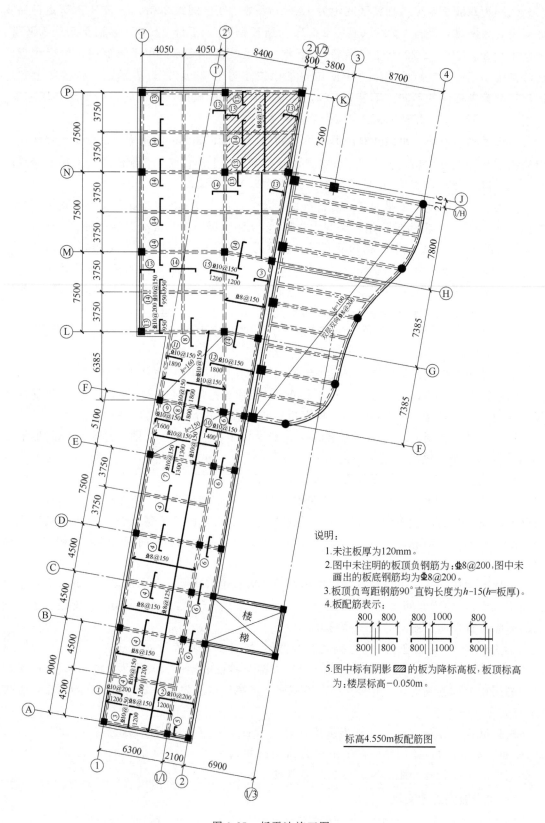

说明：

1. 未注板厚为120mm。
2. 图中未注明的板顶负钢筋为：Φ8@200，图中未画出的板底钢筋均为Φ8@200。
3. 板顶负弯距钢筋90°直钩长度为h-15(h=板厚)。
4. 板配筋表示：

800	800	800	1000	800
800	800	800	1000	800

5. 图中标有阴影 ▨ 的板为降标高板，板顶标高为：楼层标高-0.050m。

标高4.550m板配筋图

图 9-25 板平法施工图

图 9-25 为××办公楼标高 4.550m 处现浇板的施工图，图号结施-07，绘制比例为
1：100。由结构设计总说明可知：板的混凝土强度等级为 C30；板厚有 120mm、130mm、
150mm、160mm 四种；图中阴影部分的板是建筑卫生间的位置，为防水的处理，将楼板降
标高 50mm，故此处板顶标高为 4.500m。

以左下角房间板块为例说明配筋。

下部钢筋：横向受力钢筋为$\phi 8@150$，是 HPB400 级钢，末端为平直不做弯钩；短跨方
向受力钢筋为$\phi 8@125$，是 HRB400 级钢，末端为平直不做弯钩，图中所示端部斜钩仅表示
该钢筋的断点，而实际施工摆放的是直钢筋。

上部钢筋：与梁交接处设置负筋（俗称扣筋或上铁）①②③④号筋，其中①②号筋为
$\phi 10@200$，伸出梁外 1200mm、③④号筋为$\phi 10@150$，伸出梁轴线外 1200mm，它们都是
向下做 90°直钩顶在板底。

按规范要求，板下部钢筋伸入墙、梁的锚固长度不小于 $5d$，尚应满足伸至支座中心线，
且不小于 100mm；上部钢筋伸入墙、梁内的长度按受拉钢筋锚固，其锚固长度不小于 l_a，
末端做直钩。

第六节　构件详图

结构平面布置图只表示出了一些常规构件的设计信息，但对于一些特殊的构件尚需单独
绘制详图来表达。结构详图是用来表示特殊构件的尺寸、位置、材料和配筋情况的施工图，
主要包括楼梯结构详图和建筑造型的有关节点详图等特殊构件。在此，仅以楼梯为例加以
说明。

一、楼梯的类型

常见的民用建筑楼梯，多为钢筋混凝土楼梯。根据楼梯形式不同，有单跑式、双跑式、
螺旋式等；根据传力方式不同，分为梁式楼梯和板式楼梯。梁式楼梯是在踏步两侧或中间布
置斜梁，而板式楼梯在踏步板下没有斜梁，踏步板的荷载直接传给梯梁。梁式楼梯的梯段板
比板式楼梯薄，板式楼梯结构较简单，故跨度不大、荷载不大的普通民用常采用。此外，根
据施工方法不同，有装配式钢筋混凝土楼梯和现浇钢筋混凝土楼梯两种。装配式钢筋混凝土
楼梯是将楼梯踏步部分预先在工厂做好，然后运到现场，安装在结构上，而现浇钢筋混凝土
楼梯则是在现场制作的。本节将主要介绍现浇钢筋混凝土板式楼梯施工图的识读。

现浇钢筋混凝土楼梯的施工图一般由楼梯结构布置平面图和构件详图组成。楼梯结构布
置平面图需要表示楼梯的形式、梯梁、梯段板、平台板的平面布置。构件详图则主要表示梯
梁、梯段板、平台板等楼梯间主要构件的断面形式、尺寸、配筋情况。构件详图的制图方法
有两种，断面表示法和列表表示法。其中，由于列表表示法可以减少制图工作量，同时也不
影响图纸内容的表示，在近几年开始得到越来越广泛的应用。

二、楼梯结构布置平面图

楼梯结构布置平面图又可称为楼梯结构布置图，是假想用一水平剖切平面在一层的梯梁

顶面处剖切楼梯，向下做水平投影绘制而成的，楼梯间结构布置图需要用较大比例绘制。如果每层的楼梯结构布置不同，则需画出所有楼层的楼梯结构布置图，否则，楼梯结构布置相同的楼层只用一个结构布置图表示即可。但是，底层和顶层楼梯必须画结构布置图。图 9-26 是某高层住宅楼梯间局部两层的结构布置图。

楼梯结构布置图主要表示梯段板、梯梁的布置、代号、编号、标高及与其他构件的位置关系。从图 9-26 可以看出，该结构的楼梯是双跑楼梯，两层结构，有四段梯段板，编号分别是 TB1～TB4，TB1 有 12 级踏步，TB2 有 12 级踏步，TB3 有 11 级踏步，TB4 有 13 级踏步，每级踏步宽 300mm，而踏步的高要在构件详图中表达。根据图中所示的梯段走向，可以看出该楼梯是左上右下。在梯段板的两端是梯梁，梯梁代号是 TL1，因为梯段板的两端只有一种梯梁，其编号均为 TL1。楼梯平台都是现浇的，编号为 PB1，平台板的两端均为梯梁 TL1，嵌固在墙体内。

楼梯结构布置图中也画出了定位轴线及其编号，定位轴线及其编号和建筑施工图是完全一致的。由于楼梯结构平面图是设想上一层楼层梯梁顶剖切后所做的水平投影，剖切到的墙体轮廓线用粗实线表示；楼梯的梁、板的可见轮廓线用中实线表示，不可见的用虚线表示；墙上的门窗洞不在楼梯结构布置图中画出。

三、楼梯构件详图——断面表示法

断面表示法是楼梯构件详图的一种类型，它将楼梯结构中构件的断面配筋详图一一画出。图 9-27 是用断面表示法表示的某高层住宅楼梯的结构详图，包括四个梯段和梯梁、平台板的配筋和模板图。

从图中可以看出，该楼梯结构详图绘出了楼梯中所有构件的断面图，较详细和直观地反映了这些构件的外形尺寸和配筋情况。如 TB1，每一级踏步的尺寸宽 300mm，高 150mm，一共 12 级踏步，该梯段的高度是 $12 \times 150 = 1800$mm，长度是 $(12-1) \times 300 = 3300$mm，板厚是 120mm。该梯段底部的标高是 -0.050m，顶部的标高是 1.750m，高差 1.8m，和标注的梯段高度相符。

梯段板按板进行配筋，但梯段板是两端支承在梯梁上，是比较典型的单向板，因此在板底沿梯段长度方向配置纵向受力钢筋，与其垂直的方向只需按构造配置板底分布筋，在支座附近配置板顶支座受力筋，一般只需在四分之一板跨的长度范围内配置，同时在与其垂直的方向配置板顶分布筋。只是梯段板钢筋弯钩形式与普通楼面板配筋有所不同。

四、楼梯构件详图——列表表示法

在断面表示法中，所有构件都必须通过断面图来表示构件的形状、尺寸和配筋，这样的好处是表达直观，但缺点是工作量大，特别是在构件的数量和种类比较多时。在图 9-26 中可以注意到，虽然各构件的尺寸和配筋都不相同，但都遵循一定的规律，如每个梯段板之间，踏步的级数可能不同，但形状一致；配筋不同，但钢筋的类型一致，都是由板底受力筋、板底分布筋、板顶受力筋和板顶分布筋组成；另外，梯梁都是矩形截面，配筋形式也类似。因此，将这些构件共同的特点，如形状和配筋形式用图形表达出来，将不同处用符号或代号表示，然后以列表的形式将各构件的这些符号或代号对应的数值用列表的方式表达，大大减少了绘图的工作量。图 9-28 就是对应于图 9-26 的用列表方式表达的楼梯详图。

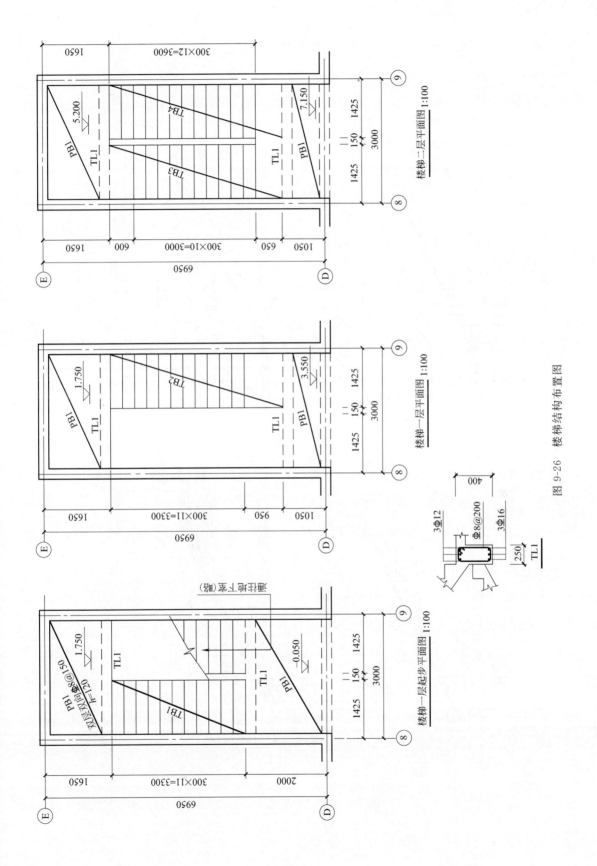

图 9-26 楼梯结构布置图

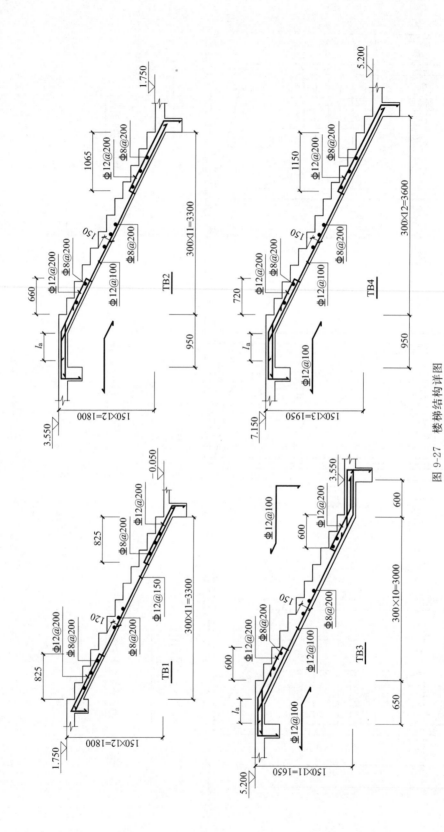

图 9-27　楼梯结构详图

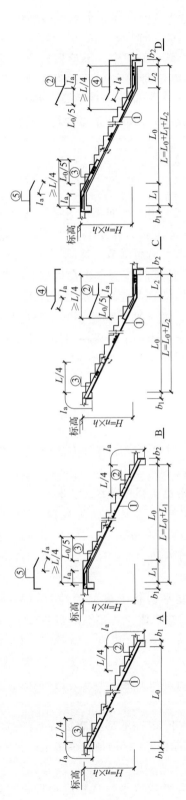

楼梯板配筋表

楼梯号	编号	类型	板厚 t	L	L0	L1	L2	H	级数 n	宽 b	高 h	①	②	③	④	⑤	备注
楼梯A	TB1	A	120	3300	2600	—	—	1800	12	300	150	Φ12@150	Φ12@200	Φ12@200	—	—	
	TB2	B	150	4250	3300	950	—	1800	12	300	150	Φ12@100	Φ12@200	Φ12@200	—	Φ12@100	
	TB3	D	150	4250	3000	650	600	1650	11	300	150	Φ12@100	Φ12@100	Φ12@200	Φ12@200	Φ12@100	
	TB4	B	150	4250	3300	950	—	1950	13	300	150	Φ12@100	Φ12@100	Φ12@200	—	Φ12@100	
	PB1	E	120	—	—	—	—	—	—	—	—	Φ8@150	Φ8@150	Φ8@150	—	—	

（尺寸栏表头：尺寸；踏步尺寸；梯板配筋①②③④⑤）

楼梯梁配筋表

楼梯号	梁号	b	h	梁底筋 ①	梁顶筋 ②	梁箍筋 ③
楼梯A	TL1	250	400	3Φ12	3Φ16	Φ8@200

（尺寸栏表头：尺寸 b、h）

E平台板 梯梁

说明:
1. 楼梯混凝土强度等级:C30。
2. 位于半平台处的梯梁,若端部无支承,应设混凝土立柱(另详)落于楼面梁上。
3. 钢筋长度尚应现场放样确定。
4. 本图需配合建施使用,梯级大样、扶手、预埋件详样见详建施图。

图 9-28 楼梯详图的列表表示法

从图中可看出，列表表示首先将楼梯构件分成梯梁和梯板两类，其中梯板又分成 A（表示没有平直段的梯板）、B（表示上部有平直段的梯板）、C（表示下部有平直段的梯板）、D（表示上下都有平直段的梯板）、E（缓步处平台板）五种。这几种形式几乎可以囊括常见的所有楼梯板形式。梯梁可根据需要选择列表或单独绘出。实际工程中，不论楼梯数量的多少，只要梯段板及其他楼梯构件的断面形式、配筋方式可以用图 9-26 中几种类型代替，就不一一画出断面详图，可以节省很多工作量。但其缺点是不如断面表示法直观，相对而言，列表表示法比断面表示法更科学、合理，也容易被工程师接受，因此，正得到越来越广泛的应用。

五、楼梯构件详图——平面表示法

楼梯构件的平面方法，即采用国标图集《混凝土结构施工图　平面整体表示法制图规则和构造详图（现浇混凝土板式楼梯）》（22G101-2）的方法进行表示并绘制施工图。采用平法表示后，梯板等构件内的钢筋将不再绘制出来，而是同本书前面章节所述梁、柱、墙一样采用规定的数字形式进行表达。自 2008 年汶川地震以后，地震时作为"生命通道"的楼梯抗震计算及构造措施有了大幅提高，在传统的楼梯梯板、梯梁的布置方式基础上提出了"滑动支座"的概念，对梯段板本身的配筋构造也进行了加强，如上部负弯矩钢筋全跨通长等。鉴于篇幅有限，本书仍按传统的楼梯表示法进行说明，以求让读者了解楼梯构件原本的形式及构造，如对抗震加强后的构造及平法表示感兴趣的读者可查阅国标图集 22G101-2 中的有关内容。

六、楼梯详图的识读

图 9-26～图 9-28 是某高层住宅楼梯分别采用断面表示和列表表示两种方法绘制的施工图，其有四种梯段板和一种平台板。从图中我们可以了解以下内容。

该工程为板式楼梯，由梯段板、梯梁和平台板组成，混凝土强度等级为 C30。

梯梁：从楼梯剖面图、楼梯平面图和楼梯说明得知梯梁的上表面为建筑标高减去 50mm，截面形式均为矩形截面。如 TL1，矩形截面 250mm×400mm（$b×h$），下部纵向受力钢筋为 3 ⏀16，伸入墙内长度不小于 15d；上部纵向受力钢筋为 3 ⏀12，伸入墙内应满足锚固长度 l_a 要求；箍筋⏀8@200。

平台板：从楼梯剖面图、楼梯平面图和楼梯说明得知平台板上表面为建筑标高减去 50mm，与梯梁同标高，两端支承在剪力墙和梯梁上。由图知，该工程平台板厚度 120mm，配筋双层双向⏀8@150，下部钢筋伸入墙内长度不小于 5d；上部钢筋伸入墙内应满足锚固长度 l_a 要求。

楼梯板：楼梯板两端支承在梯梁上，从剖面图和平面图得知，根据型式、跨度和高差的不同，梯板分成 5 种，即 TB1～TB5。

类型 A：下部受力筋①通长，伸入梯梁内的长度不小于 5d；下部分布筋为⏀8@200；上部筋②、③伸出梯梁的水平投影长度为 0.25 倍净跨，末端作 90°直钩顶在模板上，另一端进入梯梁内不小于锚固长度 l_a，并沿梁侧边弯下。

类型 B：板倾斜段下部受力筋①通长，至板水平段板顶弯成水平，从板底弯折处起算，钢筋水平投影长度为锚固长度 l_a；下部分布筋为⏀8@200；上部筋②伸出梯梁的水平投影长度为 0.25 倍净跨，末端作 90°直钩顶在模板上，另一端进入梯梁内不小于锚固长度 l_a，并沿梁侧边弯下；上部筋③中部弯曲，既是倾斜段也是水平段的上部钢筋，其倾斜部分长度为斜梯板净跨（L_0）的 0.2 倍，且总长的水平投影长度不小于 0.25 倍总净跨（L），末端作 90°直钩顶在模板上，另一端进入梯梁内不小于锚固长度 l_a，并沿梁侧边弯下。

类型 D：下部受力筋①通长，在两水平段转折处弯折，分别伸入梯梁内，长度不小于 $5d$；板上水平段上部受力筋③至倾斜段上部板顶弯折，既是倾斜段也是上水平段的上部钢筋，其倾斜部分长度为斜梯板净跨（L_0）的 0.2 倍，且总长的水平投影长度不小于 0.25 倍总净跨（L），末端作 90°直钩顶在模板上，另一端进入梯梁内不小于锚固长度 l_a，并沿梁侧边弯下；板上水平段下部筋⑤在靠近斜板处弯折成斜板上部筋，延伸至满足锚固长度后截断；下部分布筋为 $\Phi 8@200$；板下水平段下部筋②至倾斜段上部板顶弯折，既是倾斜段也是下水平段的上部钢筋，其倾斜部分长度为斜梯板净跨（L_0）的 0.2 倍，且总长水平投影长度不小于 0.25 倍总净跨（L），末端作 90°直钩顶在模板上，另一端进入下水平段板底弯折，延伸至满足锚固长度后截断；板下水平段上部筋④至斜板底面处弯折，另一端进入梯梁内不小于锚固长度 l_a，并沿梁侧边弯下。

需要强调的是，所有弯曲钢筋的弯折位置必须计算，以保证正确。

第十章

钢结构施工图

钢结构是由钢制材料组成的结构，是主要的建筑结构类型之一。结构主要由型钢和钢板等制成的钢梁、钢柱、钢桁架等构件组成，并采用硅烷化、纯锰磷化、水洗烘干、镀锌等除锈防锈工艺。各构件或部件之间通常采用焊缝、螺栓或铆钉连接，如图 10-1 所示。

钢结构建筑以其强度高、抗震性能好、施工周期短、制作安装容易、边角料可回收等优点，在大中型工程中大量应用。

图 10-1　钢结构

第一节　钢结构基本知识

一、钢结构对所用钢材性能的要求

随着经济的发展，钢材需求量越来越大。不同的用途对于钢材的性能有着不同的要求。碳素钢有一百余种，合金钢有三百余种，符合建筑钢结构性能要求的只有少数几种。

用作钢结构的钢材必须具有下列性能。

① 较高的强度　即抗拉强度 f_u 和屈服点 f_y 比较高。屈服点高可减小截面积，从而减轻自重，节约钢材，降低造价。抗拉强度高，可以增加结构的安全储备。

② 足够的变形能力　即塑性和韧性性能好。塑性好则结构破坏前变形比较明显，从而可以减小脆性破坏的危险性，并且塑性变形还能调整局部高峰应力，使之趋于平缓。韧性好表示在动荷载作用下破坏时，要吸收比较多的能量，同样也可以降低脆性破坏的危险程度。对塑性设计的结构和抗震结构，变形能力具有特别重要的意义。

③ 良好的加工性能　即适合冷、热加工，同时具有良好的可焊性，不因为这些加工而对强度、塑性和韧性带来较大的有害影响。

此外，根据结构的具体工作条件，在必要时还应该具有适应低温、有害介质侵蚀（包括大气锈蚀）以及疲劳荷载作用等性能。

按照以上要求，现行国家标准《钢结构设计标准》（GB 50017—2017）规定：承重钢结构所用的钢材应具有屈服强度、抗拉强度、断后伸长率和硫、磷含量的合格保证，对焊接结构尚应具有碳当量的合格保证。焊接承重结构以及重要的非焊接承重结构采用的钢材应具有冷弯试验的合格保证；对直接承受动力荷载或需验算疲劳的构件所用钢材尚应具有冲击韧性的合格保证。

在符合上述性能的条件下，同其他建筑材料一样，钢材也应该容易生产，价格便宜。

GB 50017—2017 推荐的普通碳素结构钢 Q235 钢和低合金高强度结构钢 Q355 钢、Q390 钢、Q420 钢和 Q460 钢均是符合上述要求的。

选用 GB 50017—2017 尚未推荐的钢材时，要有可靠的依据，以确保钢结构的质量。

二、建筑钢材的两种破坏形式

钢结构需要用塑性材料制作，《钢结构设计标准》（GB 50017—2017）中推荐的几种钢材都是塑性好、含碳量低的钢材，它们都是塑性材料。钢结构不能用脆性材料（如铸铁）来制造，因为脆性材料没有明显变形的突然断裂会在房屋、桥梁及船体等供人使用的结构中造成恶性后果。

塑性材料是指由于材料原始性能以及在常温、静载及一次加荷的工作条件下可在破坏前发生较大塑性变形的材料。一种钢材具有塑性变形能力的大小，不仅取决于钢材原始的化学成分、熔炼与轧制条件，也取决于后来所处的工作条件。原来塑性表现极好的钢材，在改变了工作条件后，如在很低的温度之下受冲击作用，也完全可能呈现脆性破坏。因此，不宜把钢材划分为塑性和脆性材料，应该区分材料可能发生的塑性破坏与脆性破坏。

取两种拉伸试件，一种是标准圆棒试件，另一种是比标准试条粗但在中部车有小槽，其净截面面积仍与标注试件截面面积相同的试件。当两种试件分别在拉力试验机上均匀地加荷直至拉断时，其受力性能和破坏特征呈现出非常明显的区别。

标准的光滑试件拉断时会有比较大的伸长和变细，当加荷的延续时间长时，断口便呈纤维状，颜色发暗，有时还能看到滑移的痕迹，断口与作用力的方向约呈 45°角。由于此种破坏的塑性特征明显，故称为塑性破坏或延性破坏。

带小槽试件的抗拉强度要比光滑试件的高，但在拉断前塑性变形很小，且几乎无任何迹象就突然断裂，断口平齐，呈有光泽的晶粒状，因此，此种破坏形式称为脆性破坏。

同一种钢材处于不同的条件下工作时，具有性质完全不同的两种破坏形式。由于钢材在塑性破坏前有明显的变形，延续的时间较长，很容易及时发现和采取措施进行补救。因此在钢结构中未经发现与补救而真正发生塑性破坏的情形是极少的。另外，塑性变形后出现的内力重分布，会使结构中原先应力不均匀的部分趋于均匀，同时也可提高结构的承载能力。脆性破坏由于破坏前变形极小（拉断后试件的总长度与原长度几乎相等），无任何预兆突然发生，其危险性比塑性破坏要大。因此，应充分认识到钢材脆性破坏的危险性，在设计、制造、安装和使用中，均应采取措施加以防止。

三、建筑钢材的主要性能及质量控制

钢材的性能主要包括力学性能和工艺性能两个方面。力学性能有强度、塑性和韧性等；工艺性能有冷弯性能和可焊性等，钢材的这两种性能均须由试验测定。

1. 钢材的力学性能

在静载、常温条件下，对标准试件进行一次单向均匀拉伸试验是钢材力学性能试验中最具有代表性的，简单易行，并且便于规定标准的试验方法和性能指标。所以，钢材的主要强度指标和变形性能都是根据标准试件一次拉伸试验确定的。

钢材在一次压缩和剪切时所表现出来的应力-应变变化规律基本上与一次拉伸相似，压缩时的各强度指标也取用拉伸时的数值，只是剪切时的强度指标数值比拉伸时的小。

（1）强度

钢材标准试件在一次单向均匀拉伸试验中得到的强度指标有比例极限 f_p、弹性极限 f_e、屈服强度点 f_y 和抗拉强度 f_u。

（2）冲击韧性

与抵抗冲击作用有关的钢材的性能是韧性。韧性是钢材断裂时吸收机械能能力的量度。吸收较多能量才断裂的钢材，其韧性较好。钢材在一次拉伸静载作用下断裂时所吸收的能量，用单位体积吸收的能量来表示，其值等于应力-应变曲线下的面积。塑性好的钢材，其应力-应变曲线下的面积大，其韧性值也大。

在实际工作中，是用冲击韧性衡量钢材抗脆断的性能。因为实际结构中脆性断裂并不发生在单向受拉的地方，而总是发生在有缺口高峰应力的地方，在缺口高峰应力的地方常呈三向受拉的应力状态。因此，最有代表性的是钢材的缺口冲击韧性，简称冲击韧性或冲击功。

冲击韧性除与钢材的质量有关外，还与钢材的轧制方向有关。由于顺着轧制方向（纵向）的内部组织较好，因此在这个方向切取的试件冲击韧性值较高，横向则较低。现钢材标准规定按纵向采用。

用于提高钢材强度的合金元素会使缺口韧性降低，所以低合金钢的冲击韧性比低碳素钢略低。当必须改善这一情况时，需要对钢材进行热处理。

2. 钢材的工艺性能

将钢材加工成所需的结构构件，需要一系列的工序，包括各种机加工（铣、刨、制孔），切割，冷、热矫正及焊接等。钢材的工艺性能应满足这些工序的需要，不能在加工过程中出现钢材开裂或材质受损的现象。

低碳素钢和低合金钢所具备的良好塑性在很大程度上满足了加工需要，此外，应注意冷弯性能和可焊性两项性能。

（1）冷弯性能

冷弯性能可衡量钢材在常温下冷加工弯曲时产生塑性性能的能力。

冷弯性能也是钢材机械性能的一项指标，它是比单向拉伸试验更为严格的一种试验方法。它不仅能检验钢材承受规定的弯曲变形能力，还能反映出钢材内部的冶金缺陷，如结晶情况、非金属夹杂物的分布情况等。因此它是判别钢材塑性性能和质量的一个综合性指标，常作为静力拉伸试验和冲击试验的补充试验。对一般结构构件所采用的钢材，可不必通过冷弯试验；只有某些重要结构和需要经过冷加工的构件，才要求它不仅伸长率合格，而且冷弯试验也要合格。

（2）可焊性

可焊性是指采用一般焊接工艺就能完成合格（无裂纹的）焊缝的性能。

钢材的可焊性受碳含量和合金元素含量的影响。碳含量为 0.12%～0.20% 的碳素钢，可焊性最好。碳含量再高可使焊缝和热影响区变脆。Q235B 的碳含量就定在这一适宜范围内。Q235A 的碳含量略高于 B 级，且不作为交货条件，除非把碳含量作为附加的保证，这一钢号通常不能用于焊接构件。

第二节　建筑钢材的类别和性能

一、结构材料

（一）建筑钢材的类别

建筑钢结构的材料宜采用《碳素结构钢》（GB/T 700—2006）中的 Q235 钢和《低合金高强度结构钢》（GB/T 1591—2018）中的 Q355 钢、Q390 钢、Q420 钢和 Q460 钢，当采用其他牌号的钢材时，尚应符合相应国家标准的规定和要求。

1. 在建筑结构中对结构用钢材的分类

① 按冶炼方法（炉种）分为平炉钢和电炉钢、氧气转炉钢或空气转炉钢。承重结构钢一般采用平炉或氧气转炉钢。

② 按炼钢脱氧程度分为沸腾钢、半镇静钢、镇静钢及特殊镇静钢。

2. 钢材牌号的表示方法

钢材的牌号也称钢号，例如，Q235-B·F，由代表屈服点的字母 Q、屈服点数值、质量等级符号、脱氧方法四个部分按顺序组成。

① 代表屈服强度的字母"Q"，是屈服强度中"屈"字的第一个汉语拼音字母。

② 钢材名义屈服强度值，单位为 N/mm^2。

③ 钢材质量等级符号，碳素钢和低合金钢的质量等级数量不相同，Q235 有 A、B、C、D 四个级别，Q355 和 Q390 有 B、C、D 三个级别，Q420 有 B、C 两个级别，Q460 只有 C 一个级别。A 级质量最低，其余按字母顺序依次增高。

④ 钢材脱氧方法符号，有沸腾钢（符号 F）、半镇静钢（符号 b）、镇静钢（符号 Z）、特殊镇静钢（符号 TZ）四种，其中镇静钢和特殊镇静钢的符号可省去。

3. 碳素结构钢

根据国家标准《碳素结构钢》（GB/T 700—2006）的规定，依据屈服点不同，碳素结构钢分为 Q195、Q215、Q235 及 Q275 四种。Q195 和 Q215 的强度较低，而 Q275 的含碳量较高，已超出低碳钢的范畴，故《钢结构设计标准》（GB 50017—2017）仅推荐了 Q235 这一钢号。

碳素结构钢是以铁为基本成分，以碳为主要合金元素的铁碳合金。碳钢除含铁、碳外，还含有少量的有益元素锰、硅及少量的有害杂质元素硫、磷。Q235 钢四个质量等级的高低主要是以对冲击韧性的要求区分的，对冷弯试验和化学成分的要求也有不同，见表 10-1 和表 10-2。A 级只保证抗拉强度、屈服强度、断后伸长率，必要时尚可附加冷弯试验要求。B、C、D 级均需保证抗拉强度、屈服强度、断后伸长率、冷弯试验要求和冲击韧性，冲击韧性试验温度分别为 20℃、0℃ 和 −20℃。A、B 级钢的脱氧方法可以是 F、b、Z，而 C 级只能是 Z，D 级只能是 TZ。

4. 低合金高强度结构钢

低合金高强度结构钢是在钢的冶炼过程中添加少量几种合金元素，如锰、钒、铌、钛等，使钢材强度明显提高而不显著影响塑性、韧性、冷弯性能及可焊性。合金元素总量低于 5%，《低合金高强度结构钢》（GB/T 1591—2018）规定，低合金高强度结构钢分为 Q355、Q390、Q420 及 Q460 四种，《钢结构设计标准》（GB 50017—2017）推荐使用了这四种钢材。

Q355、Q390、Q420 和 Q460 钢的质量等级也是主要根据冲击韧性不同划分的，其级别见表 10-1 和表 10-2。另外，不同的质量级别，对碳、硫、磷等含量的要求也有区别，见表 10-1 和表 10-2。此外，低合金高强度结构钢的 B 级属于镇静钢，C、D 级属于特殊镇静钢。

（二）钢材的力学性能和化学成分

1. 力学性能

① 抗拉强度（f_u） 是衡量钢材本身经过其本身所能产生足够变形后的抵抗能力，它是反映钢材质量的重要指标，而且与钢材的疲劳强度有密切关系。由抗拉强度变化的范围，可反映出钢材内部组织的优劣。

② 断后伸长率（δ） 是衡量钢材塑性性能的指标。钢材的塑性实际上是当结构经受其本身所产生的足够变形时，抵抗断裂的能力。因此，无论在静力荷载或动力荷载作用下，以及在加工制作过程中，除要求具有一定的强度外，还要求具有足够的断后伸长率。

③ 屈服强度（f_y） 是衡量结构的承载能力和确定强度值的重要指标。碳素结构钢和低合金钢在应力达到屈服点后，应变急剧增加，使结构的变形突然增大到无法再继续使用的程度。所以，钢材采用的强度设计值一般都是将屈服点除以一个适当的分项系数后得到的。

④ 冷弯性能 是衡量材料性能的综合指标，也是塑性指标之一。通过冷弯试验可以检验钢材颗粒组织、结晶情况和非金属夹杂物的分布等缺欠。在一定程度上也是鉴定焊接性能的一个指标。

⑤ 冲击韧性 是衡量抵抗脆性破坏的指标。因此，直接承受动力荷载以及重要的受拉或受弯焊接结构，为了防止钢材的脆性破坏，应具有常温冲击韧性的保证，在某些低温情况下尚应具有负温冲击韧性的保证。

2. 化学成分

建筑结构用钢除了要保证含碳量外，硫、磷含量也不能超过国家标准的规定。因为这两种有害元素的存在将使钢材的焊接性能变差，且降低钢材的冲击韧性和塑性，降低钢材的疲劳强度和抗腐蚀性。

建筑结构用钢的力学性能和化学成分见表 10-1 和表 10-2。

表 10-1 钢材的力学性能

执行标准代号	钢材牌号	钢材厚度/mm	一般机械性能					
			屈服强度 f_y/(N/mm²)	抗拉强度 f_u/(N/mm²)	断后伸长率/% ≥	180°弯曲试验（D—弯曲压头直径；a—试样厚度）	质量等级	冲击吸收能量/J ≥
GB/T 700—2006	Q235	≤16	235	370	26	$D=a$ ($D=1.5a$)	A,B,C,D	27
		>16,≤40	225		25			
		>40,≤100	215		24			
GB/T 1591—2018	Q355	≤16	355	470	22(20)	$D=2a$	B,C,D	34(27)
		>16,≤40	335			$D=3a$		
		>40,≤63	325		21(19)			
		>63,≤80	315		20(18)			
		>80,≤100	305					
	Q390	≤16	390	490	21(20)	$D=2a$	B,C,D	34(27)
		>16,≤40	370			$D=3a$		
		>40,≤63	350		20(19)			
		>63,≤100	330					
	Q420	≤16	420	520	20	$D=2a$	B,C	34(27)
		>16,≤40	400			$D=3a$		
		>40,≤63	380		19			
		>63,≤100	360					
	Q460	≤16	460	550	18	$D=2a$	C	34(27)
		>16,≤40	440			$D=3a$		
		>40,≤63	420		17			
		>63,≤100	400					

注：1. 质量等级为 A 级不要求 V 型冲击韧性。
2. 括号内数值均为试验方向为横向时数值。

表 10-2 钢材的化学成分

执行标准代号	牌号		化学成分（质量分数）/% ≤					
	钢级	质量等级	C		S	P	Si	Mn
			公称厚度 ≤40mm	公称厚度 >40mm				
GB/T 700—2006	Q235	A	0.22		0.050	0.045	0.35	1.40
		B	0.20		0.045			
		C	0.17		0.040	0.040		
		D			0.035	0.035		
GB/T 1591—2018	Q355	B	0.24		0.035	0.035	0.55	1.60
		C	0.20	0.22	0.030	0.030		
		D	0.20	0.22	0.025	0.025		
	Q390	B	0.20		0.035	0.035	0.55	1.70
		C			0.030	0.030		
		D			0.025	0.025		
	Q420	B	0.20		0.035	0.035		1.70
		C			0.030	0.030		
	Q460	C	0.20		0.030	0.030	0.55	1.80

（三）钢材检验项目

① 所有承重钢结构所用的钢材应具有屈服强度、抗拉强度、断后伸长率和硫、磷含量的合格保证，对焊接结构尚应具有碳当量的合格保证。焊接承重结构以及重要的非焊接承重结构采用的钢材应具有冷弯试验的合格保证；对直接承受动力荷载或需验算疲劳的构件所用

钢材尚应具有冲击韧性的合格保证。

② 对需要验算疲劳的焊接结构的钢材，当结构工作温度高于 0℃时其质量等级不应低于 B 级；当结构工作温度不高于 0℃但高于－20℃时，Q235、Q355 钢不应低于 C 级，Q390、Q420 及 Q460 钢不应低于 D 级；当结构工作温度不高于－20℃时，Q235、Q355 钢不应低于 D 级，Q390、Q420 及 Q460 钢不应低于 E 级。

③ 对需要验算疲劳的非焊接结构的钢材，其钢材质量等级要求可较上述焊接结构降低一级但不应低于 B 级。

④ 当吊车起重不小于 50t 的中级工作制（A4～A5）吊车梁，对钢材质量等级的要求应与需要验算疲劳的构件相同。

（四）钢材的选用

① 为保证承重结构的承载能力和防止在一定条件下出现脆性破坏，应根据结构的重要性、荷载特征、结构形式、应力状态、连接方法、钢材厚度和工作环境等因素综合考虑，选用合适的钢材牌号和材性。当结构构件的截面是按强度控制并有条件时，宜采用 Q355 钢（或 Q390 钢或 Q420 钢）。Q355 钢和 Q235 钢相比，屈服强度提高 45% 左右，因此采用 Q355 钢可比 Q235 钢节约 30% 左右。

② 下列情况的承重结构和构件不宜采用 Q235 沸腾钢。

a. 焊接结构。直接承受动力荷载或振动荷载且需要验算疲劳的结构；工作温度低于－20℃时直接承受动力荷载或振动荷载但可不验算疲劳的结构，以及承受静力荷载的受弯及受拉的重要承重结构；当工作温度等于或低于－30℃的所有承重结构。

b. 非焊接结构。工作温度等于或低于－20℃的直接承受动力荷载且需要验算疲劳的结构。

③ 当焊接承重结构为防止钢材的层状撕裂而采用 Z 向钢时，其材质应符合《厚度方向性能钢板》（GB/T 5313—2010）的规定。

④ 对处于外露环境，且对大气腐蚀有特殊要求的或在腐蚀性气态和固态介质作用下的承重结构，宜采用耐候钢，其质量要求应符合《耐候结构钢》（GB/T 4171—2008）的规定。

二、连接材料

（一）焊接材料

焊接材料是指焊接时所消耗的材料，包括焊条、焊丝、焊剂和气体等。焊接过程中，焊条或焊剂产生熔渣和气体，将熔化金属与外界隔离，防止空气中的氮、氧与熔融金属发生作用；同时通过冶金作用向焊缝过渡有益的合金元素，使焊接材料具有稳弧性好、脱渣性强、焊缝成型性好、飞溅小等良好的焊接操作性能。钢结构施工图中都明确地规定了焊接材料的类型、品种、性能及要执行的有关标准、规范和规程。

钢结构的焊接材料应与被连接构件所采用的钢材相适应。将两种不同的钢材连接时，可采用与低强度钢材相适应的连接材料。对直接承受动力荷载或振动荷载且需验算疲劳的结构，宜采用低氢型焊条。

1. 焊条与焊丝

焊条的型号根据熔敷金属力学性能、药皮类型、焊接方位和焊接电流种类分为很多种，焊条直径的基本尺寸有 1.6mm、2.0mm、2.5mm、3.2mm、4.0mm、5.0mm、5.6mm、

6.0mm、6.4mm、8.0mm 等规格。

碳钢焊条有 E43 系列（E4300～E4316）和 E50 系列（E5001～E5048）两类。第一个字符 "E" 表示焊条；E 后面的前两位数字表示焊条熔敷金属和对接焊缝抗拉强度最低值，单位 "kgf❶/mm²"；第三个数字表示焊接位置，0 和 1 表示适用于全位置（平、横、立、仰）焊接；第三、第四位数字组合表示药皮类型和使用的交流、直流电源和正极、负极要求。

低合金钢焊条有 E50 系列（E5000-×～E5027-×）和 E55 系列（E5500-×～E5548-×）两类。符号 "×" 表示熔敷金属化学分类代号，如 A1、B1、B2 等，其余符号含义同碳钢焊条。

焊丝是成盘的金属丝，按其化学成分及采用熔化极气体保护电弧焊时熔敷金属的力学性能进行分类，直径有 0.5mm、0.6mm、0.8mm、1.0mm、1.2mm、1.4mm、1.6mm、2.0mm、2.5mm、3.0mm、3.2mm 等规格。

碳钢焊丝和低合金钢焊丝的型号有 ER50 系列、ER55 系列、ER62 系列、ER69 系列等。以 ER55-B2-Mn 为例，各符号含义为：ER 表示焊丝，55 表示熔敷金属抗拉强度最低值（kgf/mm²），B2 表示焊丝化学成分分类代号，Mn 表示焊丝中含有 Mn 元素。

2. 选用

焊接连接是目前钢结构最主要的连接方法，它具有不削弱杆件截面、构造简单和加工方便等优点。一般钢结构中主要采用电弧焊。电弧焊是利用电弧热熔化焊件及焊条（或焊丝）以形成焊缝。目前应用的电弧焊方法有：手工焊、自动焊或半自动焊。手工焊施焊灵活，易于在不同位置施焊，但焊缝质量低于自动焊。

① 手工电弧焊应符合《非合金钢及细晶粒钢焊条》（GB/T 5117—2012）或《热强钢焊条》（GB/T 5118—2012）规定的焊条，选择时要注意使焊条型号与构件钢材的强度相适应。选用时可按以下原则：对于 Q235 钢宜采用 E43 型焊条；对于 Q355 钢宜采用 E50 型焊条。

② 自动焊接或半自动焊接采用的焊丝和焊剂应与主体金属强度相适应，并应符合《熔化焊用钢丝》（GB/T 14957—1994）的规定。

（二）螺栓

螺栓作为钢结构的主要连接紧固件，通常用于钢结构构件间的连接、固定和定位等。螺栓有普通螺栓和高强度螺栓两种。

1. 普通螺栓

普通螺栓的紧固轴力很小，在外力作用下连接板件即将产生滑移，通常外力是通过螺栓杆的受剪和连接板孔壁的承压来传递。普通螺栓质量按其加工制作的质量及精度公差不同分为三个质量等级，分别为 A、B、C 级。A 级的加工精度最高，C 级最差。A、B 级螺栓称精制螺栓，C 级则称粗制螺栓。A、B 级螺栓杆身经车床加工制成，加工精度高。A 级螺栓适用于小规格螺栓，直径 $d \leqslant M24$，长度 $l \leqslant 150$ mm 和 $10d$；B 级螺栓适用于大规格螺栓，直径 $d > M24$，长度 $l > 150$ mm 和 $10d$；C 级螺栓是用未经加工的圆钢制成，杆身表面粗糙，加工精度低，尺寸不准确。

螺栓孔壁质量类别分 Ⅰ、Ⅱ 两类，Ⅰ 类孔的质量高于 Ⅱ 类孔。Ⅰ 类孔通常是指由下列三种加工方法加工制成：①在装配好的构件上按设计孔径钻成的孔；②在单个零件上或构件上

---

❶　1kgf＝9.81N，下同。

按设计孔径用钻模钻成的孔；③在单个零件上先钻成或冲成较小的孔径，然后在装配好的构件上再扩钻至设计孔径的孔。Ⅱ类孔是在单个零件上一次冲成或不用钻模钻成的孔。螺栓孔壁质量类别与螺栓等级是相匹配的，A、B级螺栓与Ⅰ类孔匹配使用。Ⅰ类孔的孔径与螺栓公称直径相等，基本上无缝隙，螺栓可轻击入孔。C级螺栓常与Ⅱ类孔匹配使用，Ⅱ类孔的孔径比螺栓直径大1～2mm，缝隙较大，螺栓入孔较容易，抗剪性能较差，只适用于受拉力的连接，受剪时用支托承受剪力。若C级螺栓用于受剪，也只能用在承受静载结构中的次要连接或临时固定用的安装连接。普通螺栓的连接对螺栓紧固轴力没有要求，一般由操作工使用普通扳手靠自己的力量拧紧，使被连接板件接触面贴紧无明显间距即可。

建筑钢结构中常用的普通螺栓的性能等级有4.6、4.8、5.6、8.8四个等级。螺栓的性能等级代号用两个数值表示，前一个数字表示螺栓公称的最低抗拉强度，后一个数字表示螺栓的屈强比。例如，4.6表示螺栓最低抗拉强度为$400N/mm^2$，0.6表示螺栓的屈服强度与抗拉强度的比值为0.6。普通螺栓常用Q235钢制作，通常为六角头螺栓，记为$Md \times L$，其中，d为螺栓的直径，L为螺栓的公称长度。普通螺栓常用的规格有M8、M10、M12、M16、M20、M24、M30、M36、M42、M48、M56和M64等。

2. 高强度螺栓

(1) 高强度螺栓的类型及一般要求

高强度螺栓连接受力性能好、连接刚度高、抗震性能好、耐疲劳、施工简单，它已广泛地被用于建筑钢结构的连接中，成为建筑钢结构的主要连接件。高强度螺栓根据其受力特点的不同可分为摩擦型连接、承压型连接两类。目前生产商供应的高强度螺栓，摩擦型和承压型在制造和构造上没有区别，只是承载力极限状态取值不同。

高强度螺栓采用经过热处理的高强度钢材制成，从性能等级上可分为8.8级和10.9级，也记作8.8S、10.9S。根据螺栓构造及施工方法不同，高强度螺栓可分为大六角头高强度螺栓和扭剪型高强度螺栓两类。8.8级仅用于大六角头高强度螺栓，10.9级用于扭剪型高强度螺栓和大六角头高强度螺栓。大六角头高强度螺栓连接副含一个螺栓、一个螺母和两个垫圈。扭剪型高强度螺栓只有10.9级一种，扭剪型高强度螺栓连接副含一个螺栓、一个螺母和一个垫圈。高强度螺栓的力学性能是以经热处理后的数值为准，其性能等级代号与普通螺栓相同，用两个数字表示，例如8.8级和10.9级，前一个数字表示经热处理后的最低抗拉强度，8和10分别表示最低抗拉强度为$800N/mm^2$和$1000N/mm^2$；后一个数字表示螺栓经热处理后的屈强比为0.8和0.9。

(2) 高强度螺栓连接的摩擦面

高强度螺栓的连接无论是摩擦型还是承压型，连接板摩擦面的处理方法及摩擦面抗滑移系数的数值都是影响其承载力的重要因素。摩擦面的处理一般是结合钢构件表面处理一并进行，所不同的是摩擦面处理后不用涂防锈底漆。常用的摩擦面处理方法如下。

① 喷砂（丸）法 喷砂（丸）法是利用压缩空气为动力，将砂（丸）直接喷射到钢板表面，使钢板达到一定的粗糙度并将铁锈除掉，经喷砂（丸）后的钢板表面呈铁灰色，其效果较好，质量易于保证，目前大型金属结构厂基本上都采用这种方法。

② 砂轮打磨法 手工砂轮打磨法常用于小型工程或已有建筑物加固改造工程中的摩擦面处理。它直接、简便，打磨后，露天生锈60～90d，摩擦面的粗糙度会提高。

③ 钢丝刷人工除锈 钢丝刷人工除锈是指用钢丝刷将摩擦面处的铁磷、浮锈、尘埃、油污等污物刷掉，使钢材表面露出金属光泽，保留原扎制表面。它只用于不重要的结构。

④ 酸洗法　由于受环境的限制，这种方法已很少用，这里不再过多介绍。

（3）高强度螺栓的预拉力

高强度螺栓的预拉力是通过拧紧螺帽来实现的。常用的方法有扭矩法、转角法或拧吊螺栓梅花头法。

一般重要的受力节点，摩擦面限制或禁止使用涂层，因为在连接板摩擦面上涂防锈漆、面漆会降低摩擦面的抗滑移系数。

扭矩法是采用可直接显示扭矩的特制扳手，根据事先测定的扭矩和螺栓拉力的关系施加扭矩，建立螺栓的预拉力；转角法分初拧和终拧，初拧是用普通扳手使被连接构件相互紧密贴合，终拧是以初拧的贴紧位置为起点，根据螺栓直径和扳叠厚度确定终拧转角，用强有力的扳手旋转螺母至预定角度，螺栓的拉力即为所需的预拉力；扭剪法是用拧断螺栓梅花头切口处截面来控制预拉力的数值。

高强度螺栓的预拉力的大小是由螺栓材料强度和有效直径确定的。

（4）高强度螺栓连接施工的要求

① 高强度螺栓连接在施工前要对连接副实物和摩擦面进行检验和复验，合格后才能进行安装施工。

② 每个连接接头，先要用临时螺栓或冲钉定位，不能把高强度螺栓作为临时螺栓使用。

③ 螺栓的紧固次序应从中间开始，对称的向两边进行。

（三）锚栓

锚栓主要是作为钢柱脚与钢筋混凝土基础的连接，承受柱脚的拉力，并作为柱子安装定位时的临时固定。锚栓的锚固长度不能小于锚栓直径的 25 倍。

锚栓通常采用 Q235 或 Q355 等塑性性能较好的钢制作，它是非标准件，直径较大。锚栓在柱子安装校正后，锚栓垫板要焊死，并用双螺母紧固，防止松动。

（四）圆柱头焊钉

圆柱头焊钉（又称带头焊钉）是高层钢结构中用量较大的连接件，它是作为钢构件与混凝土构件之间的抗剪连接件，其形状和规格参见国家标准《电弧螺柱焊用圆柱头焊钉》（GB 10433—2002）。

多、高层钢结构建筑中的梁、柱构件上常用的圆柱头焊钉直径为 16mm、19mm 和 22mm。

第三节　型钢与螺栓的表示方法

一、型钢的表示方法

型钢的表示方法见表 10-3。

表 10-3　常用型钢的标注方法

名　称	截　面	标　注	说　明
等边角钢	∟	$b \times t$	b 为肢宽，t 为肢厚。如：∟80×6 表示等边角钢肢宽 80mm，肢厚为 6mm

名　称	截　面	标　注	说　明
不等边角钢		$B \times b \times t$	B 为长肢宽，b 为短肢宽，t 为肢厚。如：∟80×60×5 表示不等边角钢长肢宽为 80mm，短肢宽为 60mm，肢厚为 6mm
工字钢		N　Q　N	轻型工字钢加注 Q 字，N 为工字钢的型号。如：I20a 表示截面高度为 200mm 的 a 类厚板工字钢
槽钢		N　Q　N	轻型槽钢加注 Q 字，N 为槽字钢的型号。如：Q[25b 表示截面高度为 250mm 的 b 类轻型槽字钢
方钢		b	如：□600 表示边长为 600mm 的方钢
扁钢	b	$-b \times t$	如：—150×4 表示宽度为 150mm，厚度为 4mm 的扁钢
钢板		$\dfrac{-b \times t}{l}$	如：$\dfrac{-100 \times 6}{1500}$ 表示钢板的宽度为 100mm，厚度为 6mm，长度为 1500mm
圆钢		ϕd	如：ϕ20 表示圆钢的直径为 20mm
钢管		$\phi d \times t$	如：ϕ76×8 表示钢管的外径为 76mm，壁厚为 8mm
薄壁方钢管		B□ $b \times t$	薄壁型钢加注 B 字。如：B□500×2 表示边长为 500mm，壁厚为 2mm 的薄壁方钢管
薄壁等肢角钢		B∟ $b \times t$	如：B∟50×2 表示薄壁等边角钢肢宽为 50mm，壁厚为 2mm
薄壁等肢卷边角钢		B $b \times a \times t$	如：B60×20×2 表示薄壁卷边等边角钢的肢宽为 60mm，卷边宽度为 20mm，壁厚为 2mm
薄壁槽钢		B $h \times b \times t$	如：B[50×20×2 表示薄壁槽钢截面高度为 50mm，宽度为 20mm，壁厚为 2mm
薄壁卷边槽钢		B $h \times b \times a \times t$	如：B[120×60×20×2 表示薄壁卷边槽钢截面高度为 120mm，宽度为 60mm，卷边宽度为 20mm，壁厚为 2mm
薄壁等肢卷边 Z 型钢		B $h \times b \times a \times t$	如：B120×60×20×2 表示薄壁卷边等边角钢的肢宽为 60mm，卷边宽度为 20mm，壁厚为 2mm

续表

名　称	截　面	标　注	说　明
热轧 T 型钢		$TWh \times b$ $TMh \times b$ $TNh \times b$	TW 为宽翼缘,TM 为中翼缘,TN 为窄翼缘。如:TW200×400 表示截面高度为 200mm,宽度为 400mm 的宽翼缘热轧 T 型钢
热轧 H 型钢		$HWh \times b$ $HMh \times b$ $HNh \times b$	HW 为宽翼缘,HM 为中翼缘,HN 为窄翼缘。如:HM400× 300 截面高度为 400mm,宽度为 300mm 的中翼缘热轧 H 型钢
焊接 H 型钢		$TWh \times b$ $TMh \times b$ $Hh \times b \times t_1 \times t_2$	如:H200×100×3.5×4.5 表示截面高度为 200mm,宽度为 100mm,腹板厚度为 3.5mm,翼缘厚度为 4.5mm 的焊接 H 型钢
起重机钢轨		QU××	××为起重机钢轨型号
轻轨及钢轨		××kg/m 钢轨	××为轻轨或钢轨型号

二、螺栓、孔、电焊铆钉的表示方法

螺栓、孔、电焊铆钉的表示方法见表 10-4。

表 10-4　螺栓、孔、电焊铆钉的表示方法

名　称	截　面	说　明
永久螺栓		1. 细"+"表示定位轴线 2. M 表示螺栓型号 3. ϕ 表示螺栓孔直径 4. 采用引出线表示螺栓时,横线上标注螺栓规格,横线下标注螺栓孔直径
高强螺栓		
安装螺栓		
膨胀螺栓		d 表示膨胀螺栓、电焊铆钉的直径

续表

名 称	截 面	说 明
圆形螺栓孔	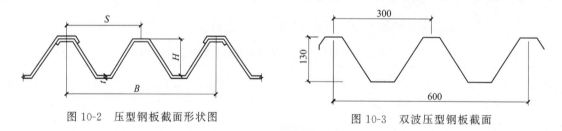	
圆形螺栓孔		
电焊铆钉		

三、压型钢板的表示方法

压型钢板用 YX *H-S-B* 表示：YX 指压、型的汉语拼音字母；*H* 指压型钢板波高；*S* 指压型钢板波距；*B* 指压型钢板的有效覆盖宽度；*t* 指压型钢板的厚度，见图 10-2。

例如：YX 130-300-600 表示压型钢板的波高为 130mm，波距为 300mm，有效覆盖宽度为 600mm，见图 10-3。压型钢板的厚度通常在结构总说明中说明材料性能时一并说明。

图 10-2 压型钢板截面形状图   图 10-3 双波压型钢板截面

又如：YX 170-300-300 表示压型钢板的波高为 170mm，波距为 300mm，有效覆盖宽度为 300mm，见图 10-4。

四、焊缝的表示法

焊缝符号的表示方法及有关规定如下。

① 焊缝的引出线由箭头和两条基准线组成，其中一条为实线，另一条为虚线，线型均为细线，见图 10-5。

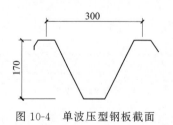 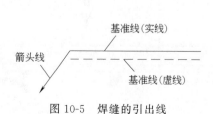

图 10-4 单波压型钢板截面   图 10-5 焊缝的引出线

② 基准线的虚线可以画在基准线实线的上侧，也可以画在下侧，基准线一般应与图样的标题栏平行，仅在特殊情况下才与标题栏垂直。

③ 若焊缝处在接头的箭头侧，则基本符号标注在基准线的实线侧；若焊缝处在接头的非箭头侧，则基本符号标注在基准线的虚线侧，见图 10-6。

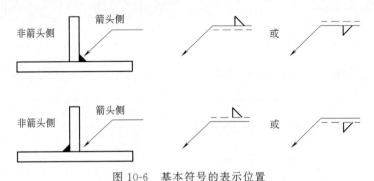

图 10-6　基本符号的表示位置

④ 当为双面对称焊缝时，基准线可不加虚线，见图 10-7。

⑤ 箭头线相对焊缝的位置一般无特殊要求，但在标注单边形焊缝时箭头线要指向带有坡口一侧的工件，见图 10-8。

图 10-7　双面对称焊缝的引出线及符号　　　　图 10-8　单边形焊缝的引出线

⑥ 基本符号、补充符号与基准线相交或相切，与基准线重合的线段，用粗实线表示。

⑦ 焊缝的基本符号、辅助符号和补充符号（尾部符号除外）一律为粗实线，尺寸数字原则上亦为粗实线，尾部符号为细实线，尾部符号主要是焊接工艺、方法等内容。

⑧ 在同一图形上，当焊缝形式、断面尺寸和辅助要求均相同时，可只选择一处标注焊缝的符号和尺寸，并加注"相同焊缝的符号"，相同焊缝符号为 3/4 圆弧，画在引出线的转折处，见图 10-9（a）。

在同一图形上，有数种相同焊缝时，可将焊缝分类编号，标注在尾部符号内，分类编号采用 A、B、C、…在同一类焊缝中可选择一处标注代号，见图 10-9（b）。

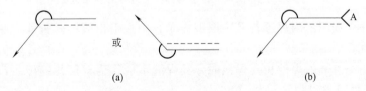

或

(a)　　　　　　　　　　　　　(b)

图 10-9　相同焊缝的引出线及符号

⑨ 熔透角焊缝的符号应按图 10-10 方式标注。熔透角焊缝的符号为涂黑的圆圈，画在引出线的转折处。

⑩ 图形中较长的角焊缝（如焊接实腹钢梁的翼缘焊缝），可不用引出线标注，而直接在

角焊缝旁标注焊缝尺寸值 K，见图 10-11。

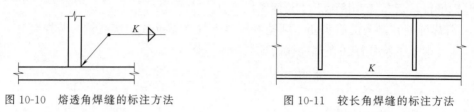

图 10-10　熔透角焊缝的标注方法　　　　图 10-11　较长角焊缝的标注方法

⑪ 在连接长度内仅局部区段有焊缝时，标注方法见图 10-12，K 为角焊缝焊脚尺寸。

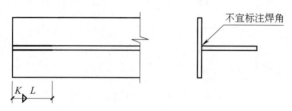

图 10-12　局部焊缝的标注方法

⑫ 当焊缝分布不规则时，在焊缝处加中实线表示可见焊缝，或加栅线表示不可见焊缝，标注方法见图 10-13。

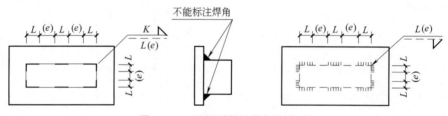

图 10-13　不规则焊缝的标注方法

⑬ 相互焊接的两个焊件，当为单面带双边不对称坡口焊缝时，引出线箭头指向较大坡口的焊件，见图 10-14。

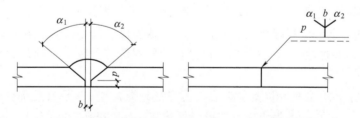

图 10-14　单面带双边不对称坡口焊缝的标注方法

⑭ 环绕工作件周围的围焊缝符号用圆圈表示，画在引出线的转折处，并标注其焊脚尺寸 K，见图 10-15。

⑮ 三个或三个以上的焊件相互焊接时，其焊缝不能作为双面焊缝标注，焊缝符号和尺寸应分别标注，见图 10-16。

⑯ 在施工现场进行焊接的焊件其焊缝需标注"现场焊缝"符号。现场焊缝符号为涂黑的三角形旗号，绘在引出线的转折处，见图 10-17。

⑰ 相互焊接的两个焊件中，当只有一个焊件带坡口时（如单面 V 形），引出线箭头指向带坡口的焊件，见图 10-18。

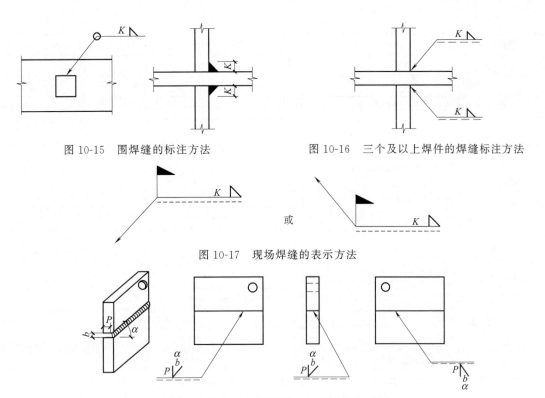

图 10-15　围焊缝的标注方法　　　　　　图 10-16　三个及以上焊件的焊缝标注方法

图 10-17　现场焊缝的表示方法

图 10-18　一个焊件带坡口的焊缝标注方法

五、常用焊缝的标注方法

常用焊缝的标注方法见表 10-5。

表 10-5　常用焊缝的标注方法

焊缝名称	形　式	标准标注方法	习惯标注方法（或说明）
I 形焊缝	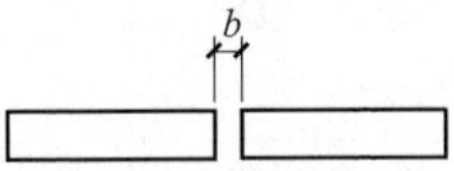	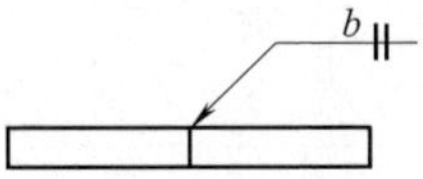	b 为焊件间隙（施工图中可不标注）
单边 V 形焊缝	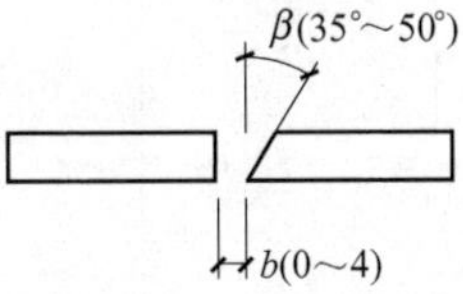	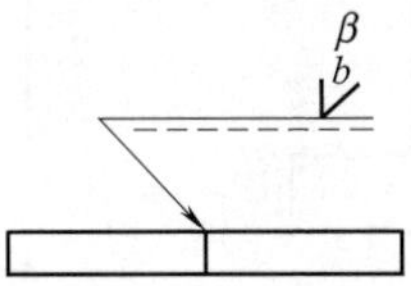	β 施工图中可不标注
带钝边单边 V 形焊缝	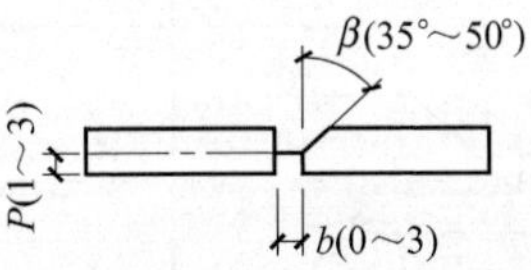	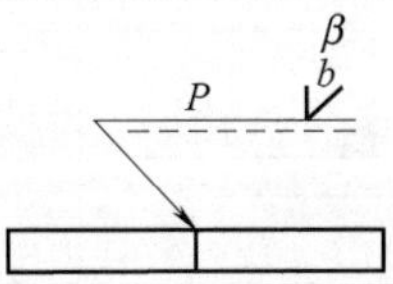	P 的高度称钝边，施工图中可不标注
带钝边 V 形焊缝	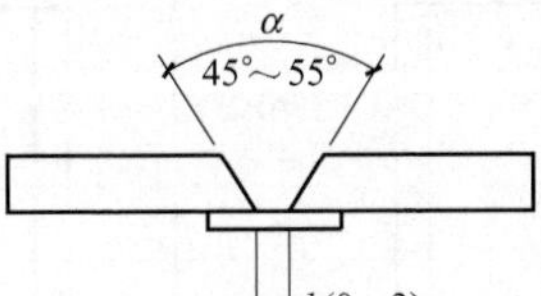	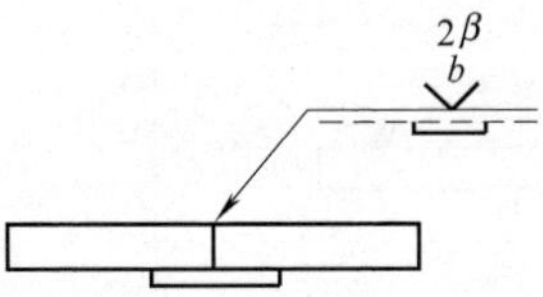	α 施工图中可不标注

续表

焊缝名称	形　　式	标准标注方法	习惯标注方法（或说明）
带垫板 V 形焊缝	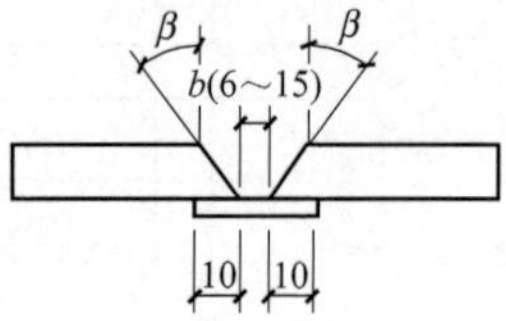	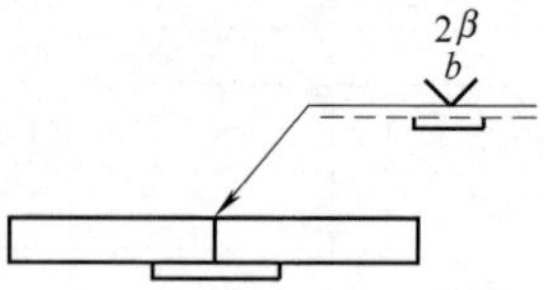	焊件较厚时
Y 形焊缝	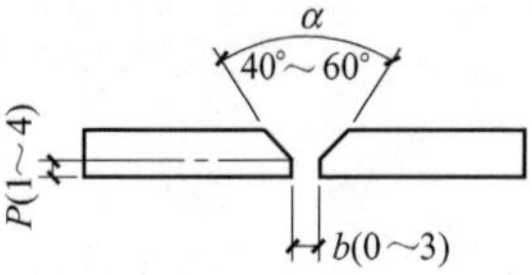	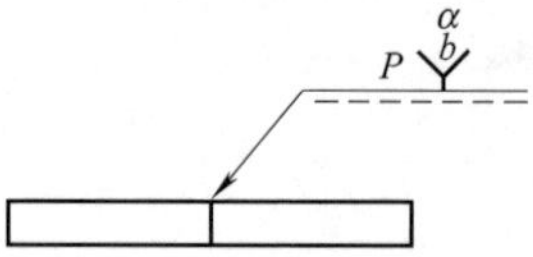	
带垫板 Y 形焊缝	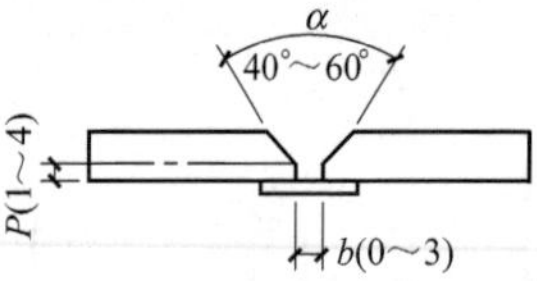	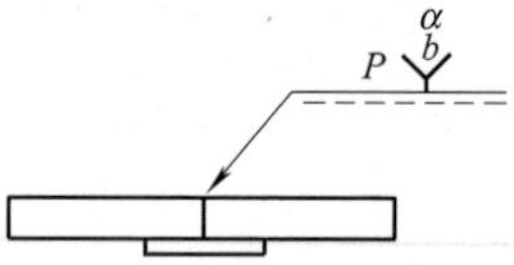	
双单边 V 形焊缝	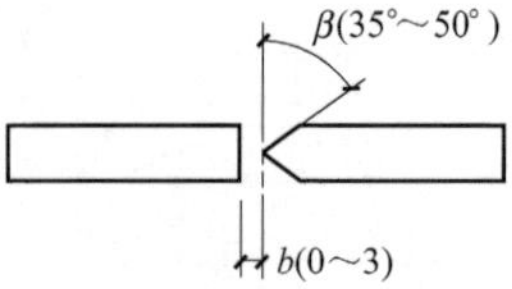	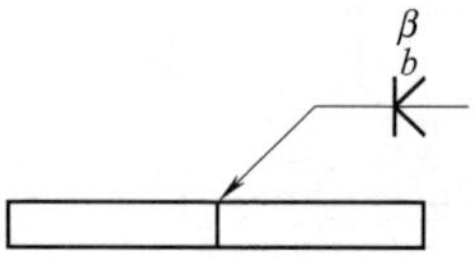	*b* 为焊件间隙（施工图中可不标注）
双 V 形焊缝	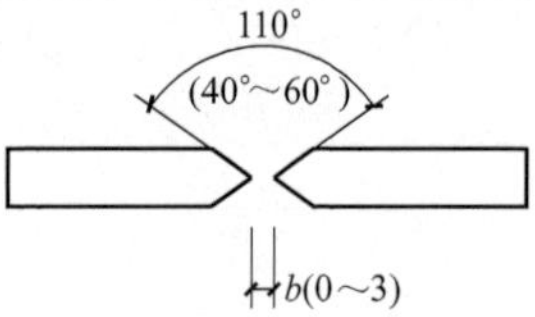	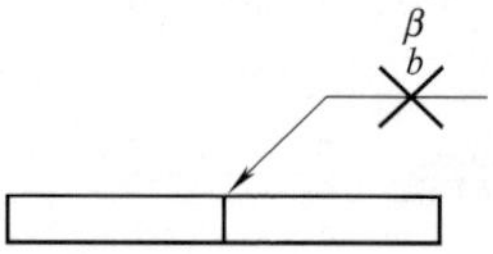	*β* 施工图中可不标注
T 形接头 双面焊缝	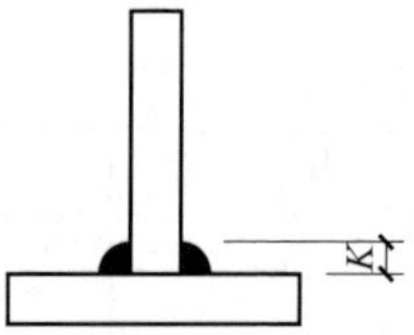	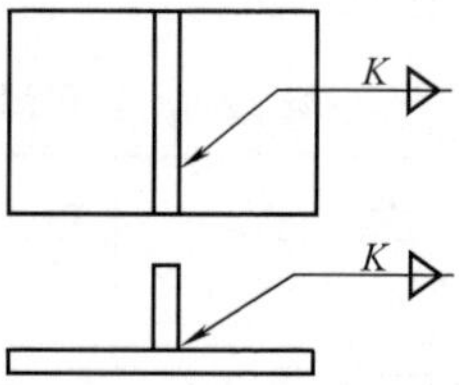	*P* 的高度称钝边，施工图中可不标注
T 形接头带钝边 双单边 V 形焊缝 （不焊透）	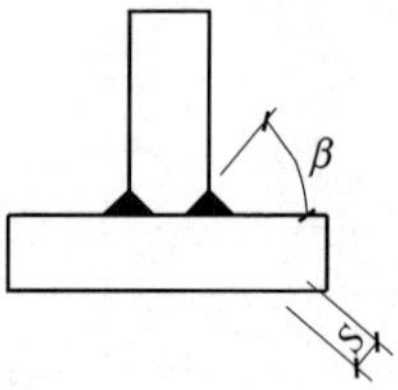	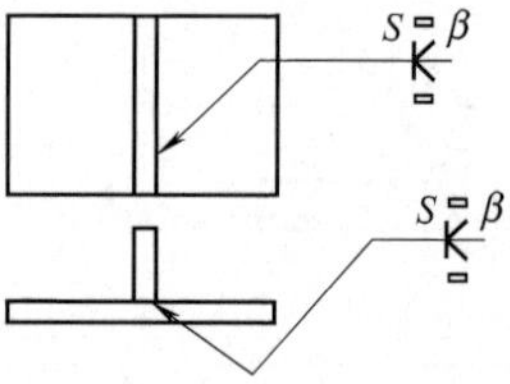	*α* 施工图中可不标注
双面角焊缝		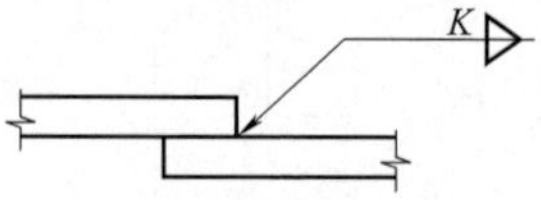	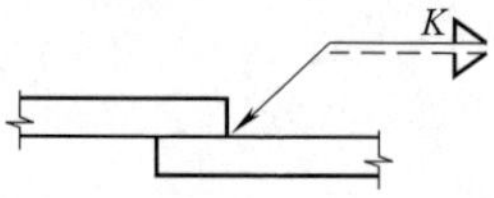
双面角焊缝	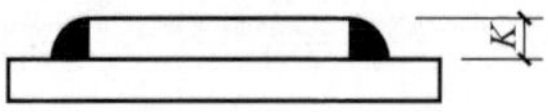	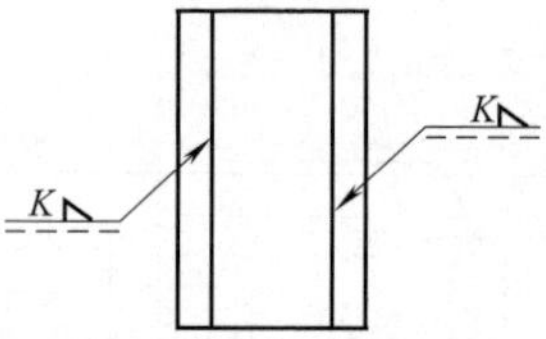	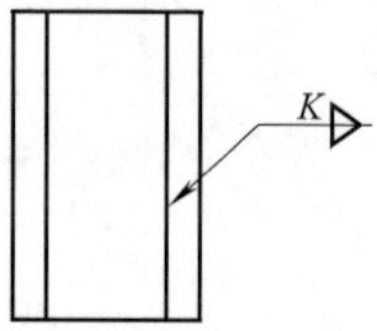

续表

焊缝名称	形 式	标准标注方法	习惯标注方法(或说明)
T形接头焊缝			
周围角焊缝			
三面围角焊缝			
L形围角焊缝			
双面L形围角焊缝			
双面角焊缝			
喇叭形焊缝			
双面喇叭形焊缝			

注：1. 在实际应用中基准线中的虚线经常被省略。

2. 由于篇幅有限这里仅列举出一部分，如需要请查看有关钢结构手册。

六、焊缝的质量检验

焊接的质量检查是钢结构质量保证体系的一个重要环节，钢结构的焊缝质量等级根据结构的重要性、实际承受荷载的特性、焊缝的形式、工作环境以及应力状态的不同，可分为三个等级。不同的质量等级，焊缝的质量要求不同，检验的比例、验收的标准也不同。

焊缝的质量检验包括外观检查和内部缺陷检测。外观检查通常采用目视检查，检查焊缝表面形状、尺寸和表面缺陷等；内部缺陷检测主要是检测焊缝内部是否存在裂纹、气孔、夹渣、未熔合与未焊透等缺陷，它是在外观检查完成后进行的，通常采用超声波探伤法和射线探伤法。

第四节　钢结构的防火和防腐

钢结构的最大弱点是防火和防腐性能差，因此《钢结构设计标准》（GB 50017—2017）规定，钢结构必须进行防火和防腐处理。

一、钢结构的防火

未经防火保护处理的钢构件，如钢柱、梁、楼板及屋顶承重构件的耐火极限仅为0.25h，为了保证人民生命财产安全，有利于安全疏散和消防灭火，避免和减轻火灾损失，钢结构应进行防火处理。钢结构按组成建筑物的墙、柱、梁、楼板、屋顶等主要构件的燃烧性能和耐火极限不同，将建筑物的耐火等级分为一级、二级、三级、四级，耐火极限从0.15h 至4.0h 不等。

目前钢结构构件常用的防火措施主要有防火涂料和构造防火两种类型。

1. 防火涂料

钢结构防火涂料可分为膨胀型和非膨胀型两类，对室内裸露的钢结构，轻型屋盖钢结构及装饰要求的钢结构，当规定其耐火极限在 1.5h 以下时，可选用膨胀型钢结构防火涂料；室内隐蔽钢结构、高层钢结构及多层钢结构，当规定其耐火极限在 1.5h 以上时，宜选用非膨胀型钢结构防火涂料。

2. 构造防火

钢结构构件的构造防火可分为外包混凝土材料、外包钢丝网水泥砂浆、外包防火板、外喷防火涂料等几种构造形式。喷涂钢结构防火涂料与其他构造方式相比较具有施工方便、不过多增加结构自重、技术先进等优点，目前被广泛地应用于钢结构防火工程。

二、钢结构的防腐

钢结构常用的防腐方法有涂装法和热镀锌、热喷铝（锌）符合涂层等。涂装法是将涂料涂敷在构件表面上结成薄膜来保护钢结构。防腐涂料通常由底漆—中漆—面漆或底漆—面漆组成。钢结构在涂装前要对钢材表面进行除锈处理，表面处理的好坏直接影响防护效果。钢材除锈的方法有：手工或动力除锈、喷射或抛射除锈、酸洗除锈和酸洗磷化处理除锈、火焰除锈四类。国家标准《涂覆涂料前钢材表面处理 表面清洁度的目视评定 第1部分：未涂覆过的钢材表面和全面清除原有涂层后的钢材表面的锈蚀等级和处理等级》（GB/T 8923.1—2011）将除锈等级按不同的除锈方法分成不同的等级，并用不同的符号表示，见表10-6。钢材防腐涂层的厚度是保证钢材防腐效果的重要因素，目前国内钢结构涂层的总厚度（包括底漆和面漆），要求室内涂层厚度一般为 $100\sim150\mu m$，室外涂层厚度为 $150\sim200\mu m$。

表 10-6 钢材清理等级表示法

表面处理方法	处理等级表示法	表面处理要求
喷射清理	Sa1 轻度的喷射清理	在不放大的情况下观察时，钢材表面应无可见的油、脂和污物，并且没有附着不牢的氧化皮、铁锈、涂层和外来杂质
	Sa2 彻底的喷射清理	在不放大的情况下观察时，钢材表面应无可见的油、脂和污物，并且几乎没有氧化皮、铁锈、涂层和外来杂质。任何残留污染物应附着牢固
	Sa2$\frac{1}{2}$ 非常彻底的 喷射清理	在不放大的情况下观察时，钢材表面应无可见的油、脂和污物，并且没有氧化皮、铁锈、涂层和外来杂质。任何污染物的残留痕迹应仅呈现为点状或条纹状的轻微色斑
	Sa3 使钢材表面洁净 的喷射清理	在不放大的情况下观察时，钢材表面应无可见的油、脂和污物，并且应无氧化皮、铁锈、涂层和外来杂质。该表面应具有均匀的金属色泽
手工和动力 工具清理	St2 彻底手工和 动力工具清理	在不放大的情况下观察时，钢材表面应无可见的油、脂和污物，并且没有附着不牢的氧化皮、铁锈、涂层和外来杂质
	St3 非常彻底的手工 和动力工具清理	同St2，但表面处理应彻底得多，表面应具有金属底材的光泽
火焰清理	F1	在不放大的情况下观察时，钢材表面无氧化皮、铁锈、涂层和外来杂质。任何残留的痕迹应仅为表面变色（即不同颜色的暗影）

钢结构涂装工程质量检验有涂装前检查、涂装过程检查、涂装后检查。涂装前检查主要检查钢材表面除锈是否符合设计要求和国家现行有关标准的规定；涂装过程检查主要是测湿膜厚度以控制干膜厚度和涂膜质量；涂装后检查主要是检查涂膜外观是否均匀、平整、丰满、有光泽，颜色、涂料、涂装变数、涂层厚度是否符合设计要求。

第五节 钢结构节点详图

钢结构是由若干构件连接而成，而钢构件又是由若干型钢或零件连接而成。钢结构的连接有焊缝连接、普通螺栓连接和高强度螺栓连接，连接的部位统称为节点。连接设计是否合理，直接影响到结构的使用安全、施工工艺和工程造价，所以钢结构节点设计同构件或结构本身的设计一样重要，其设计原则是安全可靠、构造简单、施工方便和经济合理。

在识读节点施工详图时，特别要注意连接件（螺栓、铆钉和焊缝）和辅助件（拼接板、节点板、垫块等）的型号、尺寸和位置的标注，螺栓在节点详图上要了解其个数、类型、大小和排列；焊缝要了解其类型、尺寸和位置；拼接板要了解其尺寸和放置位置。节点详图的识读对于阅读钢结构施工图显得相当重要，而且也相对较难理解，如能将这部分内容读懂，可以说对钢结构施工图的识读也就有了最基本的掌握，因为钢结构的平面布置图和构件的表示法与混凝土结构很相似。

通过学习前面章节的内容，读者已经具备了钢结构施工图的一些最基本的知识，下面对钢结构节点详图进行分类识读。

一、柱拼接连接

柱的拼接形式有很多种，按连接方法可分为全焊接连接、全栓接连接和栓-焊混合连接；按构件截面可分为等截面拼接和变截面拼接；按构件位置可分为中心拼接和偏心拼接。图10-19 为柱采用全栓接的等截面拼接连接详图，从图中可以知道以下内容：

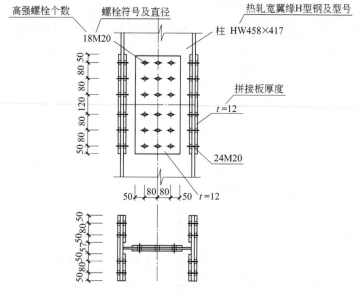

图 10-19　柱拼接连接详图（双盖板拼接）

① 钢柱 HW458×417，表示钢柱为热轧宽翼缘 H 型钢，截面高为 458mm，宽为 417mm，截面特性可以查阅《热轧H型钢和部分 T 型钢》（GB/T 11263—2017）；

② 采用栓接连接，18M20 表示腹板上排列 18 个直径为 20 的螺栓，24M20 表示每块翼板上排列 24 个直径为 20 的螺栓，由螺栓的图例知，为高强度螺栓摩擦型连接，从立面图可知腹板上螺栓的排列，从立面图和平面图可知翼缘上螺栓的排列，栓距为 80mm，边距为 50mm；

③ 拼接板均采用双盖板连接，腹板上盖板长 540mm，宽 260mm，厚为 12mm，翼缘上外盖板长为 540mm，宽与柱翼缘相同，为 417mm，厚 12mm，内盖板宽为 180mm；

④ 作为钢柱连接，在节点连接处要能传递弯矩、扭矩、剪力和轴力，因此柱的连接必须为刚性连接。

图 10-20 为柱采用全焊接的变截面拼接连接详图，从图中可以知道以下内容：

① 此柱上段为 HW400×300 热轧宽翼缘 H 型钢，高为 400mm，宽为 300mm，下段为 HW450×300 热轧宽翼缘 H 型钢，截面高为 450mm，宽为 300mm，截面特性可以查阅《热轧H型钢和部分 T 型钢》（GB/T 11263—2017）；

② 柱的左翼缘对齐，右翼缘错开，过渡段长 200mm，使腹板有高度 1∶4 的斜度变化，过渡段翼缘宽与上下段翼缘相同，这样的构造可减轻截面突变造成的应力集中；

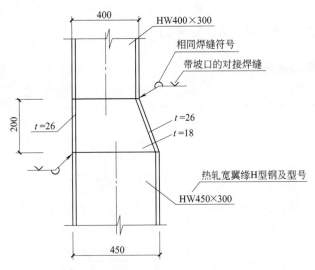

图 10-20　变截面柱偏心拼接连接详图

③ 过渡段翼缘厚度为 26mm，腹板厚度为 18mm，采用对接焊缝连接，从焊缝标注可知为带坡口的对接焊缝，焊缝标注无数字时，表示焊缝按构造要求开口。

二、梁拼接连接

梁拼接连接形式与柱类相同。

图 10-21 为梁拼接连接详图，从图中可以知道以下内容：

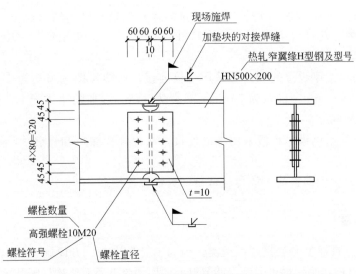

图 10-21　梁拼接连接详图

① 钢梁为等截面拼接，HN500×200 表示梁为热轧窄翼缘 H 型钢，截面高为 500mm，宽为 200mm，采用栓-焊混合连接，其中梁翼缘为对接焊缝连接，涂黑的小三角旗表示焊缝为现场施焊，从焊缝标注可知为带坡口有垫块的对接焊缝，焊缝标注无数字时，表示焊缝按构造要求开口。

② 从螺栓的图例可知，为高强度螺栓摩擦型连接，共有 10 个，直径为 20mm，栓距为

80mm，边距为 45mm；腹板上拼接板采用双盖板连接，长 410mm，宽 250mm，厚为 10mm，此连接节点能传递弯矩，因此它属于刚性连接。

三、主、次梁侧向连接

为方便铺设楼板，民用钢结构建筑房屋的主、次梁连接宜采用平接连接，即主、次梁的上翼缘平齐或基本平齐。考虑到施工快捷，主、次梁连接一般采用铰接连接，见图 10-22。

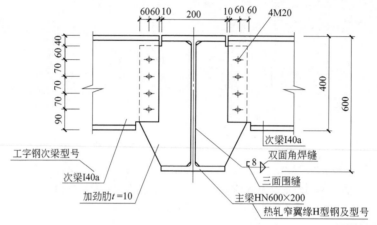

图 10-22 主、次梁侧向连接详图

从图中可以知道以下内容：

① 主梁为 HN600×200，表示主梁为热轧窄翼缘 H 型钢，截面高为 600mm，宽为 200mm，截面特性可以查阅《热轧H 型钢和部分T 型钢》（GB/T 11263—2017）；次梁为 I40a，表示次梁为热轧普通工字钢，截面特性可以查阅《热轧型钢》（GB/T 706—2016），截面类型为 a 类，截面高 400mm。

② 次梁腹板与主梁设置的加劲肋采用螺栓连接，从螺栓图例可知为普通螺栓连接，每侧有 4 个，直径为 20mm，栓距为 70mm，边距为 60mm，加劲肋宽于主梁的翼缘，对次梁而言，相当于设置隔撑。

③ 加劲肋与主梁翼缘、腹板采用焊缝连接，从焊缝标注可知焊缝为三面围焊的双面角焊缝。

图示的主、次梁侧向连接不能传递弯矩，为铰接连接。

四、梁柱连接

梁柱节点有柱贯通型和梁贯通型两类，但为了简化构造、方便施工，同时提高节点的抗震能力，通常梁柱连接采用柱贯通型，即节点处柱构件应贯通而梁构件断开。梁柱的连接形式多种多样，以连接方法分为全焊接连接、全栓接连接和栓-焊混合连接；以传递弯矩分为刚性、半刚性和铰接连接。图 10-23 为梁柱刚性连接详图，从图中可以知道以下内容：

① 钢梁 HN500×200，表示梁为热轧窄翼缘 H 型钢，截面高为 500mm，宽为 200mm；钢柱 HW400×300，表示柱为热轧宽翼缘 H 型钢，截面高为 400mm，宽为 300mm。截面特性可以查阅《热轧H 型钢和部分T 型钢》（GB/T 11263—2017）。

② 采用栓-焊混合连接，梁翼缘与柱翼缘为对接焊缝连接，小三角旗表示焊缝为现场施

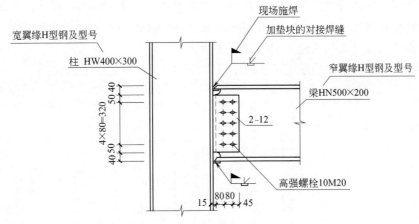

图 10-23　梁柱刚性连接详图

焊，从焊缝标注可知为带坡口有垫块的对接焊缝，焊缝标注无数字时，表示焊缝按构造要求开口。

③ 梁腹板通过连接板与柱翼缘连接，2-12 表示有两块连接板，分别位于梁腹板两侧，连接板与柱翼缘为双面角焊缝连接，焊脚尺寸为 8mm，焊缝长度无数字，表示沿连接板满焊，连接板与梁腹板采用高强度螺栓摩擦型连接，共 10 个，直径为 20mm。

此连接能使梁在节点处传递弯矩，为刚性连接。

图 10-24 为梁柱半刚性连接详图，从图中可以知道以下内容：

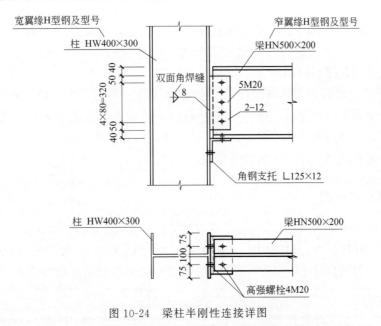

图 10-24　梁柱半刚性连接详图

① 钢梁 HN500×200，表示梁为热轧窄翼缘 H 型钢，截面高为 500mm，宽为 200mm；钢柱 HW400×300，表示柱为热轧宽翼缘 H 型钢，截面高为 400mm，宽为 300mm。截面特性可以查阅《热轧 H 型钢和部分 T 型钢》（GB/T 11263—2017）。

② 梁腹板通过连接板与柱翼缘连接，2-12 表示有两块连接板，分别位于梁腹板两侧，连接板与柱翼缘为双面角焊缝连接，焊脚尺寸为 8mm，焊缝长度无数字表示沿连接板满焊，

连接板与梁腹板采用高强度螺栓摩擦型连接，共 5 个，直径为 20mm；梁下翼缘用大角钢作为支托，两肢分别用 2 个直径 20mm 的高强度螺栓摩擦型连接与梁、杜翼缘连接。

此连接能使梁在节点处传递部分弯矩，为半刚性连接。

图 10-25 为梁柱铰接连接详图，从图中可以知道以下内容：

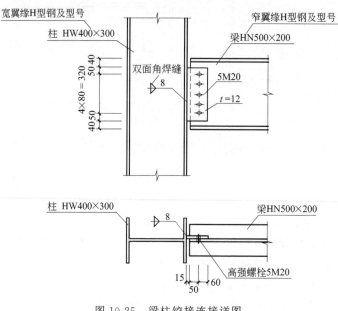

图 10-25　梁柱铰接连接详图

① 钢梁 HN500×200，表示梁为热轧窄翼缘 H 型钢，截面高为 500mm，宽为 200mm；钢柱 HW400×300，表示柱为热轧宽翼缘 H 型钢，截面高为 400mm，宽为 300mm。截面特性可以查阅《热轧 H 型钢和部分 T 型钢》（GB/T 11263—2017）。

② 梁腹板通过连接板与柱翼缘连接，$t=12$ 表示有一块连接板，位于梁腹板一侧，连接板与柱翼缘为双面角焊缝连接，焊脚尺寸为 8mm，焊缝长度无数字表示沿连接板满焊，连接板与梁腹板采用高强度螺栓摩擦型连接，共 5 个，直径为 20mm。

此连接不能传递部分弯矩，为铰接连接。

五、支撑节点详图

支撑多采用型钢制作，支撑与构件、支撑与支撑的连接处称为支撑连接节点。图 10-26 为一槽钢支撑节点详图。在此详图中，支撑槽钢为双槽钢 2⊏20a，截面高为 200mm，截面特性可以查《热轧型钢》（GB/T 706—2016）；槽钢连接于厚 12mm 的节点板上，可知构件槽钢夹住节点板连接，贯通槽钢用双面角焊缝连接，焊脚为 6mm，焊缝长度为满焊；分段槽钢用普通螺栓连接，每边螺栓有 8 个，直径 16mm，螺栓间距为 80mm。

六、柱脚节点

柱脚的具体构造取决于柱的截面形式及柱与基础的连接方式。柱与基础的连接方式有刚接和铰接两大类。刚接柱脚与混凝土基础的连接方式有外露式（也称支承式）、外包式、埋入式三种，铰接柱脚一般采用外露式。

图 10-27 为一铰接柱脚。在此详图中，钢柱为 HW400×300，表示钢柱为热轧宽翼缘 H 型钢，截面高为 400mm，宽为 300mm，截面特性可以查阅《热轧 H 型钢和部分 T 型钢》（GB/T 11263—2017）；钢柱下设底板用以发挥利用混凝土的抗压承载力，底板长为 500mm、宽为 400mm，厚度为 30mm，采用 4 根直径 30mm 的锚栓，其位置见图 10-27。安装螺母前加厚度为 10mm 的垫片，柱底面刨平，与底板顶紧后，采用 10mm 的角焊缝四面围焊连接。此种柱脚几乎不能传递弯矩，为铰接柱脚。

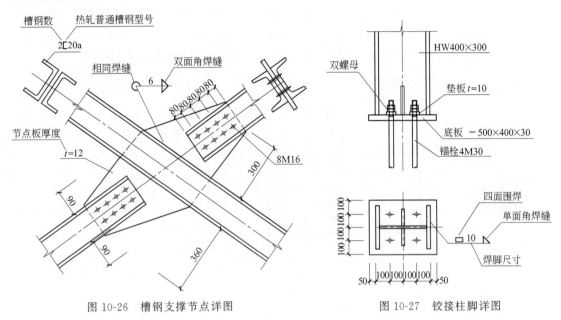

图 10-26　槽钢支撑节点详图　　　　　　图 10-27　铰接柱脚详图

图 10-28 为外包式刚性柱脚。外包式刚性柱脚是将钢柱柱底板搁置在混凝土基础（梁）顶面，再由基础伸出钢筋混凝土短柱，将钢柱包住的一种连接方式。在此详图中，钢柱为 HW500×450，表示钢柱为热轧宽翼缘 H 型钢，截面高为 500mm，宽为 450mm，截面特性可以查阅《热轧 H 型钢和部分 T 型钢》（GB/T 11263—2017）；柱底板搁置在混凝土基础（梁）顶面，由基础伸出钢筋混凝土短柱 1000mm 高，将钢柱包住，并在柱翼缘上设置间距

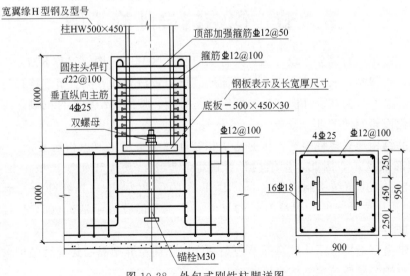

图 10-28　外包式刚性柱脚详图

为 100mm，直径为 22mm 的圆柱头焊钉，柱底板长 500mm，宽 450mm，厚度 30mm，锚栓埋入深度为 1000mm 厚的基础内，混凝土柱台截面为 950mm×900mm，设置 4 ⚊ 25 的纵向主筋（四角）和 16 ⚊ 18 的纵向主筋（四边），箍筋⚊12@100。

图 10-29 为埋入式刚性柱脚。埋入式刚性柱脚是将钢柱底端直接埋入混凝土基础（梁）或地下室墙体内的一种柱脚。在此详图中，钢柱为 HW500×450，表示钢柱为热轧宽翼缘 H 型钢，截面高为 500mm，宽为 450mm，截面特性可以查阅《热轧 H 型钢和部分 T 型钢》（GB/T 11263—2017）；柱底直接埋入混凝土基础中，并在埋入部分柱翼缘上设置间距为 100mm，直径为 22mm 的圆柱头焊钉，柱底板长 500mm，宽 450mm，厚度 30mm，锚栓埋入深度为 1000mm，钢柱柱脚埋入部分的外围配置竖向钢筋，20 ⚊ 22，箍筋⚊12@100。

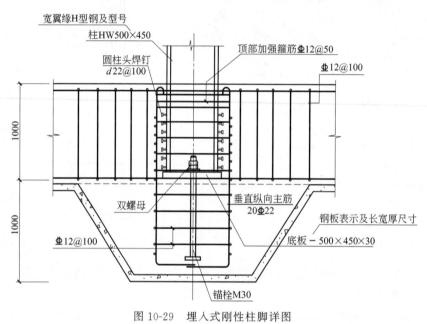

图 10-29 埋入式刚性柱脚详图

第六节 钢结构设计施工图

钢结构的施工图可以分为设计图（又称 KM 图）和施工详图（又称 KMⅡ）两种，前者由设计单位负责编制，表达结构构件的截面形式、布置位置和方法及节点连接情况；而后者则是钢结构的制作厂家在设计图和技术要求的基础上，按照钢结构构件的制作工艺，将设计图进一步细化而绘制的图纸。

钢结构的结构形式多种多样，构件选型和截面种类很多，节点构造复杂，应用的符号、代号及图例形式繁多，因此，钢结构设计图需要按照《房屋建筑制图统一标准》（GB/T 50001—2017）、《建筑结构制图标准》（GB/T 50105—2010）、《焊缝符号表示法》（GB/T 324—2008）和《技术制图 焊缝符号的尺寸、比例及简化表示法》（GB/T 12212—2012）等国家标准进行。

高层建筑是钢结构应用比较多的结构类型，以下简单介绍高层建筑钢结构设计施工图的阅读方法，对于多层建筑钢结构也可仿照。

建筑钢结构的结构形式多种多样，主要有以下一些类型。

① 纯钢框架，即结构由钢柱和钢梁组成；

② 框架-支撑体系，除了钢柱和钢梁以外，为提高结构抗侧移的能力，在结构的某些位置，由下至上布置柱间支撑，见图 10-30；

③ 钢-混凝土混合结构体系，为进一步提高结构抗侧移的能力，采用钢筋混凝土剪力墙或核心筒作为主要抗侧力构件，钢框架主要承担重力荷载。

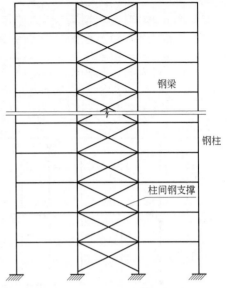

另外，在钢结构中，由于梁、柱构件的形式不同，如采用钢管混凝土柱（即在圆钢管或矩形钢管的内部填充混凝土），还有对梁、柱、支撑采用钢骨混凝土形式（即钢构件外包钢筋混凝土），前者会被称为钢管混凝土柱结构，后者则为钢骨混凝土结构，又称为劲性混凝土结构。

高层建筑钢结构高度高、层数多，大部分楼层结构布置相同，而且节点构造具有标准化、定型化的特点。钢结构设计施工图通常都由下列图纸组成：图纸目录、设计总说明、结构布置图、构件截面表、节点详图、楼板配筋图。

图 10-30　框架-支撑体系示意

以下分别介绍几种主要图纸的识读。

一、结构布置图

钢结构的结构布置图同样是表明结构构件的布置情况，结构布置图有两种类型，一种是按结构的楼层平面，通过结构布置平面图来表达结构构件在平面上的布置情况，主要包括结构构件在当前楼层平面上布置的位置、截面的形状、尺寸，对构件和构件之间的连接节点，由于绘图比例的关系，无法完整表达，但在有的结构平面布置图中，会用图例表示构件的节点连接是铰接还是刚接（图 10-31）；另一种结构布置图是取出结构在横向、纵向轴线上的各榀框架，用各榀框架立面图来表达结构构件在立面上的布置情况，这是结构布置立面图。与结构布置平面图相比，结构布置立面图可以比较直观地表达一幢建筑在立面上结构的布置情况，尤其是钢柱、柱间支撑的布置和截面。此外，在钢结构柱制作时，还需要按结构层高、钢结构加工，特别是运输能力、经济合理等条件，将钢柱分成不同的段进行加工，在结构布置立面图上，可以很直观地表达钢柱的分段情况。但立面布置图无法表达结构次梁的布置情况，还必须要有结构平面布置图。因此，钢结构的结构布置图，通常以结构平面布置图为主，结构立面布置图为辅，有时甚至不画出结构立面布置图，或者只以几榀典型的框架为例，来示意主梁和柱、支撑在钢框架立面上的布置情况。

图 10-31 是某高层钢-混凝土混合结构十九层的结构平面布置图，图中主要表达在该楼层上柱布置的位置、截面形状和编号，梁（包括主梁、次梁）布置的位置、编号、端部连接的方式。该楼层中心是钢筋混凝土核心筒，其施工图另外画出。本图中的柱有两种截面，一种是箱形截面，一种是 H 型钢截面，编号分别为 Z-1 和 Z-2。

梁有主梁和次梁两种类型，主梁是两端支撑在柱、核心筒上的梁，编号以 G 开头，如 G-19X2、G-19Y6 等；次梁的两端支撑在主梁上，编号以 B 开头，如 B-1914。梁的编号没有

编号	截面尺寸	左连接型式	右连接型式
G-19X1	H400×180×14×20	C18	C25
G-19X2	H400×180×14×20	C21	C21
G-19X3	H400×180×14×20	C25	C18
G-19X4	H400×180×14×20	C21	C18
G-19X5	H400×180×14×20	C18	C20
G-19X6	H400×180×14×20	C20	C18
G-19X7	H400×180×14×20	C18	C21
G-19Y1	H550×300×14×26	C13	C10
G-19Y2	H550×300×14×26	C10	C13
G-19Y3	H550×300×14×26	C12	C13
G-19Y4	H550×300×14×26	C13	C10
G-19Y5	H550×300×14×26	C10	C13
G-19Y6	H550×300×14×26	C10	C10
G-19Y7	H550×300×14×26	C13	C13
G-19Y8	H550×300×14×26	C13	C12
B-1901	H300×150×8×14	C26	C26
B-1903	H300×150×8×14	C27	C26
B-1904	H300×150×8×14	C26	C28
B-1905	H300×150×8×14	C28	C26
B-1906	H300×150×8×14	C26	C27
B-1908	H300×150×8×14	C48	C48
B-1909	I16	C54	C53
B-1910	I10	C56	C55
B-1911	I16	C53	C54
B-1912	I10	C56	C55
B-1913	I10	C57	C58
B-1914	H300×180×8×14	C42	C42
Z-1	□600×600×60×60		
Z-2	H550×600×60×60		

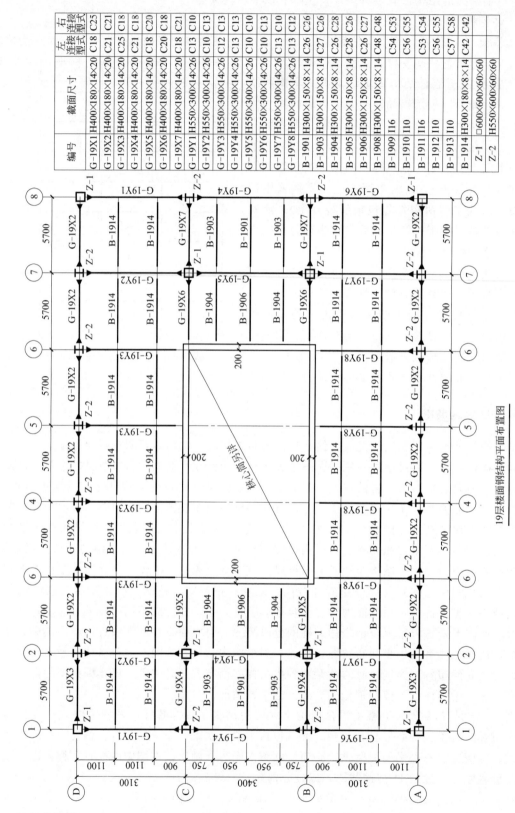

19层楼面钢结构平面布置图

图 10-31 某高层钢-混凝土混合结构平面布置图

统一的编制方法，在这里，主梁的编号，如 G-19X2 的含义是：19 表示 19 层，X 表示该梁于纵轴放置；次梁编号，如 B-1914 的含义是：19 表示是 19 层，14 表示是第 14 种次梁。

在图中，梁端部的符号"——◀"表示梁端与其他构件的连接是刚接，即可以抵抗弯矩的连接，常见于主梁的端部，如果是"———"则表示梁端与其他构件的连接是铰接，即只能承受剪力的连接，常见于次梁和部分主梁的端部。

二、构件截面表

高层钢结构的构件截面一般用列表表示，可以对所有的构件统一编制截面表，也可以随楼层的结构布置图单独编制，图 10-31 中截面表只是十九层楼面构件截面列表，表中列出了截面编号、截面尺寸（型号），如主梁 G-19X2 的截面型号是 H400×180×14×20，即为 H 型钢，截面高 400mm，截面宽 180mm，腹板厚 14mm，翼缘厚 20mm。

在截面表中，还标注了梁端节点连接类型，如主梁 G-19X2，左右节点连接型式为 C21；主梁 G-19Y1，由于是平行于横轴放置的，左节点相当于下端的节点，右节点相当于上端的节点，分别是 C13 和 C10；又如次梁 B-1904，左节点型式是 C26，右节点型式是 C28。各对应的节点型式将通过节点详图表达，见图 10-32。

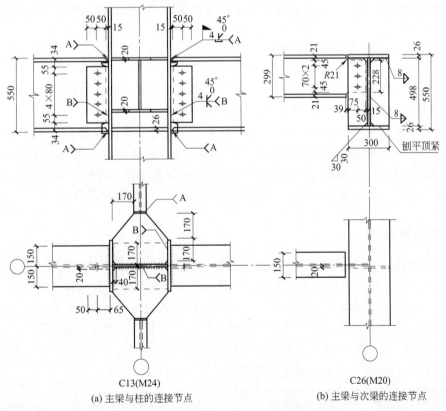

C13(M24)

(a) 主梁与柱的连接节点

C26(M20)

(b) 主梁与次梁的连接节点

图 10-32 钢结构节点详图示例

三、节点详图

节点详图表示各钢构件间的相互连接关系及其构造特点，是钢结构施工图中重要的内容之一。节点图中包括梁与柱的连接、主梁与次梁的连接、柱与柱的接头、支撑与柱（梁）的连接、梁与剪力墙的连接等。图 10-32 是图 10-31 中主梁 G-19Y1 的左端节点 C13 及次梁 B-1904 两端的节点 C26 的节点详图。因此，图 10-32（a）是主梁和柱的连接节点，图 10-32（b）是主梁和次梁的连接节点。

在图 10-32（a）中，梁和柱都是 H 型钢。③轴方向梁的翼缘用开单坡口的熔透焊缝与柱的翼缘连接，翼缘上焊缝的符号 （45° 0 4 A），表示翼缘的坡口钝边厚 4mm，钝边与柱的翼缘靠紧，坡口角度为 45°，并且下衬垫板，焊缝代号是 A，在其他相同型号的焊缝处，以代号 A 表示，如 （A）。腹板用 5 个 M24 的高强螺栓与焊在柱翼缘板上的节点板连接，为方便梁翼缘与柱的焊接，梁腹板上开了缺口。

①轴方向的梁通过两块节点板与柱的腹板相连，梁的翼缘与节点板用焊缝 A 焊接，节点板与柱的翼缘、腹板用双坡口熔透焊缝焊接，焊缝的符号 （45° 0 4 B），其含义是焊接连接的板件坡口钝边厚 4mm，钝边与柱的翼缘、腹板靠紧，开双坡口，角度均为 45°，焊缝的代号是 B，在其他相同型号的焊缝处，以代号 B 表示，如 （B）。

此外，由于与该柱连接的两个方向梁的高度不一致，因此在柱上增设了一块构造用节点板，见图 10-32（a）中的注释。图名 C13 旁的（M24）表示该节点连接中用的高强螺栓是 M24 的，至于高强螺栓的等级，将在设计说明中说明。

图 10-32（b）是一典型的主、次梁连接节点，图中轴上截面高的梁是主梁，另一方向的梁是次梁。次梁的腹板用高强螺栓与焊接在主梁上的节点板相连，次梁的翼缘在靠近主梁的地方去除，以方便和主梁的连接。主梁上的节点板和主梁的上翼缘、腹板用焊脚为 8mm 的双面角焊缝焊接，节点板下部不与梁焊接，而是刨平后，抵紧下翼缘。

四、楼板配筋

钢结构的楼面板普遍采用压型钢板组合楼板，即在压型钢板上浇筑混凝土形成的楼板，图 10-33 是图 10-31 中建筑的楼板配筋图，此建筑采用压型钢板组合楼板。图中箭头表示的布板方向，指的是压型钢板的板肋方向。压型钢板除了做浇筑混凝土时的模板外，还用做板底的受拉钢筋，在主梁和次梁及其他一些需要的位置，为了防止混凝土楼面开裂，还配置了楼板的上部钢筋。例如在①轴和③轴间，穿过Ⓑ轴和Ⓒ轴，配置了 Φ10@200 的 HRB400 级钢筋作为板的上部钢筋。在钢筋混凝土筒体墙附近的楼板上部钢筋，其端部需要锚固进钢筋混凝土墙体内，按设计说明锚固长度为非抗震锚固长度 l_a。

另根据设计说明，楼板的厚度均为 150mm，包括压型钢板的厚度，该楼板采用的压型钢板型号是 YX-76-344-688，YX 是压型钢板的代号，76 表示压型钢板的波高是 76mm，344 表示压型钢板的波距是 344mm，688 表示一块压型钢板的宽度是 688mm，即相当于两个波距。在所有的主梁和次梁上，都应布置栓钉，并且栓钉布置在压型钢板的凹肋处，直径为 19mm，长度 120mm，按设计要求，栓钉应焊透压型钢板，焊在钢梁上。

说明：

1. 楼板总厚度150mm(包括压面型钢板)，面压型钢板，未注明的板配筋和分布筋为 $\Phi8@150$。
2. 本设计采用的压型钢板型号为YX-76-344-688。
3. 混凝土核心筒周围压型钢板核心筒配筋锚入筒核心筒35d。
4. 栓钉直径为19mm，长度为120mm，栓钉应在压型钢板的凹肋中焊透并焊牢于钢梁上。

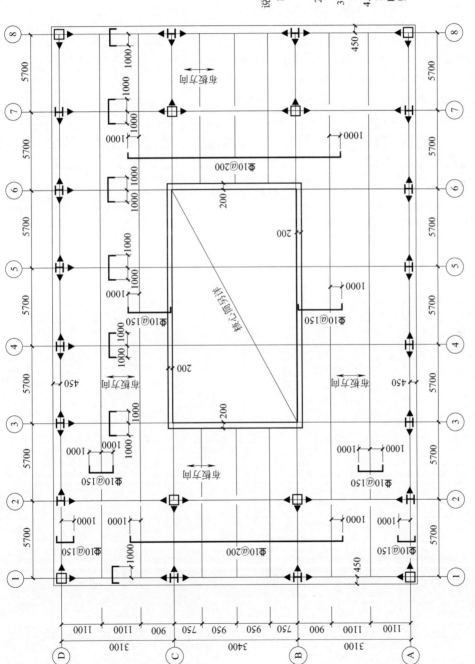

19层楼面配筋图

图 10-33　钢结构节点详图示例

参 考 文 献

[1] GB/T 50103—2010. 总图制图标准.

[2] GB/T 50001—2017. 房屋建筑制图统一标准.

[3] GB/T 50104—2010. 建筑制图标准.

[4] GB 50017—2017. 钢结构设计标准.

[5] GB 50205—2020. 钢结构工程施工质量验收标准.

[6] 周佳新. 土木制图技术. 北京：化学工业出版社，2021.

[7] 周佳新，王志勇. 土木工程制图. 北京：化学工业出版社，2015.

[8] 同济大学，西安建筑科技大学，东南大学，重庆建筑大学. 房屋建筑学. 5 版. 北京：中国建筑工业出版社，2016.

[9] 朱育万，等. 画法几何及土木工程制图. 5 版. 北京：高等教育出版社，2015.

[10] 王强，张小平. 建筑工程制图与识图. 3 版. 北京：机械工业出版社，2017.

[11] 齐秀梅，等. 房屋建筑学. 2 版. 北京：北京理工大学出版社，2017.